AF510314

MEIER-LEMGO · ENGELBERT KAEMPFER

KARL MEIER-LEMGO

Engelbert Kaempfer
(1651 - 1716)
erforscht das seltsame Asien

2. berichtigte und erweiterte Auflage 1960

CRAM, DE GRUYTER & CO.
HAMBURG

Herausgegeben von der
Deutsch-Japanischen Gesellschaft Nordwestdeutschland e. V.

Umschlagkarte:
Asia noviter delineata, 1660
von Guiljelmo Blaeuw

Mit 20 Abbildungen, 11 Zeichnungen und 1 Karte

©
Copyright 1960 by Cram, de Gruyter & Co., Hamburg 1
Alle Rechte, insbesondere das Übersetzungsrecht, vorbehalten.
Gesamtherstellung: Clausen & Bosse, Leck
Printed in Germany

VORWORT

Nennt man die Namen der großen Entdecker und Forschungsreisenden, von Marco Polo bis Sven Hedin, so pflegt Engelbert Kaempfer nicht unter ihnen zu sein. Und doch brachte dieser deutsche Medikus fertig, was niemandem vor ihm gelang: die Erforschung des damals abgeriegelten Japanischen Reichs. So kennt und verehrt die Japanforschung in aller Welt den Mann seit jeher als ihren grundlegenden Klassiker. Im Jahre 1906 haben die Engländer sein Japanwerk in unverändertem Neudruck herausgegeben. Kaempfer gehört aber auch in die erste Reihe der älteren Persienforscher, der Botaniker und der Tropenärzte.

Ich habe im Jahre 1937 auf Grund der im Britischen Museum liegenden unveröffentlichten Handschriften, der Reisetagebücher und Briefe, und seines in der Lippischen Landesbibliothek aufbewahrten Stammbuchs ein Lebensbild Kaempfers veröffentlicht. Es wurde herausgegeben vom Japaninstitut, Berlin, und verlegt bei Strecker und Schröder, Stuttgart. Das Buch fand im In- und Auslande eine freundliche Aufnahme und ist längst vergriffen. Der Verlag existiert nicht mehr.

Auf Anregung der Deutsch-Japanischen Gesellschaft Nordwestdeutschland, Kiel, entschloß sich die Verlagsbuchhandlung Cram, de Gruyter & Co., Hamburg, zu einer Neuauflage meiner Kaempferbiographie.

Doch ist das vorliegende Buch kein Neudruck jener Erstauflage, sondern eine durchgehende, stark vermehrte Neubearbeitung. Kaempfers Leben hat inzwischen eine Behandlung von andrer Seite nicht erfahren, abgesehen von Theodor Heuß in einem Aufsatz seiner »Schattenbeschwörung« (1947). Doch ist das erste von den fünf Büchern der »Amoenitates Exoticae« Kaempfers von Walther Hinz im Jahre 1940 unter dem Titel »Am Hofe des persischen Großkönigs« in deutscher Übersetzung und wissenschaftlicher Bearbeitung herausgegeben worden. So konnte in meinem Buch das vom Schah und seinem Hof handelnde Kapitel gekürzt werden. Auch die unglückliche Ehe des Forschers wurde kürzer behandelt.

Dagegen sind nun fesselnde Forschungsergebnisse aus den »Amoenitates« neu hinzugekommen, nämlich die Kapitel: von dem Jagdtrophäendenkmal, von der Dattelpalme, der Asa foetida, der »echten« Mumia, der Elefantiasis, von den Rauschmitteln der Asiaten, ihren Giften und Gegengiften, von den Gottesurteilen durch Krokodile und Feuer, von der Dressur der Kobra, vom

Christentum in Japan und eine eingehende Würdigung von Kaempfers Stammbuch.

Aufrichtigen Dank schulden Verfasser und Verlag dem Herrn Kultusminister des Landes Nordrhein-Westfalen für die Gewährung einer erheblichen Druckkostenbeihilfe.

Möge dieses Buch zur Würdigung eines großen deutschen Forschers und zur Vertiefung der Deutsch-Japanischen Freundschaft beitragen.

Lemgo, August 1960

KARL MEIER-LEMGO

INHALT

I. VORBEREITUNG

Am 11. Dezember des Jahres 1666 bewegte sich in Eile ein kläglicher, hierorts nicht ungewöhnlicher Aufzug aus dem Ostertor der Stadt Lemgo zur Richtstätte in der Sandkule. Auf dem von einem knochigen Gaul gezogenen Schinderkarren saß mit rückwärts gebundenen Händen der Delinquent, Caspar Peinhorst, ein schon bejahrter, nicht eben gut beleumdeter Bürger. Hinter ihm stand auf sein Schwert gestützt Meister David mit zwei Knechten. Neben dem Karren schritt der Geistliche. Der bei solchem Spektakul nie fehlende Volkshaufe war auch heute trotz strömendem Regen nicht zu Hause geblieben. In gemessenem Abstande folgte die Kalesche mit den Deputierten des Peinlichen Gerichts.

Der zum Schwert Verurteilte schrie ununterbrochen mit heiserer Stimme: »Ich bin unschuldig! Habe nur aus Pein bekannt! Ich widerrufe... ich widerrufe! Bin kein Zauberer...«

In der Mitte der weiten Sandkule stand der Richtblock, über den in diesem Jahre das Blut von sechsunddreißig unschuldigen Menschen geflossen war. Als die Deputierten ausgestiegen waren, trat der Prediger – es war der Vater Engelbert Kaempfers – vor sie hin und forderte mit lauter Stimme: »Ich protestiere gegen die Vollstreckung des Urteils. Der Mann hat sein durch Folter erpreßtes Geständnis widerrufen. Er darf nicht hingerichtet werden.« Cothmann, der Direktor des Peinlichen Gerichts, der als der »Hexenbürgermeister« im Gedächtnis der Bürger fortlebt, warf dem Sprecher einen bösen Blick zu und erwiderte: »Das Urteil wird vollstreckt.« Der Prediger rief: »Das ist wider das Gesetz. Ich protestiere noch einmal gegen diese Übertretung des Gesetzes.«

Der Bürgermeister gab dem Henker einen Wink. Die Knechte packten den heulenden Mann an beiden Armen und zerrten ihn zum Richtblock. Da wandte sich der Prediger schroff ab und verließ ohne ein weiteres Wort den Platz, so daß der Henker sein Werk vollenden mußte, ohne daß dem armen Sünder ein letztes Gebets- und Trosteswort gespendet wurde, worauf er Anspruch hatte. Die Torturherren haben dem Prediger jenen Protest nie verziehen.

Magister Johannes Kemper, Pastor primarius an der Nikolaikirche, hatte ehedem selber an den ebenso dummen wie grausigen Hexenschwindel geglaubt. Er war ein Werkzeug der mörderischen Inquisition gewesen und hatte die armen Opfer beim Sakrament schwören lassen, bei ihrem erfolterten Schuldbekenntnis zu verharren. Erst als der Hexenprozeß dem schurkischen Cothmann und seinem Anhang im Rate immer offensichtlicher zur Beseitigung unbequemer Kritiker dienen mußte, waren ihm Bedenken gekommen. Als vollgeständiger »Hexen« hin seines Amts entsetzt, durch Entscheid der Universität Gießen gefoltert und geköpft wurde – übrigens der einzige evangelische Prediger in Deutschland, der dem Wahnwitz zum Opfer fiel – weil er von der Kanzel zur Besonnenheit und Vorsicht bei der Hexenjustiz gemahnt hatte, da waren dem frommen Manne endlich die Augen aufgegangen.

Lemgo war damals immer noch die bedeutendste unter den Städten der Grafschaft Lippe. Einst hatten ihre wagemutigen Kaufleute im Hansebunde ihre Waren bis nach Bremen, nach Flandern, ja bis ins Baltikum vertrieben. Das tüchtige und selbstbewußte Bürgertum hat sich ein Denkmal gesetzt in den mächtigen Kirchen, dem prächtigen Rathaus und den reichbehauenen und beschnitzten Giebelhäusern des 16. und frühen 17. Jahrhunderts, die heute der Stolz der Stadt sind. Zu Engelbert Kaempfers Zeit war diese Stadt eines der letzten Bollwerke der Hexenverfolgung in Deutschland.

Engelbert wurde, so berichtet in der Leichenrede der Pastor Haccius, im Jahre 1651, am 16. September, »abends um neun Uhr von fürnehmen und gottseligen Eltern in dieser Stadt Lemgo in die Welt geboren«. Der Vater schrieb sich KEMPER. Erst Engelbert hat diesen Namen später verhochdeutscht. Unrichtig, denn Kemper kommt von Kamp.

Der Prediger war damals einundvierzig Jahre alt und Pastor primarius an der Nikolaikirche, zugleich Ephorus am Gymnasium. Johannes Kemper hatte sich in seiner Jugend mit zähem Fleiß um seine Bildung gemüht und noch im dreißigsten Lebensjahre Kantor- und Lehramt aufgegeben, um in Rostock weitere zwei Jahre zu studieren und die Magisterwürde zu erwerben. Als

Kaempfers Geburtshaus in Lemgo

dann das erste Pastorat an der Nikolaikirche freigeworden war, hatte man ihn gewählt, zugleich mit seinem Amtsbruder Andreas Koch. Gern geübtem Brauche folgend hatte er die Tochter seines Vorgängers, Christina Drepper, geheiratet.

Engelbert war der zweite Sohn aus dieser Ehe und nicht der einzige, der es später zu Ehren und Ansehen brachte. Der älteste, Joachim, studierte Rechtswissenschaften in Leiden, promovierte in Jena, kehrte als Dozent nach Leiden zurück und wurde später Syndikus in Herford und Goslar und dann – bald nach Engelberts Rückkehr von seiner Weltreise – Bürgermeister in Lemgo. Engelbert stand diesem Bruder besonders nahe und wechselte auf seiner Reise öfter Briefe mit ihm.

Die Mutter wurde ihren Kindern früh entrissen. Wir haben keinerlei Kunde von ihr.

Schon bald danach schloß der Magister Kemper einen neuen Ehebund mit Adelheid Pöppelmann, die aus Herford stammte. Sie war eine Tante des berühmten Erbauers des Dresdener Zwingers. Ihre Schwester heiratete Kempers Amtsbruder Andreas Koch. Dem zweiten Ehebunde des Pastors entsprossen weitere sechs Kinder, von denen der älteste Sohn, Andreas, an geistiger Artung wie an bewegter Lebensfahrt mit seinem berühmteren Stiefbruder wohl verglichen werden darf. Er wirkte später als namhafter Hebraist am Pädagogium in Gießen und starb 1743, fünfundachtzigjährig, als Pfarrer in Billertshausen.

Von Engelberts Kindheit ist uns nur das Allgemeine überliefert. Er besuchte die Lateinschule der Stadt, die damals bereits sieben Klassen mit sieben Lehrern hatte und an der auch sein Vater unterrichtete. Wir möchten gern mehr wissen, und wir forschen nach dem, was des Knaben Herz und Geist beeindruckt haben mag. Gewiß war er ein lernbegieriger Schüler und legte schon in der Schule seiner Vaterstadt einen guten Grund für sein später so ungeheures Wissen. In der Bücherei des Vaters fand er das berühmte Reisewerk des ADAM OLEARIUS über die Gesandtschaft des Herzogs Friedrich von Holstein-Gottorp an den Schah Sefi von Persien in den Jahren 1635 – 1639. Gewiß hat die Beschreibung der fernen Länder des Knaben Phantasie beflügelt und seine brennende Reisebegier gesteigert, vielleicht auch bereits hie und da kritische Bedenken an der Zuverlässigkeit des Berichtes geweckt.

Dem Vater mögen Bedenken gekommen sein, den Sohn noch weiterhin die seelenverpestende Luft der Vaterstadt atmen zu lassen. Er ließ ihn nicht länger auf der Lemgoer Lateinschule, sondern schickte ihn zu Verwandten nach Hameln. Von hier unternahm der Lateinschüler, siebzehnjährig, seine erste größere Reise nach HOLLAND. Und wie er nach den Worten seines Leichenredners »von Jugend auf eine sonderliche Begierde getragen, fremde Örter zu besehen und seine Studia anderwärts zu excolieren«, so vertauschte er bald das Gymnasium in Hameln mit dem in LÜNEBURG, setzte zwei Jahre später nach einer Reise durch Mecklenburg, Holstein und Hamburg auf der Lateinschule zu LÜBECK seine Studien fort und bezog, einundzwanzigjährig, das Gymnasium in dem damals zu Polen gehörenden DANZIG, wobei man sich gegenwärtig zu halten hat, daß der wissenschaftliche Betrieb auf den oberen Gymnasialklassen sich damals von dem auf Universitäten kaum unterschied. Wie denn Kaempfer hier im Jahre 1673 nicht allein Philosophie, Geschichte, alte und neue Sprachen studierte, sondern auch bereits seine erste wissenschaftliche Arbeit veröffentlichte.

Er war damals 21jähriger Schüler des Athenaeums. Seine Arbeit, *»Exercitatio politica de Majestatis divisione«* war eine Valedictio, d. h. Abschiedsrede, wie auch die Schüler der Lemgoer Lateinschule sie beim Abgang zu halten pflegten, freilich meist ohne daß diese Reden gedruckt wurden. Die Aufgabe hatte Professor G. Neufeld ihm gestellt, der in Dutzenden von Büchern und Abhandlungen ethische und politische Fragen behandelte (De tyrannis, De Imperatoribus etc.). Er starb im gleichen Jahre 1673 im 48. Lebensjahre.

Das Thema war damals höchst aktuell. Es war die Zeit des Absolutismus, der unbeschränkten Autokratie, wie sie sich in Ludwig XIV. in Frankreich und Karl XI. in Schweden, aber auch in den deutschen Despoten und Despötchen verkörperte. Ihrem Allmachtsanspruch widersetzten sich im 17. und 18. Jahrhundert die Vertreter der Naturrechtslehre, von denen Kaempfer eine Reihe anführt, darunter den berühmten holländischen Juristen und Staatsmann Hugo Grotius (gest. 1645).

Der junge Autor sucht in seiner Schrift zunächst den Begriff »Majestät«

festzustellen, wobei er zahlreiche Autoren des klassischen Altertums zitiert. Dann läßt er die Gelehrten seiner Zeit zu Worte kommen, die über die Gewaltenteilung zwischen Fürst und Volk, sei es ablehnend oder befürwortend, geschrieben haben. Und er bekennt sich, ganz im Sinne seines Lehrers Neufeld, für die Unteilbarkeit der Staatsgewalt. Es könne nur eine volle Majestät geben, über das gesamte Volk. Dabei sucht er den Einwand der Gegner – daß die Macht des Volkes der des Herrschers überlegen sein müsse, da doch der Fürst wegen des Volkes da sei und nicht umgekehrt – wenig überzeugend zu widerlegen. Er schränkt aber doch die Macht des Fürsten ein durch die Worte »soweit er sich und sein Leben dem Heil des Volkes weiht«. Das wäre etwa der Standpunkt des aufgeklärten Absolutismus.

1674 fuhr der junge Gelehrte weichselaufwärts und setzte seine Ausbildung in THORN fort, dann, noch im selben Jahre, in KRAKAU, allwo er, wie Haccius versichert, »in Erfahrung fremder Sprachen, Nationen und Länder trefflich zugenommen«. Stammbuch-Eintragungen polnischer Medizinprofessoren beweisen, daß er sich daneben auch mit seinem späteren Hauptfach – wenn man von einem solchen bei ihm überhaupt sprechen darf – befaßt hat. M. Stanislaus Slowakowic nennt ihn seinen »äußerst fleißigen Hörer« und schreibt dazu die scherzhafte Weisheit »Imperatores et medici nihil agendo multum proficunt«, »Herrscher und Ärzte schaffen viel Gutes, indem sie nichts tun«. Der Rektor Makowski bezeugt im Stammbuch, daß »Herr E. Kempfer aus Westfalen 2 Jahre lang Medizin und Philosophie studiert und die ganze Zeit über ein straffreies Leben geführt habe«.

Jenes *Stammbuch*, im Besitz der lippischen Landesbibliothek in Detmold, hat Kaempfer auf all seinen Reisen mit sich geführt. Es umfaßt zwei Jahrzehnte, von 1674 bis 1694, und ist für die Aufhellung seines Lebensganges von Wichtigkeit und auch als Autogrammsammlung von hohem Reiz. Es enthält Niederschriften aus zahlreichen Ländern, in vielerlei Sprachen und Schriftzeichen – lateinische, holländische, französische, englische und russische, aber nur eine einzige deutsche! –, dazu zahlreiche Schriftproben asiatischer Sprachen, nämlich armenische, georgische, persische, türkische, arabische, siamesische, anamitische, chinesische und japaniche, die Kaempfer von schreibkundigen Leuten in jenen Ländern selbst hat eintragen lassen.

Von ihm selber haben wir aus jenen bedeutungsvollen Lehrjahren keinen Brief, ja keine Zeile. Wir wissen nicht, wie er als Student gelebt hat. Üppig jedenfalls nicht. In Krakau habe er, wie er später einmal erwähnt, oftmals »aus Hunger« Kuchen aus Hanfmehl gegessen.

Überall suchte der junge Deutsche nicht allein Kenntnisse zu sammeln, sondern auch nützliche Verbindungen anzuknüpfen mit Männern der Wissenschaft wie des öffentlichen Lebens, in Krakau etwa mit dem brandenburgischen Gesandten Johannes von Hoverbecke und dem Reichsfürsten Alexander Lubomirski (1643–1675, Starost von Sandek, Graf von Wisnicz, Ahnherr der bis heute blühenden Linie). Es will doch wohl etwas besagen, wenn solche Männer den dreiundzwanzigjährigen Studenten ihres Umgangs würdigten.

Im Jahre 1676 verließ er Krakau, nachdem er die Magisterwürde erlangt, lernte auf der Rückreise in WARSCHAU neben anderen den persischen Gesandten am polnischen Hofe Mohammed Hussein Beker kennen, besuchte in THORN seine früheren Lehrer und reiste über DANZIG und ELBING nach KÖNIGSBERG, um sich hier in vierjährigem Studium eine ganz neue Fakultät zu erobern, eine, die damals noch die geringste unter ihren Schwestern war, und die er so kräftig fördern sollte: die Naturwissenschaft. Daneben bildete er sich weiter in der Medizin aus.

Seinen Lebensunterhalt erwarb er damals als Hauslehrer »unter der holdseligen Beschirmung« – wie er in einem späteren Briefe schreibt – einer Äbtissin von Tettau, deren Neffen er unterrichtete.

Zwölf lange Jahre hatte Kaempfer Heimat und Vaterhaus nicht wiedergesehen. Der Vater war nun siebzig Jahre alt und seit fünf Jahren von seinem Predigtamt an der Nikolaikirche geschieden – in Unfrieden mit dem Rat. Er hatte im benachbarten Dorfe LIEME ein Landgut erworben, den »Steinhof«. Hier besuchte ihn, gewiß auf wiederholtes Drängen, sein Sohn Engelbert im Jahre 1680. Es waren damals, wie es scheint, alle Kinder um den Vater versammelt: Joachim, der Älteste, seit drei Jahren Doktor beider Rechte und Dozent in Leiden, Andreas, der seine Studien in Jena abgebrochen hatte, weil es dem Vater an Geld gebrach, und die jüngeren Stiefgeschwister Engelberts.

Nur kurz war der Aufenthalt in der Heimat. Am 24. Oktober, am Tage vor dem Abschied – für den Vater ein Abschied für immer –, schrieb dieser seinem »innig geliebten Sohne« mit fester Hand seine frommen Wünsche ins Stammbuch. Dann reiste Engelbert zusammen mit Andreas über Hamburg nach Lübeck, wo die beiden sich trennten. Andreas fuhr nach Stockholm, um dort oder in Upsala eine gelehrte Wirkungsmöglichkeit zu suchen. Er wurde ein tüchtiger Hebraist. Engelbert setzte in KÖNIGSBERG seine vielseitigen Studien bis in den August 1681 fort und fuhr dann ebenfalls, über Danzig, nach SCHWEDEN. Die Brüder werden sich dort wieder begegnet sein. Eine Kunde darüber liegt freilich nicht vor.

Aus Kaempfers bisherigem Lebens- und Studiengang sind bedeutsame Aufschlüsse über den Mann und sein Lebensziel zu gewinnen, auch ohne daß uns ein einziges Wort aus seiner Feder darüber aufklärt.

Wir sehen da einen jungen Menschen bis ins dreißigste Lebensjahr an seiner wissenschaftlichen Ausbildung arbeiten. Es kommt ihm nicht darauf an, sich die Vorkenntnisse zu irgendeinem gelehrten Beruf zu verschaffen, der ihn ernähren kann. Ihm ist es um mehr zu tun. Er strebt nach einer schlechthin *allseitigen Bildung*. Außer den alten Sprachen, die er wie ein Philologe beherrscht, lernt er eine ganze Reihe der neueren: die französische, schwedische, portugiesische, englische, russische und polnische. Die Geschichte und jegliche Kunde von fremden Völkern zieht ihn mächtig an. Er macht sich gleichermaßen in den Naturwissenschaften heimisch, wie in den historischen. Seine besondere Liebe gehört der *Botanik,* worin er später so Hervorragendes leistet. Etwa vom fünfundzwanzigsten Lebensjahre an beginnt er sich der Medizin zu bemächtigen und setzt ein achtsemestriges Studium daran. Nebenher hat er mit Eifer Musik getrieben, vokale und instrumentale – gewiß ohne zu ahnen, daß er dereinst vor dem Beherrscher Japans eine Probe seiner Sangeskunst ablegen werde.

Woher diese Vielgeschäftigkeit? Und zu welchem Ziele? War Kaempfer ein faustischer Mensch, der ruhelos letzten Geheimnissen nachspürte? Oder war er nur ein »Wagner«, der viel weiß, doch alles wissen möchte? Einer jener eitlen Polyhistoren, an denen seine Zeit so reich war?

Ich glaube, keines von beiden. Er war ein Forscher, dem das Forschen Leidenschaft war, der überall Dunkelheiten antraf, die zu erhellen waren, Verkehrtheiten, Widersprüche, Verworrenheiten, die Aufklärung erheischten. Die Selbstgenügsamkeit und Selbstgefälligkeit des Gelehrtentums seiner Zeit wird ihm nicht entgangen sein. Er aber wollte Neuland gewinnen. Ihn lockte die Welt mit ihren unerforschten Weiten, und er fühlte die Kraft in sich, der Wissenschaft neue Provinzen zu erobern.

Forschungsreisender zu werden: dies Ziel stand ihm offenbar von Anfang an fest und klar vor Augen. Um aber fremde Länder gründlich und allseitig zu erforschen, nicht bloß in der bisher beliebten Weise der Reisenden davon zu phantasieren, dazu mußte man ein möglichst vielseitiges wissenschaftliches Rüstzeug mitbringen, mußte sich fähig machen, allen Erscheinungen mit klarem, kritisch geschärftem Auge zu begegnen.

Wie aber konnte Kaempfer, innerlich gerüstet, nun auch in der Welt der Wirklichkeit seinem Ziele näher zu kommen hoffen? Geld zu selbständigen Forschungsreisen in fremde Länder besaß er nicht. Doch wußte er, daß auch andre da draußen fortgekommen waren, wenn sie die Heilkunst verstanden, die überall in der Welt geschätzt wird. Also wurde er Arzt. Die Medizin war sein Brotstudium, wenn man so will. Natürlich war sie ihm auch anderes.

Aber wer würde ihn mitnehmen ins Ausland, etwa als Gesandschaftsarzt? Von seinem Heimatlande war nichts zu erwarten. Deutschland hatte in dem großen Kriege neben der wirtschaftlichen auch die geistige Schwungkraft eingebüßt. Es spann sich immer mehr in eine enge Kleinpolitik ein und blieb von den kühnen Missions- und Handelsunternehmungen der Zeit ausgeschlossen. Die einzige größere deutsche Expedition des Jahrhunderts, die vom Herzog Friedrich III. von Holstein nach Persien entsandte (1635 – 1639), war ergebnislos geblieben – bis auf den Reisebericht des Olearius.

Kaempfer mag an Holland gedacht haben, das er vorzeiten besucht hatte.

Aber Holland hatte selber Überfluß an gelehrten Männern, denen es im Besitz irgendeines einträglichen Postens bei der Ostindischen Kompanie leicht wurde, ihren Forschungen zu leben. So setzte er seine Hoffnung auf SCHWEDEN. Er hat das nirgendwo ausgesprochen. Aber er fuhr hin.

Neben jener Hoffnung mag ihn auch der Ruf der schwedischen Gelehrten angezogen haben, unter denen der berühmte OLOF RUDBECK (1630–1702) eben damals durch seine kühnen ethnologischen Forschungen Aufsehen machte. Seine »Atlantica« erschien 1679. Rudbeck war ein vielseitiger Gelehrter, besonders Mediziner. Er legte auch den ersten botanischen Garten in Schweden an und gab ein Pflanzenwerk heraus, für das er mit eigener Hand elftausend Abbildungen zeichnete. Kaempfer besuchte ihn bald nach seiner Ankunft in UPSALA und erhielt eine freundliche Eintragung ins Stammbuch. Ebenso wie von dem Sprachforscher VERELIUS und dem Rektor der Universität PETER HOFFWENIG. Dieser schrieb: »Dem durch Vornehmheit des Charakters, ausgezeichnete Gelehrsamkeit und gediegene Kenntnis der Heilkunst hervorstechenden Herrn E. K. wollte, während er unser Upsala besuchte, diese Zeilen als Zeichen dauernder Freundschaft und Wohlgeneigtheit hinterlassen. P. H.«

Wertvoller noch als diese gelehrten Beziehungen in Upsala wurden für Kaempfer seine Bekanntschaften mit politischen Persönlichkeiten in Stockholm, wo er sich etwa seit August 1682 aufhielt. Es war dies das für Schwedens Zukunft entscheidungsschwere Jahr, in dem der junge König Karl XI. mit Hilfe des Ministers Gyllenstjerna vom Reichstag die fast unumschränkte Gewalt in seinem Lande bekam, kraft deren er alsbald seine ungetreuen Vormünder zur Rechenschaft zog und dem verlotterten Adel die der Krone entzogenen Güter rücksichtslos wieder abnahm.

In Stockholm weilten damals die beiden Brüder Pufendorf, Deutsche wie Kaempfer. ESAIAS, der ältere, war Kanzler von Bremen und Verden. SAMUEL wirkte als hochberühmter Lehrer des Natur- und Völkerrechts an der Universität Lund und wurde später als Hofgeschichtsschreiber nach Stockholm berufen. Mit beiden wurde Kaempfer bekannt. Ob er sich mit Samuel auch einmal über das Thema seiner Erstlingsschrift unterhalten hat? Esaias schrieb ihm ins Stammbuch die Mahnung »Ne te quaesieris extra!« »Suche dich nicht draußen!« – ein feines und tiefes Wort, und gewiß schon im Hinblick auf die geplante politische Gesandtschaft nach Rußland und Persien geschrieben, an welcher der reiselustige junge Deutsche beteiligt zu werden wünschte.

Am Hofe des jugendlich unternehmungsfrohen Schwedenkönigs reifte damals der Plan, Handelsbeziehungen mit dem Orient, namentlich mit Persien, anzuknüpfen, und zwar, da die Meere von Portugal, Holland und England beherrscht wurden, auf dem Landwege durch Rußland.

Es wurde also eine mit reichen Geschenken ausgestattete Gesandtschaft zusammengestellt. Die Führung sollte ein vielfach bewährter Mann, der Holländer LUDWIG FABRITIUS, übernehmen. Mit der wichtigen Rolle des Sekretärs aber betraute man Engelbert Kaempfer. Daß man es tat, setzt voraus, daß man dem jungen deutschen Arzte auch auf diesem Felde Geschick und weltmännisches Auftreten zutraute. Zudem verhieß man ihm nach seiner Rückkehr die beste Beförderung, einerlei, ob er sie bei Hofe oder an einer Hochschule wünschen sollte.

So ward Kaempfers sehnlichstem Wunsche Erfüllung. Er durfte hinaus, um das weite Moskowiterreich und danach den fabelhaften Orient »zu besehen, inmaßen er sich zur Reise in fremde Länder schon vorher in viele Wege nützlich gepräpariert hatte«, wie Haccius treuherzig und zutreffend bemerkt. In der Tat, was konnte diesem einunddreißigjährigen Manne auf und in der Erde an Gestein und Gewächs und Getier begegnen, was an bedeutsamen Spuren der Vorzeit, an Denkmälern der Menschheitsgeschichte, an Mythen und Legenden, an Einrichtungen und Verfassungen fremder Höfe und Reiche, kurz, was überhaupt auf Gottes weiter Welt, dem er nicht mit dem Werkzeug seines allseitig geschulten Geistes beizukommen hoffen durfte!

II. RUSSLAND

»Am 20. März 1683 um sieben Uhr abends bin ich mit königlichen Geschenken ausgeritten, nachdem unsre Bagage am 3. vorausgeschickt und der Herr Legat am 5. vorausgereist.« So beginnt das Reisetagebuch Kaempfers.

In fünf Tagen erreichte er mit Pferden und Wagen den Hafenplatz Waddö. Von dort setzte man auf drei Booten zu den Alandsinseln über, von denen Bomarsund und Kumlinge berührt wurden. Eisgang hemmte die Fahrt, und das Gepäck mußte streckenweise über das Eis getragen werden. Am 3. April wurde das finnische Festland und die Stadt Abo erreicht. Kaempfer besuchte den Rektor der dortigen Hochschule Jakob Hachsenius, der sich ins Stammbuch eintragen mußte. Am 13. erreichte man Helsingfors, ein »lustiges Städtlein« mit einem »grausamen Wasserfall«. Auf der Fahrt durch Karelien fielen ihm zahlreiche Augenkranke auf. »Die Ursache davon sind wohl die rauchigen Stuben.« In Wiborg wohnte er drei Tage lang bei einem »Babier Bütün«. Die Stadt hatte »höffliche aber wenige Einwohner«. Weiter ging die Reise um den Finnischen Meerbusen herum nach Nyenschanze in Ingermanland, »einer Stadt am lustigen Orte«. Es ist ungefähr die Stelle, wo zwanzig Jahre später Zar Peter den Grund zu seiner Residenz Petersburg legte. Damals aber beherrschte noch das mächtige Schweden alle jene Küstenländer der Ostsee, Finnland, Ingermanland, Estland, Livland. Auffällig groß ist die Zahl deutscher Männer, Militärs und Gouverneure, die Kaempfer in seinem Tagebuch verzeichnet. Am 28. April traf er in Narwa ein, wo der Führer Fabritius den Reisetrupp erwartete. Die Stadt hatte zwei Kirchen, eine schwedische und eine deutsche. »Iwangorod liegt strack über die Brücke des Flusses, eine Festung mit hohen Mauern, vom Zaren Iwan Basilowitz (Iwan III. Wassiljewitsch, 1462–1505) erbaut.« Die breite Narwa, bemerkt Kaempfer, stürzt hier in zwei »grausamen Wasserfällen« nieder und umschließt dabei eine Insel, wo ein Deutscher mit Namen Tünnerfeld sich »des Wassers zu vielen Sägemühlen bedient«. Hundert Familien ernährte dieser Betrieb. Noch heute sind diese 7 m hohen Wasserfälle Lebensgrundlage der Industriestadt Narwa.

Nach zweiwöchigem Aufenthalt, am 2. Mai, rückte nun der ganze Zug mit vierzig Pferden weiter. Das erste Nachtquartier, klagt Kaempfer, habe nur aus »zwei alten Wanzenstuben unterm Dach« bestanden, »woselbst die Kinder in einer Blätterstreu lagen«.

An der russischen Grenze, kurz vor NAUGARD (Nowgorod), gab es einen ärgerlichen Aufenthalt, den Fabritius in einem von Kaempfer verfaßten Schreiben nach Stockholm damit erklärt, daß der Wojewode »seinen großen Unwillen zu verstehen gegeben«, weil man in dem Anmeldungsbrief den Titel des persischen Königs dem Namen der zarschen Majestät vorangesetzt habe. Der Wojewode habe daher zunächst in Moskau anfragen lassen, wie zu verfahren sei. Wegen dieser lächerlichen Etikettefrage verlor die Gesandtschaft mehr als zwei Wochen. Kaempfer benutzt die Zeit zu wissenschaftlichen Erkundungen.

Am 26., am Pfingstabend, beobachtete er, wie die russischen Bauern jenseits der Luga kamen, um den Platz zu besuchen, wo ihre Toten begraben lagen. »Sie beklagten und beschrien dieselben mit einem affektierten Geheul, besonders die Weiber, die sich neben oder auf der Ihrigen Grab gesetzt hatten. Sie sangen – wie ich aus eines Weibes Geheul verstand, die vor andern sich hören ließ – ungefähr diese Worte: ›O du mein lieber Bruder – Vater, Schwester usw. –, warum bist du gestorben? Hast du kein gutes Haus gehabt? Hast du nicht zu essen gehabt?‹ und was der Fragen mehr waren. Während dem Geheul gingen sie einer nach dem andern über die Gräber, bekreuzigten sich vor jedem und strichen zugleich mit einem Maibusch drüberhin. Dann wurden Schüsseln und Essen gebracht und einige Kannen zu trinken, worüber man sich denn auch stehenden Fußes in voller Lust hermachte, nachdem man auf jedem Grab einiges ausgegossen und also auch den Toten eine Kanne spendiert hatte. Hernach verließ man die Gräberstätte, die alsbald von Schweinen besucht wurde, so hierselbst eine Nachlese hielten.«

Erst am 3. Juni kam der »Expresse« zurück. An dem gleichen Abend geschah ein Unglück. »Es begab sich, daß unser polnischer, der russischen Sprache wohl kundiger Diener Iwan, der Stille der Nacht zu einer kleinen Lust sich bedienend, auf die andre Seite des Flusses hinüberfuhr und etwas reichlich Branntewein zu sich nahm. Er rief nun hinterher dem Kammerdiener und Hofschneider des Gesandten zu, er solle ihn mit unserm Boote herüberholen. Dieser, ein geborener Lübecker mit Namen Johann Günter, hackte oben am Ufer Holz, wie die andern, um sich durch Feuer die Nacht hindurch der Mücken zu erwehren. Er ließ dann auch die Arbeit liegen, schiffte hinüber und nahm den Trunkenen ein. Dieser aber fiel nicht weit vom Ufer aus dem Boote und brachte dasselbe zum Umschlagen. Darauf wandte sich Johann nach dem unrechten und weit abgelegenen Ufer, wurde von dem Strome überwältigt und ging unter, ungeachtet er schwimmen konnte. Er wurde, wie sehr wir auch am andern Tage nach ihm suchten, nicht gefunden. Der andre aber, weil er sich so lange hielt, bis man ein anderes Boot löste und ihm zu Hilfe kam, wurde gerettet. Der Verstorbene war ein frommer, verständiger und wackrer Kerl, gut mit der Faust, weit gereist und vielen Gefahren entgangen. Er war mein Gefährte und Handlanger gewesen von Stockholm bis Narwa.«

Am 10. Juni überschritt die Gesandtschaft die russische Grenze und zog über Nowgorod dieselbe Straße, die noch heute den Finnischen Meerbusen mit Moskau verbindet. Bei der Stadt Waldai setzte man unter Lebensgefahr auf kleinen Kähnen über den Fluß Jablon und erreichte am 22. Juni Twer an der Wolga, »die hier so breit ist wie die Weser«. Hier legten die Herren bessere Kleider an und ritten auf der Straße, die hier »geräumig, lustig und plan wie ein Estrich war«, zur Hauptstadt des Moskowiterreichs.

In Slawoda, der Vorstadt Moskaus, wurde die Gesandtschaft feierlich eingeholt von einem Oberst der Garde und fünfzig Strelitzen in roten Röcken. Zwölf kostbar aufgezäumte Rotschimmel standen für die schwedischen Herren bereit. »Des Gesandten Pferd war ungeheuer groß mit groben rauhen Füßen, langsam von Gang und mit gold- und silberbestickter Decke belegt.« So überließen die Herren ihre eignen Pferde ihren Dienern, die bisher auf Wagen gefahren waren, und wurden zu ihrer Herberge geleitet und dort zwei Tage eingeschlossen gehalten.

Am 10. Juli wurde die Gesandtschaft zur Audienz vorgelassen. Es ist das reizvollste Stück in Kaempfers Aufzeichnungen über Rußland. Die damaligen Zaren waren der siebzehnjährige körper- und geistesschwache Iwan und der elfjährige Peter, der später »der Große« wurde. Dieser machte starken Eindruck auf Kaempfer. Es ist bezeichnend, daß er das temperamentvoll sprühende Kerlchen auf sechzehn Jahre schätzt. Beide standen unter der Vormundschaft der herrschsüchtigen und ränkevollen Sophia, der Schwester Iwans und des letzten Zaren Feodor. Sie nannte sich Zarewna. Ihr Günstling war Golizyn, ein westeuropäisch gebildeter Mann. Sechs Jahre später wollte sie ihren Stiefbruder Peter ermorden lassen, aber der Siebzehnjährige kam ihr zuvor und steckte sie ins Kloster.

Von der Audienz gibt Kaempfer eine anschauliche Darstellung.

»Vor der Pforte stiegen wir von den Pferden. Rechts lag die Kirche mit dem ›Großen Iwan‹. Es ging über einige Treppen durch das mit goldenen Türmen prahlende Gebäude, dann über einen freien steinernen Gang zur Linken durch einen großen Saal in den mit türkischen Decken belegten Audienzsaal. Alles unter beider zarschen Majestäten klaren Augen.

Beide saßen nicht in der Mitte, sondern etwas nach der rechten Seite des Saales, jeder auf einem mit rotem Tuch belegten, erhabenen, silbernen Bischofsstuhl. Über jedem hing ein Bild. Sie trugen über ihren Röcken Mäntel von geblümten gelben und weißen Silberstoffen und in ihren Händen anstatt der Zepter lange goldene Stäbe, am Ende gebogen wie Bischofsstäbe und mit Edelsteinen besetzt.

Der älteste saß ohne Bewegung mit niedergeschlagenen Augen, die überdies von einer heruntergezogenen Mütze fast verdeckt waren. Der jüngste mit aufgerichtetem und freiem Gesichte ließ seine wunderbare Schönheit mit angenehmen Gebärden – während der Purpur seines Geblüts ihm immer wieder ins Gesicht schoß – dermaßen leuchten, daß alle Umstehenden, wenn sie eine Jungfer und nicht eine kaiserliche Person vor sich gehabt hätten, sich in ihn verliebt hätten.

Beide hatten Hofmeister zur Seite, welche die beiden Majestäten ohne Unterlaß musterten, daß es verdrießlich anzusehen war.

Außerdem standen zu beiden Seiten mit aufgehobenen versilberten Schlachtschwertern je zwei junge Pagen mit verdeckten Häuptern, die jedesmal bei einem Handkuß ihre Schwerter über die Schulter des Küssenden fertig zum Schlage hängen ließen. Dann standen noch auf der andern Seite verschiedene Bojaren und Fürstensöhne, insonderheit stand zur Rechten der Kanzler Wassili Golizyn, der die Audienz von seiten der Zaren leitete.

Nach getaner Reverenz hielt der Gesandte seine Ansprache in deutscher Sprache. Der Dolmetsch wiederholte sie in russischer. Hierauf wurde uns verstattet, die königlichen Briefe zu überreichen.

Dann erhoben sich die beiden Zaren, entblößten ihre Häupter ein wenig und fragten nach Ihrer Kgl. Majestät Gesundheit. Dabei wurde dem älteren von seinem jungen Hofmeister die Hand zur Mütze erhoben und diese zugleich angefaßt. Dabei kam etwas wie ein lallender Ton über seine Lippen.

Der jüngere war ein hurtiger Herr und allzu fertig zu fragen und aufzustehen, also daß er von seinem Hofmeister mußte zurückgehalten werden, bis der ältere auch fertig war und sie zugleich fragen konnten.

Darauf wurde auch nach unserer Gesundheit gefragt, und man verstattete uns den Handkuß. Dabei wurde die Hand der Länge nach über das Knie gelegt, so daß es schwer war heranzukommen, wollte man nicht mit den Knien sich auf den Fußschemel lehnen. Beim Handkuß wurden wir an die Arme gefaßt. Ob es ehren- oder vorsichtshalber geschah, kann ich nicht wissen. Sie faßten aber ziemlich hart zu, als ob sie uns die Küsse mißgönnten.«

Zwei Tage danach wurden der Gesandtschaft die »Traktamente« verabfolgt. Acht Personen brachten die Speisen in zwanzig großen silbernen Schüsseln.

»Die silbernen Schüsseln waren mit großen slawonischen Buchstaben ausgestochen. Sie waren alle schmutzig, als wären sie nimmer gewaschen. Sie werden nämlich nur in warmem Wasser abgespült, weil man einmal nach dem Scheuern fand, daß sie leichter geworden.

Unter den Gerichten waren zwei mit Suppe und gepfeffertem Fleisch. Die eine Suppe konnte man nicht essen, die andere schmeckte gut und süß, aber das mürbste Fleisch war wie zähes Leder. Es war ohne Zweifel in seiner eigenen Substanz ohne Butter gebraten und so trocken, daß keiner davon genießen wollte. Die meisten Speisen waren gebacken und mit dicker Milch, Leber, Hühnern, gehacktem Fleisch und dergleichen Sachen gefüllt, alles aber war trocken und ohne Fett, wie auch der Teig selbst nur mit Wasser angerührt war. Das in Butter Gebackene war aber so fettarm, als wenn es von einer Bauernkindtaufe geholt wäre.

Den Überbringern wurden vier Rubel verehrt.

Am 14. war die geheime Konferenz mit einem Priester als Dolmetsch. Obwohl unser Gesandter des Russischen kundig war, wollte er doch seines Königs Sache in deutscher Sprache vortragen.«

Am 16. Juli ging ein von Kaempfer geschriebener Brief nach Stockholm, der die in der geheimen Konferenz gemachten Zusagen übermittelte.

Man war auch einmal bei dem Minister Golizyn zur Tafel geladen, wo »zwischen der Mahlzeit Bier und Branntewein, hinterher Most getrunken wurde«. Kaempfer bemerkte unter der Dienerschaft einen Knecht, dem die Hand abgehauen war. »Er war bei einem Pfaffen in Dienst, der ihm nie Lohn gab. Also machte er sich selbst bezahlt und stahl ein Pferd.«

Während des Aufenthalts der schwedischen Gesandtschaft wurde Moskau zweimal, in den Nächten zum 18. und zum 24. August 1683, von ungeheuren Feuersbrünsten heimgesucht. »Der Schaden wurde geschätzt auf dreitausend Häuser, darunter zwei Tempel und zehn steinerne Gebäude. Viele Menschen sollen dabei umgekommen sein. Ursache – vom Branntweinbrennen! So lag der vierte oder sechste Teil von Trans-Moskau in der Asche.«

Die schwedische Gesandtschaft hielt sich zwei Monate lang in Moskau auf. Ihre Wohnung hatte sie in der Vorstadt Slawoda. Es gingen in dieser Zeit natürlich Briefe über die Aufnahme, die man gefunden hatte, und die politischen Angelegenheiten, die der Zweck dieser Gesandtschaft waren, nach Stockholm. Aus den Kopien dieser Berichte, die der Legationssekretär zurückbehielt und später säuberlich zusammenband, geht hervor, daß der Zweck erreicht wurde, daß dem Herrn Gesandten aber leider bereits das Geld auszugehen drohte. Daran sei die ärgerliche und unverschuldete Reiseverzögerung an der Grenze schuld, betont Herr Fabritius. Er habe daher »für den Train von dreißig Personen von dem Holländischen Residenten in Moskau, Herrn

Baron VON KELLER, einstweilen dreihundert Dukaten aufgehoben, damit er bis Persien weiterreisen könne«.

Zu Kaempfers näherem Umgang gehörten, wie es scheint, einige Fachkollegen, die sich in sein Stammbuch eingetragen haben, so auch der erste Leibarzt des Zarenhauses, Laurentius BLUMENTROST.

Aber auch an Damenbekanntschaften scheint es nicht gemangelt zu haben, wie ein Gedicht bezeugt, das Kaempfer den Schönen Slawodas beim Abschied widmete, und zwar »einer Kürbis einverleibet«.

»Ihr Schönsten dieses Orts, vergönnt mir aufzuschreiben
Wozu uns, so Ihrs glaubt, die bittre Wehmut führt:
Der Himmel läßt bei Euch uns länger nicht verbleiben,
O Abschied, dessen Schmertz der Hertzen Staal gerührt!
Dennoch, wir bleiben Euch mit Lieb und Treu verschrieben
Und Eur Gedächtnis soll bey uns nicht untergehn.
Wer unter uns zuerst ermüdet Euch zu lieben,
Der muß Slawoda nicht auf ewig wieder sehen.
Wohlan Ihr bleibet hier in Eurem Paradeise
Und lebet unterdes in Sicherheit und Ruh,
Ein honigsüßer Schertz bezuckert Eure Speise,
Die Sterne blasen Euch Zibeth und Ambar zu.
Wir aber müssen nun zum Tart- und Perser wandern
Und in Gefahr bei Schach und großen Mogul stehn.
Ach mücht der König bald uns ander Order senden
Und heißen uns zurück auf Musko wieder gehen.
Wollt Ihr uns Eurer Gunst dann ferner würdig schätzen,
So wünscht man nichtes mehr als bald bei Euch zu sein,
Indes laßt unsre Treu Euch Euren Sinn ergetzen,
Adieu wir schließen Euch in Herz und Seele ein!«

Man sieht, der Gelehrte bewegt sich mit seinen klappernden Alexandrinern ganz in den Bahnen der gezierten Versemacherei seiner Zeit. Ob aber die Schönen die deutschen Verse verstanden haben? Vielleicht doch, war doch das Deutsche – und, wie die Namen uns belehrt haben, auch die DEUTSCHEN – im europäischen Norden und Osten damals weit verbreitet. Der Gesandte Schwedens, ein geborener Holländer, bediente sich, wie wir hörten, bei seiner Ansprache vor den russischen Zaren der deutschen Sprache.

In einem Briefe, den Kaempfer später aus Japan an seinen Bruder schrieb, beklagte er den Schaden, den bei einem furchtbaren Taifun das Meerwasser in seinen Waren angerichtet habe. Der größte Teil seiner tatarischen und persischen Aufzeichnungen sei dabei »zu Pap und Brey vergangen«. In der Tat sind die Tagebuchblätter über den zweiten Abschnitt der russischen Reise arg verschmiert und zu großen Teilen unleserlich. Einiges ist immerhin zu entziffern.

Am 5. September nahmen die Schweden Abschied von der alten heiligen Residenz des Moskowiterreichs und bestiegen das Schiff, das sie auf der Moskwa und Okka zur Wolga und auf dieser durch das ungeheure Reich bis ans Kaspische Meer bringen sollte. Da man das Schiff nur bei den wenigen größeren Städten, die man passierte, verließ und immer nur auf kurze Zeit, so lernte Kaempfer nicht viel mehr von dem Lande kennen, als was er vom Schiffe aus beobachten konnte. Tag um Tag und Woche auf Woche stand er am Bord des Schiffes, spähte zu den Ufern hin und zeichnete mit fliegender Feder in dünnen Strichen die Umrisse der Städte und Klöster, an denen er vorbeifuhr, in sein Tagebuch.

Jede Unterbrechung der eintönigen Fahrt ward freudig begrüßt, so gelegentliche Begegnungen mit flußaufwärts fahrenden Reisenden.

»Am 28. September«, schreibt Kaempfer, »begegneten wir bei Kosmodemjanski (?) einem nagaisch-tatarischen Fürsten und traktierten ihn auf unserm Schiffe mit Branntwein. Er hatte etwa siebzig Mann bei sich und zwanzig schöne Falken. Ihr Pferdefleisch hatten die Leute um den Bord herum gehängt. Sie waren glatt geschoren, hatten breite Gesichter und waren höflich in Gebärden und Grüßen.

Ein Tschermisse wurde damals grade vor den Toren gehenkt, und zwar ohne alle Zeremonie. Einer ging voran, zwei begleiteten ihn, der nicht gebunden war. Unter dem Galgen wurde ihm ein Bastseil mitten um den Hals gelegt und einigemal umgedreht, daß der Kopf nicht durchfiele. Darauf wurden die Enden um den Galgen geworfen – der nur aus drei schlechten glatten Bäumen bestand. Darnach wurde er aufgezogen. Da der Übeltäter aber zu schwer war und der Strick dem Ziehenden aus der Hand schlüpfte, fiel der Mann wieder auf die Erde. Darüber wurde der Zeremonienmeister unwillig, verprügelte den andern, praktizierte aufs neue den Übeltäter in den Strick und band diesen, nachdem er ihn hoch genug gezogen hatte, an dem einen Pfosten fest. Darauf gingen beide ohne weiteres davon. Zehn bis zwölf Mann standen dabei und schauten zu. Der Verbrecher hatte einem andern die Gurgel durchgeschnitten und den Kadaver in die Wolga geworfen, damit er sich besserer Freiheit mit dessen Weibe bedienen möchte.«

Bei der Stadt Sabachar (Tscheboksary) wurden die Reisenden vor Räubern gewarnt. Vor einigen Tagen seien in der Nähe zehn Kaufleute ausgeplündert worden, zwei davon erschossen und die andern »lahm gehauen«. Am 1. Oktober wurde Kasan erreicht. Man stieg aus und fand in dem dortigen Knees, mit Namen Dolgoruke, einen »schönen, aktiven, freundlichen Herrn von leichter Zunge und braunem Haar und Bart«. Nach achttägiger öder Fahrt

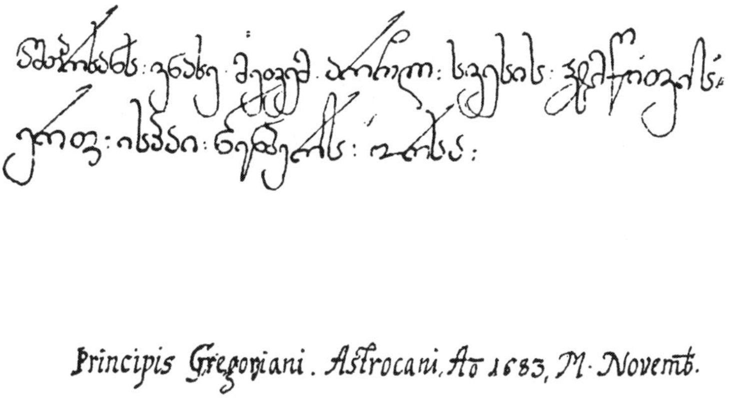

In Astrachan habe ich, König Artschil, einen Soldaten des Herrschers von Schweden gesehen.

langte das Schiff in SAMARA an. Beim dortigen Wojewoden erfuhren sie weitere schlimme Nachrichten von Reisenden, die vom Don nicht zurückgekehrt seien. Kalmücken hätten dort die zarschen Fischer überfallen und in der Gegend von Saratow Weiber und Mädchen geraubt, an die sechzig Menschen. Und in der Tat kamen ihnen am 14. Oktober bei SARATOW jammernde Weiber aus den geplünderten Landstrichen entgegen. Schließlich erreichte das Schiff doch unbehelligt am 7. November, also nach zweimonatiger Fahrt, das Ziel, die am Delta-Anfang liegende, in zahlreiche Inseln aufgelöste Stadt ASTRACHAN. »Wir wurden hier«, heißt es in seinem Tagebuch, »zum georgischen Fürsten geführt, einem gebildeten Manne mit zwei Söhnen von 9 und 16 Jahren. Ein französischer Dolmetsch war bei ihm. Er offerierte mir mit heitrer Stirne eine Schale Branntwein.« Aus Kaempfers Stammbuch erfahren wir, daß dieser Fürst der georgische König ARTSCHIL (1647–1712) war, unter dessen Einfluß die georgische Literatur einen neuen Aufschwung nahm. Die in georgischer Sprache geschriebene Eintragung lautet: »In Astrachan habe ich, König Artschil, einen Soldaten des Herrschers von Schweden gesehen.«

Die Gesandtschaft war hier genötigt, das Fahrzeug zu wechseln. Der Bojare habe, klagt Kaempfer in einem Briefe an Baron von Keller, »keinen Raum verstatten wollen auf dem Schiffe, wo sich auch ein russischer und pol nischer Gesandter befinde«. Man habe sich daher, was freilich die Kosten vermehren werde, auf ein persisches Schiff begeben müssen.

Kaempfer schließt seine russischen Aufzeichnungen mit einem bitteren Fazit:

»In Rußland sind viele Kirchen und wenig Zuhörer, viel Seuffer und wenig Krüge, viele Huren und wenig Hurenhäuser. Dreierlei werden in Rußland viel forciert: die Glocken, die Pferde, die Weiber.«

III. PERSIEN

Am 8. November, also am Tage nach ihrer Ankunft in Astrachan, fuhren die Schweden mit zwei bedeckten Lastschiffen bei klarem Himmel, sehr kalter Luft und starkem Winde ab und kamen noch in der Nacht zu dem Kloster Tirolz Monastir, das ganz aus Holz, aber wie eine Festung gebaut war. »Hier haben wir«, heißt es, »den allerbesten Kaviar gegessen in ganz Rußland.« Man erwarb einige Flaschen der köstlichen Speise, und zwar im Tauschhandel. »Keine Fischerei darf den Reisenden Fisch verkaufen, sondern nur für Branntwein überlassen.«

Tags darauf besichtigte man die weiter flußabwärts gelegene, von dreißig kalmückischen Strelitzen bewachte zarsche Fischerei und den Fang der Fische in »Holzställen«.

Mit der schwedischen Gesandtschaft zugleich fuhren auch die beiden andern, eine russische und eine polnische, ab, die das gleiche Ziel, Isfahan, hatten. Nach drei Tagen erreichte man die offene See und setzte Segel. Da ließ, während man gegen Abend gute Fahrt machte, einer der beiden Steuerleute, ein Russe, plötzlich den Anker nieder. Es waren aber zwei Steuer da und auch zwei Steuerleute, ein Russe und ein Perser, von denen seltsamerweise keiner dem andern untergeordnet war. Ja, keiner verstand die Sprache des andern! Der Russe forderte nun plötzlich zehn Rubel von einigen mitfahrenden persischen Kaufleuten. Die kämen ihm zu. Das Schiff werde nicht weiterfahren, ehe man nicht seine Forderung erfüllt habe. Herr Fabritius sprach eine energische Sprache mit dem Manne, und die Fahrt ging weiter, an der Insel Tschetyre Bugornyi vorüber, »von wo man noch vor zwanzig Jahren zu Fuß bis Astrachan reisen konnte«. Man machte gute Fahrt, und zwar, da die Schiffskompasse »zwei unrichtige kleine Dinger waren«, nach Kaempfers Kompaß.

Nach zwei Tagen setzte ein gefährlicher »Generalsturm« von Südosten ein, der zur Niederlegung des Mastes zwang, was bei Nacht nur unter großer Gefahr mit Hilfe der gesamten Mannschaft gelang. Am Morgen sah man, daß das im Schlepptau des größeren Schiffes fahrende kleinere Beiboot voll Wasser gelaufen war. Dabei waren die als Geschenk für den Schah mitgeführten drei deutschen Windhunde elend ersoffen und hingen angebunden über Bord. Man mußte den Kahn verloren geben und kappte das Tau. »Bald aber«, schreibt Kaempfer, »kam der Wasserstrom entgegengesetzt, und Strömung und Wellen faßten das Schiff in die Quere und drohten ihm den Untergang. Der Strom aber brachte Süßwasser, also daß wir die ausgeleerten Tonnen wieder füllten. Wir mußten nun mit Hilfe eines andern Ankers das Schiff umwenden, daß die Spitze nach dem Strom stand. Dabei merkten wir, daß der Anker nur noch eine einzige Zacke hatte, mit der er in der Nacht zum 15. das Schiff gehalten – durch Gottes Gnade, wir wären sonst gestrandet.«

Zum Glück drehte der Wind nach Nordnordwest. Im Westen erschien »der Ararat über Wolken wie gleißendes Silber, mit Schnee auf den Spitzen«. Am Abend des 22. warf man bei sieben Faden Tiefe Anker. Tags darauf brauste ein furchtbarer Sturm mit Schnee, und einigen Leuten erfroren die Zehen. Endlich legte sich der Wind, und die Reisenden wurden, hungrig und verfroren, an Land geholt nach NISABAD (Nisowaja Pristan).

Der mächtige Binnensee mit seinen Meeresstürmen und Meereswogen gab Kaempfers forschendem Geist allerlei Rätsel auf. In einem Kapitel seiner »Amoenitates exoticae« wirft er die früher oft erörterte Frage auf: Wo bleibt das Wasser des abflußlosen Sees? Und wie kommt es, daß trotz der gewaltigen Wassermenge der zahlreichen, in den See sich ergießenden Flüsse der Wasserstand nicht steigt? In Wahrheit sinkt er sogar. Die Kirchersche Erklärung, das Wasser werde durch gewaltige Strudel teils ins Schwarze Meer, teils in den Persischen Golf geleitet, lehnt Kaempfer ab. Athanasius Kircher (1601–1680) war gelehrter Jesuit am Collegium Romanum und berühmt durch seine archäologischen Werke und die Erfindung des Brennspiegels. Sie beruhe zweifellos auf falscher Berichterstattung. Jene Strudel seien, wie er sich überzeugt habe, nicht vorhanden. Eher könne man an einen ausgedehnten unterirdischen Zusammenhang zwischen Binnenmeer und Ozean denken, wenn nicht etwa die Tatsache der Verdunstung des Wassers allein schon zur Erklärung ausreiche – was ja wirklich zutrifft.

Seltsam sei auch die Bitterkeit des Wassers. Unweit der Insel Tschetschen habe er einen breiten Schwall süßen, jedenfalls salzlosen Wasser festgestellt. Und in der Tat wird ja im nördlichen, seichteren Teil des Sees der Salzgehalt durch den starken Zufluß süßen Wassers erheblich vermindert. Auf hoher See dagegen habe das Wasser einen nicht allein salzigen, sondern intensiv bitteren, höchst widerwärtigen Geschmack, was bisher von keinem Reisenden bemerkt worden sei. Leider habe er seine Begleiter nicht dazu bringen können, ihm die wichtige Tatsache durch eine Kostprobe zu bestätigen – so gering sei die Wißbegier der meisten Reisenden. Nur sein lieber Freund KLINGENSTERN habe ihm den Gefallen getan und beteuert, er kenne, außer Wermut und Galle, nichts, was bitterer sei. Eine Flasche, die er zu späterem Beweise mit dem Wasser gefüllt habe, sei leider zerbrochen.

Jenen Geschmack erklärt Kaempfer mit den bituminosen Erdsäften des Küstengebietes vom Kaukasus bis Hyrkanien. Wie hier an vielen Stellen das Naphtha an die Erdoberfläche komme, so sei anzunehmen, daß es auch den Meeresboden durchdringe. Die kluge Schlußfolgerung wird durch neuzeitliche Beobachtungen bekräftigt.

Nachdem die Reisenden sich in Nisabad »einige Wochen in Filzhütten ausgeruht – die Landleute wohnen in diesen Elysischen Feldern in keinen andern Häusern«, setzten sie am 13. Dezember den Weg fort und kamen bald zu dem steilen Berge BARMACH (Beschbarmak = Fünffingerberg), der vorzeiten als Grenzfeste in der Nähe der Stadt Derbent diente. Kaempfer bestieg ihn und fand oben ein Bollwerk und eine Einsiedlerklause mit Spuren der Verehrung »des heiligen Elias«, worüber er in seinen »Amoenitates« ausführlich berichtet. Nach viertägigem beschwerlichem Gebirgsmarsch traf er in SCHAMACHI (Schemacha) ein, »einige Tage nach einem Erdbeben, wovon wir noch die nachgebliebenen Erdrisse gefunden«, wie Kaempfer seinem Bruder schreibt.

Der dortige Khan schickte ihnen elf herrlich aufgeputzte Pferde entgegen und empfing sie sehr freundlich. Fast vier Wochen mußte die Gesandtschaft hier auf die Nachricht vom Schah warten, ob ihr Erscheinen in Isfahan genehm sei. Der Forscher benutzte die Zeit zu »curieusen excursibus«, insbesondere nach der nahe gelegenen Halbinsel Apscheron, die er »Okesra« nennt. Kaempfer war der erste Europäer, der eine Darstellung jenes merkwürdigen Naphtagebiets gab. Wir lassen sie hier nach dem Kapitel der »Amoenitates« mit einigen Kürzungen folgen.

»Als ich im diesseitigen Medien – heute SCHIRWAN genannt – die Einwohner unter anderem nach den Quellen des Naphthas fragte, womit sie ihre Lampen speisten, redeten sie mir zu, auf jeden Fall die benachbarte Halbinsel aufzusuchen, die wenige Wegstunden entfernt ins Kaspische Meer vorspringe. Es gäbe dort außer den Naphthaquellen noch manch andre Seltsamkeiten zu sehen. Alles aber liege so hübsch beisammen, daß man es an einem Tage bequem besichtigen könne. Auch liege in der Nähe die alte, durch mancherlei Baulichkeiten bemerkenswerte Stadt BAKU. Ich weilte damals in SCHAMACHI (SCHEMACHA), der Hauptstadt Nord-Mediens (d. i. Georgien), dem glänzenden Wohnsitz eines Vizekönigs, derselben Stadt, die im heiligen Buche Tobias unter dem Namen Rages vorkommt. (TOB. 1.)

Hier wurde ich in Ausübung meiner Arzneikunst von den Kranken dermaßen aufgehalten, daß man mir nicht einmal zu einem Gang vor die Stadt, geschweige denn zu einem weiteren Ausflug die Erlaubnis erteilt hätte. Überdies drohte die Rückkehr des zum Königshofe voraufgeschickten Boten, der uns dann abrufen würde. Mit den Hindernissen wuchs mein Verlangen. So machte ich mich in tiefer Nacht auf, auf daß nicht bei Tagesanbruch noch etwas dazwischen käme.

Es war der heilige Tag des Mohammed, unser Freitag, der 4. Januar 1684, an dem ich den Ritt unternahm. Ich nahm einen jungen Mann aus unserm Gefolge mit, mit Namen Gallus, dazu zwei armenische Führer und den Dolmetsch unsres Gesandten, einen äthiopischen Jungen, der das Türkische jener Gegend völlig beherrschte. Vor der Stadt nahm uns eine weite Ebene auf, das Jagdgebiet des Statthalters. Wir durchquerten sie im Laufe des Vormittags und ritten dann durch Talkessel, die ihren Namen von dem benachbarten Berge Kisaku haben. Noch vor Mittag gelangten wir zu einer Dorfschaft, die nach dem Grabe eines Heiligen, mit Namen Pyru Resah, benannt ist.

Ein heftiger Schneesturm hinderte uns am Weitermarsch, und wir übernachteten in einem gewölbten Stalle, den die Leute, die nichts Besseres gewohnt waren, Karwansera, d. h. Herberge, nannten. Bei einem sofort angezündeten Feuer machten wir unsre erstarrten Glieder mit Mühe wieder beweglich. Der Brennstoff bestand aus pontischem Wermut und persischer Sementina, minderwertigem Reisig, das beim Anzünden für den Augenblick eine heftige Flamme, aber keine glimmende Kohle ergab, dafür aber einen zähen beißenden Qualm. Anderswo gibt es nicht einmal das, sondern als Brennstoff dient allein der Mist der Lasttiere. Wir begegneten an jenem Tage zahlreichen Karren, die von der Halbinsel her Naphtha in ledernen Säcken nach Schamachi brachten.

Am 5. Januar ritten wir durch öde Gegenden, die anfangs bergig und schneebedeckt, dann eben und wärmer waren. Wir sahen den ganzen Tag über keinen Menschen und keine menschliche Wohnung – bis auf eine aus Stein gebaute, ansehnliche Karawanserei, in der wir aßen und unsere Tiere fütterten, da wir stehendes Süßwasser vorfanden, was wir sonst selten dort antrafen. Auf den Bergeshöhen beobachteten wir sehr viele Adler und am Fuße des Bergzuges Rudel von Hirschen. In tiefer Nacht erreichten wir eine zweite Herberge, die auch in öder Gegend lag, aber eng, schlechter gebaut und einem Schafstall ähnlich war. Wie die vorige hatte auch diese weder Hausrat noch Hauswirt.

Am 6. Januar sahen wir auf dem Wege durch eine öde Ebene ringsum verstreut salzreiche Teiche, Süßwasser aber fanden wir nicht einen Tropfen. Auf einer breiten Heerstraße kamen wir durch eine öde, mit unzähligen behauenen Grabmälern bedeckte Ebene zu der Stadt BAKU, die zur Rechten am Anfang der Halbinsel gleichsam in die Ecke gedrückt erscheint.

Wir staunten über die Enge des Tors, die seltsam bezinnten Mauern, die ganze Lage des Platzes, die schmutzigen Gesichter der Einwohner. Durch ein Trinkgeld verpflichteten wir einen am Stadttor uns begegnenden alten Mann, uns zur Herberge zu führen. Er versicherte, es gebe hier keine öffentliche Karawanserei. Er bot uns ohne weiteres seine eigene Wohnung an, um uns – wie wir hinterher merkten – zwischen seinen vier Wänden gehörig schröpfen zu können.

Nach kaum hundertfünfzig Schritten sind wir auf dem Meidaan, dem Marktplatz, der, weil just Markt war, besonders belebt war. Im Nu sind wir von einer Menschenmenge umdrängt. Aus Hütten und Werkstätten, von überallher stürzen sie heran. Bald stehen wir im dichtesten Gedränge und werden mit Geschrei und Gelächter und Beifallsrufen begrüßt, als hätte man noch niemals Fremdlinge aus dem Westen gesehen. Es war keine Möglichkeit, dem dichten Haufen zu entrinnen, und so zogen wir unter Führung des Alten den ganzen Schwarm hinter uns her. Als wir zwei Straßen überquert hatten, kamen wir nach vieler Mühe unter dem Geschrei des Pöbels endlich zu unserer

Herberge oder, richtiger gesagt, zu einer elenden, engen Hütte, die der Lump uns an Stelle des Gasthauses anbot. Dunkel wie eine Höhle, an einer öden Stelle der Stadt zwischen Häuserruinen gelegen, war sie erst kürzlich aus Lehm erbaut. Sie hatte als einzige Öffnung eine kleine Tür und darüber ein vergittertes Loch, um Licht einzulassen. Andre Wohnungen kennt die Mehrzahl der Bewohner dieser Stadt nicht.

Wir treten ein und schließen die Tür hinter uns und danken dem Asklepios, daß er uns vor dem wahnsinnigen Pöbel rettete. Leider allzu voreilig. Kaum nämlich haben wir unsre Decken ausgebreitet, um uns auszuruhen, da hören wir, wie das flache Dach über uns von dem Narrenvolk erstiegen und gewaltsam auseinandergebrochen wird. Andre reißen das Gitterfenster heraus. Mit Gewalt rennt man gegen die Tür, die wir inwendig mit einem starken Riegel verrammelt haben.

Es war zu befürchten, daß wir unter der herabstürzenden Lehm- und Menschenmasse verschüttet wurden. Da ruft Gallus warnend, es sei verkehrt, sich im Innern versteckt zu halten. Wir müßten, um unser Leben zu retten, wieder nach draußen und den Pöbel durch des Mohren und unsern eignen Anblick beruhigen. Wir schieben den Riegel zurück und stürzen uns von neuem in die Menge. Niemals sind afrikanische Raubtiere von Menschen mehr angestaunt, als wir von dieser Menschenmenge, die Mund und Augen aufriß über die Hautfarbe unsres Äthiopiers und über unsre Perücken und sonstige Kleidung. Sie beteuerten, seit Menschengedenken seien ihrer Stadt noch niemals solche Sehenswürdigkeiten beschert worden. Wenn drei Gaffer fortgingen, kamen zehn neue wieder.

Nachdem wir dem Menschengewimmel bis zur Ermattung zur Schau gestanden haben, ziehen wir uns von neuem in unsre Höhle zurück, um uns endlich niederzusetzen, wobei wir die Tür nur anlehnen, nicht schließen, um weiteren Neugierigen uns nicht völlig zu entziehen.

Kaum aber haben wir uns hingelegt, erhebt sich draußen ein neuer Lärm. Der Gouverneur der Stadt ist vor unserm Eingang erschienen, ein stattlicher jugendlicher Mann von lebhaftem Temperament. Er ritt auf einem Schimmel inmitten einer Kriegerschar, um den Aufruhr des Volks zu dämpfen, von dem er bereits vernommen hatte. Da er aber keinerlei Übergriffe des Volks zu tadeln findet, werden wir als die Urheber des Aufruhrs herausgerufen und vor der Menge scharf ins Verhör genommen und schließlich der Verräterei angeschuldigt – als Spione irgendeines fremden Volks. Der Mann entwickelte das folgendermaßen:

›Ihr gebt zu, weder um Handel zu treiben noch als Gesandte hierher gekommen zu sein. Was könnt ihr also anders sein als Spione? Wir haben noch recht gut im Gedächtnis behalten, daß nach einem ähnlichen Vorspiel – es war unter Stenko Radschin im Jahre 1675 gewesen – die Kosaken die Küsten unsrer Provinz verwüstet haben. Wäret ihr wirklich, wie ihr behauptet, Gäste des Schahs und nicht Verräter, so wärt ihr mit Briefen des Statthalters und einer militärischen Bedeckung gekommen. Ich werde noch heute abend jemand nach Schamachi schicken, der sich nach dem wahren Sachverhalt erkundigen wird. Inzwischen werdet ihr bis zum morgigen Verhör bewacht werden, um dann zu erfahren, welche Strafe ich über euch als Anstifter eines öffentlichen Aufruhrs verhängt habe.‹

Nach dieser Begrüßung jagte er das Volk auseinander und verließ uns. Mit dem Alten allein gelassen beschließen wir die nahe gelegene Burg oben in der Stadt zu besichtigen. Niemand hindert uns. Der Alte, durch neuen Lohn gelockt, führt uns. Nachdem wir den prachtvollen Bau genügend bewundert haben, kehren wir in der Dämmerung zu unserm Häuschen zurück, wobei ein neuer Volkshaufe sich an unsre Fersen heftet.

Aber vor dem Eingang werden wir von Polizisten empfangen und samt Tieren und Gepäck zur Karawanserei der Stadt abgeführt, deren Vorhandensein unser nichtsnutziger Führer bestritten hatte. Indessen wird der alte Sünder als Mitwisser unsres Verbrechens zum Verhör vor den Richter geschleppt. Unser Gefängniswärter war ein einäugiger und einfältiger, gutmütiger und dienstwilliger Mann. Er brachte uns allerdings nur Futter für unsre Tiere und in später Nacht – einen hervorragend edlen Wein. Von dem sog er sich in Kürze so voll, daß er, ohne den Schluß unsres Gelages abzuwarten – und ohne die Herberge zu verschließen! – betrunken nach seiner Privatwohnung in der Stadt taumelte.

Als der Morgen dämmerte, eile ich in Mantel und Mütze meines Reitknechts hinaus, durchspähe den noch unbekannten Teil der Stadt, die Mauern, den Hafen, die Gotteshäuser, auch den Vorhof der Gouverneurwohnung. Inzwischen packen meine Begleiter, ehe der Wächter wiederkommt, ihren Kram zusammen und verlassen Herberge und Stadt auf dem Wege, der zur Halbinsel führt. Ich selber folge zu Fuß und treffe meine Gefährten weit außerhalb des Tores.

Dann mache ich eine Zeichnung der Stadt und reite fort.«

Kaempfer beschreibt in seiner eingehenden, oft gar zu weitschweifigen Art die vom Seeufer den Berg hinankletternde uralte Tatarenstadt, die heute Mittelpunkt der Naphthaproduktion der Halbinsel und ein wichtiger russischer Hafen ist. Er sah das heute Zerstörte noch unversehrt – die doppelten, bis ins Meer gebauten Mauern und Bastionen, die engen Tore und die Hafenanlagen. Aus den meist stark vernachlässigten Baulichkeiten hebt er heraus die stattliche Karawanserei, drei Gebetstürme, den prächtigen alten Palast der Khane und einen mächtigen alten Backsteinturm am Meere, der jetzt als Leuchtturm ausgebaut ist.

»Die Bürger leben in dürftigen Verhältnissen. Es sind träge, närrische und einfältige Leute. In ganz Asien habe ich keine häßlicheren gesehen. Denn die meisten sind von schlechter Gesundheit und blassem Aussehen, und wer sonst

Eaku am Eingang zur Halbinsel Apscheron

Der Große Platz (Schahplatz) in Isfahan

gesund ist, hat wenigstens irgendein Augenleiden. Die Ursache liegt gewiß in den übeln Wasserverhältnissen. Man genießt entweder Regenwasser oder Quellwasser aus den benachbarten Bergen, das aber unrein ist.«

Die vier ritten nun mit einem Führer, den sie unterwegs aufgelesen hatten, drei Stunden längs der Küste, dann ins Innere der seltsamen Halbinsel hinein. Ein schroffer Fels mit Mauer- und Turmresten gewährte weite Sicht aufs Meer. Dann kamen sie an der überbauten Grabstätte eines »Imams« vorüber.

»Als wir weiterzogen«, erzählt Kaempfer, »stießen wir nach einer halben Stunde auf ein Stück Land, das brannte. Es war mit weißlichem Kies und Aschenstaub bedeckt. Aus zahlreichen Spalten drangen mannigfache Feuererscheinungen, wunderlieblich anzuschauen. Einige Ritzen brannten mit starkem Brausen und flößten durch die gewaltsam hervorschießenden Flammen den Zuschauern Schrecken ein. Aus anderen drangen ruhigere Flammen hervor, die jedermann gestatteten, ziemlich nahe heranzutreten. Wieder andere entsandten Rauchwolken oder auch Dünste, die zwar kaum sichtbar waren, aber einen sehr starken Naphthageruch verbreiteten.

Die wunderbare Erscheinung erstreckte sich über eine neunzig Schritt lange und sechsundzwanzig Schritt breite Fläche. Die Spalten waren erstaunlich schmal, sie klafften nicht mehr als einen Fuß oder eine Handbreit auseinander. Die einen waren kürzer und hatten die Form von Halbkreisen, andere verliefen in längeren unregelmäßigen Kurven, wie ich es auf der beigefügten Abbildung genau nach der Natur gezeichnet habe.

Die Ränder der Öffnungen und der Boden selbst ließen, wenn man den Staub entfernte, einen löcherigen und leichten Stein erkennen, ungefähr in der Art des Bimssteins. Seine Masse schien aus Muscheln und winzig kleinen Schneckenhäusern zu bestehen.

Wir trafen dort etwa zehn Männer an, die rings am Feuer mit verschiedenartiger Arbeit beschäftigt waren: die einen nämlich kochten in kupfernen und tönernen Gefäßen, die sie auf einen nicht allzu stark flammenden Spalt gesetzt hatten, das Mittagessen für ihre Hausgenossen in dem benachbarten Dorf Sroganni (Surachany), das von diesem Feuer seinen Namen hat. Andere brannten auf Steinen, die sie aufeinandergehäuft hatten, Kalk und teilten den fertigen in Haufen, die auf Kähnen fortgeschafft werden sollten.

Zwei indische Feueranbeter, Fremdlinge aus dem Stamm der Parsen, saßen still innerhalb eines von ihnen erbauten halbkreisförmigen Walls, versunken in den Anblick und die Anbetung des hervorbrechenden Feuers, in dem sie die ewige Gottheit verehrten.«

Auch Sven Hedin erwähnt in seinem Reisebericht (»Meine erste Reise«, Brockhaus, Reisen und Abenteuer, Band 20) diese Stätte. Er fand einen Tempel der ehemaligen Feueranbeter vor, der hundertfünfzig Jahre alt sei. Die letzten Vertreter dieser Sekte aber, die Gebern, so schreibt er, hätten sich längst zu den Parsi, ihren Glaubensgenossen, nach Bombay zurückgezogen. Im übrigen dienen die »ewigen Feuer« auch jetzt noch den Tataren zum Kalkbrennen, außerdem zum Erhitzen der Destillationskessel für Rohnaphtha.

»Dies also ist das erste Naturwunder, das seit ewigen Menschengedenken an dieser Stelle der Halbinsel zu sehen ist, obgleich nicht an genau derselben Stätte. Denn fünfhundert Schritt vorher sah man sieben Spalten in einer Reihe, aus denen vorzeiten die Flamme gebrannt hatte. Hier erloschen, war sie dann an der von mir beschriebenen Stelle wieder hervorgebrochen. Ähnliches soll es auch an verschiedenen Stellen des Kaukasusgebirges geben.«

Kaempfer beschreibt dann die Stelle, wo wie ein Springbrunnen das weiße Naphtha emporschießt. Zweierlei wundert ihn dabei am meisten. Erstens, daß diese allerfeinste Flüssigkeit auf diesem offenen Boden erhalten bleibt ohne Einbuße ihrer Masse, der ihr innewohnenden Kräfte und ihrer kristallklaren Durchsichtigkeit, während ein noch so dicht verschlossenes Tongefäß das nicht vermag. Und zweitens, daß ein so überaus seltenes Geschenk der Natur an einem ganz offenen Platze ohne Bewachung gelassen wird.

»In unserem Vaterland würde das niemand wagen, wenn er nicht geradezu die Diebe zum Stehlen einladen wollte und die Taugenichtse, die aus boshafter Neugier Feuer in die Quellen werfen und dem Vulkan ein Opfer bringen würden.

Nachdem wir von dort zwei Stunden gen Westen geritten waren, trafen wir auf die dritte Denkwürdigkeit der Halbinsel, auf die Ursprungsstelle des schwarzen Naphthas. Sie erstreckt sich mehrere hundert Schritt von West nach Ost. Die ganze Oberfläche hat von dem hervorgedrungenen Öl eine schwarze Farbe, als wäre sie mit Pech überzogen, denn zu einer derartigen Substanz verdickt sich das Naphtha, wenn es trocken wird. Die Luft ist erfüllt von einem schweren Geruch, der empfindlichen Nasen auch auf weite Entfernung unangenehm, ja fast unerträglich ist.

Die Tiefe der Gruben beträgt dreißig Ellen und mehr. Nicht als ob nun die Adern in dieser Tiefe flössen, sondern weil man ein Loch in größerer Tiefe braucht, in dem die bei Nacht hervorsickernde Flüssigkeit sich sammeln kann, bis sie dann bei Tage von den Arbeitern hervorgeholt wird. Beim Ausgraben bedarf es keiner besonderen Maßnahmen, denn der Boden ist tonig und fest und kann ohne irgendwelche Gerüstbauten zum Stützen der Seitenwände zu jeder beliebigen Tiefe ausgehoben werden, ohne Gefahr für den Grabenden.

Die Arbeit des Schöpfens geschieht mit der Hand, durch Schläuche von oben her, die man nur mit der Hand oder an einer ganz einfachen Winde herabläßt. Nur eine einzige, besonders reiche Grube war überbaut mit einem ziemlich großen verschlossenen Hause. Sie war tiefer und weit umfangreicher als die übrigen, und das Naphtha strömte hier wie ein starker Wildbach mit hörbarem Geräusch hervor. Sie wurde ausgeschöpft mit Hilfe einer darüber gebauten Vorrichtung, die zwei im Kreise gehende Pferde abwechselnd in Bewegung setzten. Auch wurde hier die Arbeit während weniger Nachtstunden ausgesetzt.

Fortgeschafft wurde das Naphtha, in Schafschläuche gefüllt, nach den Städten, Schamachi und Baku. Von dort, auf dem Rücken der Kamele, nach ganz Medien und von da übers Meer nach Hyrcanien, Usbek, Circassien und Dagestan.

Man verwendet es lediglich als Öl für Lampen und Fackeln, die daraus eine Lichtfülle gewinnen, die alle Wünsche übertrifft.

Zweiunddreißig Arbeiter sind dort Tag für Tag an der Arbeit, alles Leute aus dem dabeiliegenden Dorfe...« Wie viele Tausend mag heute die dortige Naphthaindustrie beschäftigen!

Gegen Abend zogen die vier sich in die Herberge des nahe gelegenen Dorfes Bonna zurück, die ihnen die Freundlichkeit der Einwohner in einem Privathause bereitet hatte. Die guten Leute wollten nicht leiden, daß die Fremdlinge zwischen dem Volk der Fuhrleute die Nacht in der schmutzigen Karawanserei verbringen sollten, und bewirteten sie mit Feigen und Trauben und unterhielten sie durch Gespräch, Gesang und Tanz.

In tiefer Nacht – nachdem bereits die Häupter der Versammlung sich verabschiedet hatten – bat Kaempfer den Schwarm, nach Hause zu gehen, da man müde sei und schlafen möchte.

»Am nächsten Morgen, den 8. Januar, in aller Frühe uns ermunternd, lassen wir uns zu einem neuen Naturwunder führen, das sie in ihrer Sprache ›Reinigungsstätte des Naphtha‹ nannten. Es lag nicht weit von unserer Herberge in derselben Reihe mit den Quellen und war ein Hügel, eine etwas plattgedrückte Halbkugel, nicht höher als fünf Meter auf einer länglich runden Grundfläche.

Oben darauf war ein Teich von etwa fünfzig Schritt im Umfang – soweit ich schätzen konnte, denn ihn zu umschreiten ließ der morastige Grund und die Gefahr, daß der Rand einbrach, nicht zu. Wasser von salzigem Geschmack und schwärzlicher Farbe polterte dort in beständigem Aufruhr, nicht allein infolge der beständig brodelnden Oberfläche, sondern vor allem infolge der Bewegung der in der Tiefe kochenden Gewässer. Und dieser Aufruhr hielt fremde Besucher am Rande des Teiches mit Schaudern gebannt. Der Fuß bebte, wenn man unter sich die schauerlich brausende Tiefe in heftiger Bewegung verspürte.

Mit den Blasen tauchte zuweilen ein schwärzlicher Schaum von erdiger Beschaffenheit auf, ekelhaft anzusehen. Das seien, so belehrte man uns, Ausscheidungen des Naphthas. Sie schienen ans Ufer geworfen im Laufe langer Jahre den Hügel gebildet zu haben, wofür die Form des Hügels wie seine aus Erde und Asphalt zusammengebackene Masse spricht. Mehrere kleine Quellchen umgaben den Teich, so groß, daß man einen Finger oder eine Hand hineinstecken konnte. Ich habe im ganzen fünfundzwanzig gezählt, mit verschieden starkem Salzgehalt.«

Nach einem starken Ritt von drei Stunden kamen die Reisenden zu einem neuen Naturwunder, einem kegelförmigen Hügel ohne Spitze, ohne jede Vegetation. Es war der kleine BERG JUGTOPA im Norden am Ende der Halbinsel.

»Aus dem Gipfel quoll schlammige, helle Tonerde hervor, in dauernder, aber sehr langsamer, kaum wahrnehmbarer Bewegung. Wenn diese zu der mäßigen Höhe von einigen Spannen emporgequollen war, floh sie, unfähig sich zu halten, auf irgendeiner Seite herab, zumeist allerdings nach Süden, wie durch eine natürliche Kraft dahingelenkt...

Aus der Ferne hatte der Berg, den die Leute Jugtopa nannten, die Gestalt eines mäßig hohen Turmes. Er schien ganz und gar aus hervorgetriebener Tonmasse zu bestehen. Die Einwohner des benachbarten Dorfes Sisjaan erzählten, der Ton werde nicht immer in gleichem Tempo herausgetrieben. Oft breche er mit Gewalt hervor und werde hoch emporgeschleudert. Sie hätten von ihren Eltern gehört, daß vorzeiten sogar gewaltige Steinblöcke nebst Erdklumpen zum Vorschein gekommen und weit und breit umhergeschleudert seien. Das habe ihrem Dorfe, obwohl es eine Viertelstunde entfernt gelegen sei, den Untergang gedroht, so daß sie nicht eher wieder ruhig darin hätten leben können, als bis sie auf den Rat der Magier den Zorn des unterirdischen Äolus durch das Blut eines Hammels gestillt hätten, den man vor den Abgründen des kleinen Berges geschlachtet habe.

Um die Sache näher zu untersuchen, stiegen wir unter Führung eines Mannes, der uns Stufen in den Berg haute, bis zum Gipfel, nicht ohne Fährnis und Beschwerde. Denn der Anstieg war steil und schlüpfrig und der Untergrund, in den wir bis zu den Fußgelenken einsanken, brüchig und bröckelig. Rings um den Gipfel fanden wir Spuren von Menschen, auch den Kot von Ziegen, der, ich weiß nicht wie, dorthin gelangt war. Die Masse des hervorquellenden Schlammes war nicht größer als drei Spannen im Umfang. Ich versuchte auch den Fuß des Berges zu umreiten, was nicht ungefährlich war, denn auf der Südseite, die in einen Sumpf abfiel, fehlte nicht viel und ich wäre samt dem Pferde in dem dünnen Tonschlamm, der sich hier in langer Zeit angehäuft hatte, versunken, da die Kruste brach, die den Sumpf tückisch bedeckte.«

Es handelt sich bei der Schilderung Kaempfers offenbar um einen nur unbedeutenden Vulkankegel, wie sie in der kaspischen Schlammvulkanregion neben den dreißig größeren zahlreich vorkommen.

Man stieß dann noch auf eine Saline, einen ergiebigen Salzsee, und schaute eine Zeitlang den Leuten zu, die mühelos große Mengen schneeweißen Salzes gewannen.

»Nachdem wir uns so«, schließt Kaempfer das Kapitel, »nach Wunsch umgesehen hatten, bestiegen wir, während es schon dämmerte, die Pferde. Denn das ruhige, bei Tage sogar köstliche Wetter, das wir in diesen drei Tagen gehabt hatten, gestattete uns nicht, die Zeit zur Ruhe zu mißbrauchen. Wir ließen unsern Pferden die Zügel und erreichten, nachdem die öde Strecke überwunden war, die steinerne Unterkunftstätte, die ich auf dem Hinwege lobend erwähnte, um Mitternacht. Hier blieben wir, vor Kälte schlaflos, und ritten bei Tagesanbruch den schneebedeckten Weg zurück nach Schamachi.«

Am 14. Januar 1684 rückte die schwedische Gesandtschaft mit dreißig Kamelen und ebensoviel Pferden ab, Kaempfer »auf einem weißen Pferde von achtzig Talern Wert«, das einer seiner Patienten ihm »geschonken« hatte. Nach vier Tagen überschritten sie die KURA und kamen in die Sumpf- und Steppenlandschaft MUGAN. In der Provinz TALISCH bemerkte Kaempfer »Myriaden von Feldhühnern, Gänsen und Trappen«. Dann kam fruchtbares Land. Hier »gab ein Dorf dem andern die Hand«. Maulbeeren, Nüsse, Feigen und Kirschen wuchsen dort, und alle Bäume waren von Reben umrankt.

Am 28. ward ein Ruhetag eingelegt, weil die Pferde und die Leute, die Lebensmittel herbeischaffen sollten, sich verlaufen hatten. Der Mahemendar der Gegend griff sich kurzerhand sechs Mann aus dem Dorfe und ließ sie so lange auf die Fußsohlen prügeln, bis sie bekannten, wo Pferde und Nachbarn waren. Bei der Prozedur waren die Hände nicht gebunden. Die Füße wurden hochgezogen, so daß der Kopf und halbe Rücken des Mannes auf der Erde lagen. So schlug man auf die Sohlen los, bei den acht zurückgeholten Ausreißern sogar je zwei Mann auf einen Übeltäter.

Bei dem Fluß BULADE verlud man die Bagage auf fünf Boote und ließ sie bis in die Gegend des Hafens LENKORAN vorfahren, wo sie auf Kamele und Wagen umgepackt wurde. Der Durchritt durch den breiten und tiefen Fluß – das Wasser ging bis zum Sattel – hätte zwei Leuten beinah das Leben gekostet.

Am 14. Februar wurde die Hauptstadt Hyrkaniens, RESCHT, erreicht, wo man einige Tage in einem herrlichen Hause ausruhte. »Übrigens war da ein Augenkranker, dem ich ein Purgiermittel gab. Er verstand den Dolmetsch aber falsch, streute das Abführmittel in die Augen und – wurde gesund.« Das nächste Stück Wegs, »die Tore Hyrkaniens«, war sehr beschwerlich und führte durch furchtbare Bergschluchten und gefährlich steile Höhen nach RUDBAR. »Wir hatten dort«, schreibt Kaempfer, »eine schöne Unterhaltung durch Tanz und Flötenspiel. Ein Vater und Sohn zeigten ihre Kunststücke. Der Alte tanzte mit zwei Tellern, die er, ohne die Hände zu gebrauchen, erst auf dem Kopf hatte, dann im Tanze bald aufs Maul, bald auf den Rücken, bald wieder auf den Kopf brachte und zuletzt auf der ausgestreckten Faust tanzen ließ.«

Über eine siebenbogige Brücke über den Kisilusen verließen sie die Provinz GILAN und wurden im nächsten Dorf mit Musik und weißem Wein freundlich empfangen. Bei topographischen Messungen bestimmt Kaempfer die Polhöhe mit 36 Grad. Es ist inzwischen recht warm geworden, »wie bei uns in den Hundstagen«. Am 1. März wurde KASWIN erreicht. »Dank der guten Bewässerung ist die Stadt einem Garten gleich.« Die Moschee und ein Stadttor reizten zur Zeichnung.

Persiens Karawanenstraßen waren damals wie heute mit Herbergen für Mensch und Tier besetzt. Für weiträumige Anlage dieser Karawansereien in gemessenen Abständen hatte vornehmlich der Schah Abbas Sorge getragen. Durchreisende hinterließen gern ihre Namen an den Wänden. So fand Kaempfer in der großen, zwischen Kaswin und Sahweh gelegenen Goschärri-Karawanserei die Namen: »1669 Adam Frantzen Chirurgus«, also ein Kollege, und dann las er gewiß mit starker Bewegung »Adam Olearius Saxo 1638, 3. Jan.« und dahinter die trübseligen Verse »Persia mentitur fortunam fraude referta Interea si respicis nihil nisi pestis erit« (Persien gaukelt mit Lug und Trug dir dein Glück vor. Schaust du indessen zurück, wird nichts als Unheil dir bleiben). Solchen Pessimismus seines verehrten Vorgängers hat Kaempfer nicht geteilt.

Am nächsten Tage gelangte der Reisezug nach SAWEH. »Das ist eine große Stadt gewesen, jetzt aber ist nur der dritte Teil bewohnt.« Der Bürgermeister schrieb ein wenig freundliches Sprüchlein in Kaempfers Stammbuch, vermutlich in der Annahme, das Persische werde nicht verstanden: »Weder Beredsamkeit hast du noch Eleganz. Was soll ich mit deinem fränkischen Gesicht anfangen? Mirsa Mohammed Said.« Am 14. wurde die Stadt KUM erreicht, neben Meschhed der bedeutendste Wallfahrtsort Persiens. »Unser Einzug war schlecht, inmaßen uns keiner entgegenkam und uns kein Haus als Station eingeräumt war. Der tolle Pöbel hatte ihre Obrigkeit zu flüchtigen genötigt. Wir wohnten in einem schönen Garten. Die Stadt ist früher zweimal so groß gewesen wie Kaswin und hat viele Heiligen- und Königsgräber und Kirchen.«

Weiter wird das auf einer Hochebene gelegene KASCHAN berührt, dessen 1000-toriges Königsschloß K. in feinen Zeichnungen festhält. Die »zwischen klippichten hohen Bergen« gelegene Stadt NATENS hatte eine Karawanserei mit »schönen Stübchens«. Er las hier den Namen »Joh. Albr. Mandelslo 1637«. Das war der damals erst 19jährige »Stallmeister« der ersten persischen Expedition, deren Sekretär Olearius war. Er reiste auf eigene Faust weiter nach Indien.

Auch »Engelbert Kaempfer Westphalus Leg(ationis) Suec(iae) Secr(etarius)« ritzte seinen Namen ein und schrieb dazu das stolze Wort »Nihil vel nulla terra tam altum aegri constituit, quo indefessa non enitatur curiositas« (Nichts oder kein Land hat so hohe Schwierigkeiten geschaffen, daß unermüdliche Wißbegier sie nicht überwände). Später faßte der Forscher den Gedanken zu seinem knappen Leitwort zusammen: »Virtuti nihil invium« (Die Tüchtigkeit kennt nichts Unüberwindliches).

Ende März des Jahres 1684 erreichte die schwedische Gesandtschaft ISFAHAN, aber vier Monate vergingen, ehe dem »König der Könige« von seinen Astrologen verstattet wurde, seine Gäste zu empfangen.

Diese ungeheuerliche Verzögerung war Herrn Fabritius äußerst fatal wegen der vermehrten Kosten, dem Forscher Kaempfer aber höchst willkommen wegen des Zeitgewinns. Sie hatte ihren Grund in SOLYMANS Aberglauben. Kaempfer berichtet darüber:

»An einem unglaublichen Wahn krankend fanden wir den König bei unsrer Ankunft. Ich will die merkwürdige Geschichte so kurz als möglich erzählen. Während der König sich mit einigen Frauen auf seinem, vor der Stadt liegenden Landsitz aufhält, stürzt er sich mit seinem Dolch im Scherz auf eine seiner Nebenfrauen – in die er am stärksten verliebt war – und richtet die Spitze, als wolle er sie kitzeln, gegen ihre Brust. Darauf fragt er sie, ob sie das Diadem, das an seinem Turban glänzte, oder das andre äußerste Stück seiner Person, die Dolchspitze nämlich, wähle. Die Geliebte antwortet: ›Ich bin dein Eigentum. Ich wähle, was du mir gibst.‹ Während sie bei diesen Worten die mit der Hand entblößte Brust seinen Scheinstößen entgegen wirft, empfängt sie in ihrer Unachtsamkeit einen Stich am Halse. Es war nur ein winziger, kaum bemerkbarer Ritz. Und doch brach sie, vielleicht vor Schreck, plötzlich tot zusammen. Der Schah wird rasend über diesen unvermuteten Unglücksfall und macht Miene, bald die übrigen Weiber, bald die Eunuchen mit demselben Dolche zu durchbohren, als hätten sie Schuld an dem Frevel. Ja, er wollte sich sogar auf seine Mutter stürzen, wäre sie nicht seinem Wutanfall ausgewichen.

Die Sterndeuter werden geholt, und, nachdem sie ihre Kalender gewälzt, verkünden sie: das Unheil habe durch keine Menschenmacht verhindert werden können. So sehr hätten sich alle Gestirne gegen das Haupt des Herrschers verschworen. Der Schlag des Schickals habe unter Verschonung des Königs sein Weib getroffen. Das sei der Güte der höchsten Gottheit zu danken. Der ganze Himmel sei durch schlimme Erscheinungen in Verwirrung gebracht, die nicht so leicht wieder schwinden würden. Sie rieten also dem Könige, er möge sich jenen Einwirkungen für einige Monate entziehen. Inzwischen dürfe er sich keinesfalls in der Öffentlichkeit zeigen, ein Gastmahl geben oder irgend etwas Wichtiges unternehmen.

So weigerte die lächerliche Folgsamkeit des Königs den fremden und einheimischen Gästen den Zutritt, und diese waren gezwungen, vom Beginn des Frühlings bis zum 30. Juli auf die Audienz zu warten.«

Da mag manchem die Zeit lang geworden sein. Engelbert Kaempfer aber fand in der Stadt Abbas des Großen des Schauens-, Merkens- und Forschenswerten so viel, daß seine Tage gewiß vollauf angefüllt waren.

Mit Kompaß und Zeichenbrett durchwanderte er täglich die wunderbare Stadt und fertigte in drei Monaten einen Stadtplan an. Dieser ist uns leider nicht erhalten, wohl aber – in seinen »Amoenitates« – ein ausgezeichnet klares Vogelschau-Bild der königlichen Gebäude und Gärten, auch eine Gesamtansicht des Häusermeers und klare Zeichnungen der drei herrlichen Brükken über den Senderut.

Unter den Bauwerken der Stadt beschreibt und zeichnet Kaempfer eine seltsame Säule, ein JAGDTROPHÄENDENKMAL, das gewiß nirgends seinesgleichen hat. Über die Entstehung erzählt er eine hübsche Geschichte, eine Geschichte wie aus Tausendundeiner Nacht.

»Der Schah Thamas hatte auf einer einzigen Jagd eine ungeheure Menge Wild erlegt und die Köpfe der Tiere auf einem freien Platze zur Besichtigung auslegen lassen. Über die Menge staunend meinte er im Scherz, er möchte wohl, daß sie zur Erinnerung aufbewahrt werden könnten. Ein dabei stehender Baumeister sagte: ›Wenn du befiehlst, König, werde ich ein Turm-Denkmal errichten, an dem alle Köpfe so angebracht sind, daß sie gesehen werden können.‹ Der Baumeister war ein wortgewandter, witziger Mann, leicht im Entwurf und im Erfinden von Neuheiten. Der König liebte seine schlagfertige Rede, der Wesir aber haßte ihn und widersprach ihm stets, wenn er etwas Neues vorschlug. So richtete er auch jetzt die verfängliche Frage an ihn, mit welchem Aufwand an Kosten und Zeit das unnütze Werk fertiggestellt werden könne.

Es war kurz vor der Zeit des Mittagsmahls, und der Schah stand eben im Begriff, sich zur Mahlzeit in den nahe gelegenen Palast zu begeben, der noch heute den Namen des hohen Erbauers trägt. Also antwortete der Baumeister, er werde ohne große Geldverschwendung das Werk vollenden, noch ehe die Majestät vom Mahle zurückkehre. Der Schah sagte, neugierig auf den Einfall: ›Tu, was du versprichst, und ich werde das Werk loben.‹ Nach diesen Worten reitet er zum Mahle.

Der Baumeister hatte für einen Ziegelbau ganze Haufen dicken Lehms in der Nähe. Auch eine Schar Maurer und Lastträger hatte er zur Stelle, die eben von der Arbeit zur Mittagspause fortgehen wollten. Er ruft sie zu neuer Arbeit heran, und während er selbst den Plan entwirft, läßt er durch die einen das Material herbeischaffen, durch andre es aufteilen, durch wieder andre es aufschichten und in Form bringen. Indes noch andre als Vorarbeiter die Arbeiten leiten, das Herbeigeschaffte glätten, die Gehörne auf die Oberfläche verteilen und in den noch feuchten Lehm des Denkmals so hineindrükken, daß ein gut Stück der Schnauzen und Stirnen hervorsteht und die Gehörne weit herausragen.

Noch waren keine zwei Stunden verstrichen, da war der Turm glücklich vollendet. Und bald war auch der Schah wieder zur Stelle. Er betrachtete lange und schweigend das Werk, das da stand, wo noch kurz zuvor eine leere, sonnige Fläche gewesen war, und er bezeugte seine Anerkennung und wußte nicht, ob er die Hurtigkeit des Aufbauens oder das Genie des Meisters mehr loben sollte. Dann sagte er, zu dem Wesir gewandt: ›Nun, wie urteilst du jetzt über unsern Baumeister, auf dessen Talent du so neidisch bist?‹ Der Wesir antwortete, das Werk sei unvollendet, da ihm, wie dem Baumeister das Gehirn, als Abschluß und Schmuck der Kopf fehle. ›So will ich, daß dein Kopf, du Neidhammel draufgesteckt wird‹, rief der empörte Schah und läßt ihm den Kopf abschlagen.«

Kaempfer hat auf seiner Reise durch Persien vielen Erscheinungen seine Aufmerksamkeit geschenkt. Vorab stellt er sich die Aufgabe, eine Geographie und Topographie Persiens zu schaffen.

Sein Tagebuch ist nicht das eines Abenteuer suchenden Weltwanderers, der erlebnishungrig um sich schaut und im Empfangen und sprachlichen Gestalten der Eindrücke sich selbst genießt. Ihm sind die Tatsachen das allein Wichtige. Farbigkeit und Stimmung, wie sie uns bei modernen Persienfahrern – etwa Pierre Loti, Bernhard Kellermann, Kurt Faber – umfängt, dürfen wir von ihm nicht erwarten. Er ist ein Kind seiner Zeit, die im Sammeln des Wissensstoffes immer noch die Hauptaufgabe sah. Aber wie er diese Aufgabe anfaßte, in vorurteilsfreiem Wahrheitsstreben, in kritischer Prüfung und Scheidung des Wichtigen vom Unwichtigen, ohne Aufschneiderei und Wichtigtuerei, in streng wissenschaftlicher, systematischer Gruppierung des Stoffes – dies erhebt ihn über alle seine Vorgänger und die meisten seiner Zeitgenossen.

Der Italiener DELLA VALLE (1617) hat seine Orientreise als ein Hoheslied auf seine eigene Bedeutung gesungen, der kluge Spanier FIGUEROA (1619) befaßte sich als Diplomat vornehmlich mit seiner eigenen Mission und Schah Abbas, der Deutsche OLEARIUS (1637) hat vieles beobachtet, quirlt aber, hingerissen von der Lust am Fabulieren, alles durcheinander, will auch vor allem durch abenteuerliche und pikante Dinge unterhalten. Engelbert Kaempfer reist durchaus und immer als *Forscher und Mann der Wissenschaft.* Man wird schwerlich behaupten können, sein persisches Tagebuch sei besonders fesselnd geschrieben. Das meiste, was er Tag für Tag notierte, sind Messungen von Höhen und Fernen, so daß man ganz den Eindruck gewinnt, daß ihm eine Verbesserung, ja die erstmalige *Schaffung einer brauchbaren Karte von Persien* als erstes Ziel vorschwebte – wie übrigens auch später in Japan. Eingehend beschreibt er, mit Beifügung von Abbildungen, die Anlage und Bauart der Orte, Moscheen, Karawansereien. Er peilt täglich mit dem Quadranten und notiert die Strecken, macht sich aber auch, um nicht auf seinen Weg beschränkt zu bleiben, die Mitteilungen landkundiger, vielgewanderter Eingeborenen und Fremden zunutze.

Zum Geographen und Kartographen gesellt sich der *Naturforscher,* insbesondere der *Botaniker.*

Unter den Handschriften im Britischen Museum ist ein Werk *über die*

Pflanzenwelt Persiens, in zwei Abteilungen. Die erste umfaßt hundertvierzehn, die andere hundertsechsundvierzig Seiten. Zahlreiche sehr schöne und klare Zeichnungen von der Hand des Verfassers sind beigefügt. Den ersten Teil hat er im Mai 1685, also nach dreizehnmonatigem Aufenthalt in Isfahan, vollendet, den zweiten in Bender Abbas, besonders in den Jahren 1687 und 1688. Was auch in Europa vorkommt, läßt er beiseite. Heilpflanzen finden stärkste Beachtung, so *Gummi arabicum,* Thus, *Gummi tragacanth,* Aloe, Dattelpalme, *Asa foetida.* Die Darstellung ist eingehend und kritisch. Die Meinungen der Leute über die Wirkungen der Pflanzen gibt er niemals ohne eigenes, durch Versuche begründetes Urteil wieder.

Das Werk liegt abgeschlossen vor. Den Titel hat Kaempfer zierlich mit Schnörkeln umrahmt. Er lautet *»Plantarum Persicarum rudis tam delineatio quam descriptio Eng. Kempfer, Tom. 1, Ispahani, 1685, Mens. May.«*

Das Werk, das zweifellos eine starke Bereicherung des damaligen botanischen Wissens bedeutet hätte, ist *nie veröffentlicht* worden. Heute wird manches durch zwei Jahrhunderte botanischer Wissenschaft überholt sein.

Nicht überholt werden können dagegen seine gründlichen, auf nächster Beobachtung und Sachkenntnis beruhenden Studien zur persischen Geschichte, Volks- und Staatskunde. In sechzehn Kapiteln, auf zweihundertfünfzig Quartseiten seiner *»Amoenitates exoticae«* behandelt er in systematischer Ordnung die Persönlichkeit und bisherige Regierung des Schahs Solyman, seine Hofhaltung und die Verwaltung des gesamten weiten Reichs. Dazu gibt er geschichtliche Rückblicke und Darstellungen der persischen Kultur in Sprache und Sitte, Volkscharakter, Schule und Religion. Es gibt keine bessere Darstellung des Perserreichs zur Zeit seines Verfalls unter Solyman, als die Kaempfersche – die zudem glänzend, freilich lateinisch, geschrieben ist. Ihm nahe kommt der vortreffliche CHARDIN, der ein Jahrzehnt vor Kaempfer in Persien war.

Wollte Kaempfer Land und Leute tiefer kennenlernen, mußte er die Sprache des Landes beherrschen. Also lernte er sie. Aber wie das in kurzer Zeit machen? Hier half ihm der Dolmetscher am Könisghofe, der Kapuzinerpater RAPHAEL DU MANS (1613 – 1696), ein ehrwürdiger Greis, Franzose von Geburt, der damals bereits im achtunddreißigsten Jahre seine armenische Christengemeinde in der Vorstadt DSCHULFA betreute und als Dolmetsch bei Hofe in hohem Ansehen stand. Er hatte 1660 »Estat de la Perse« veröffentlicht. Die Schrift ist 1890 von M. Schefer in Paris herausgegeben worden. Über du Mans finden wir einiges bei Browne, »Persian Literature in modern times«, S. 115.

Er lernte den schwedischen Legationssekretär bald kennen und übermittelte der Gesandtschaft schon wenige Wochen nach ihrer Ankunft eine von ihm selbst verfaßte türkische Sprachlehre – *»Theoria et praxis Linguae Turcicae«* – denn das Türkische war die Sprache des Hofes und der Vornehmen.

Für den deutschen Forscher war es eine ungemein glückliche Fügung, daß er diesen hochgebildeten Mann vorfand, der den Schah von Kindesbeinen an kannte und mit den Verhältnissen am Hofe und im Reiche wie kein andrer vertraut war.

Man kann sich vorstellen, mit welcher Inbrunst der Wißbegierige sich ihm anschloß.

Die Achtung war gegenseitig und entwickelte sich zu einer herzlichen Freundschaft. Kaempfer blieb auch nach seinem Scheiden von Isfahan noch jahrelang durch Briefwechsel mit dem glühend verehrten Manne verbunden. Und wie sehr muß der greise Franzose den jungen Deutschen geschätzt haben, wenn er für ihn schon nach kurzer Bekanntschaft mit feiner, schon ein wenig zittriger Hand eine viele Seiten lange Abhandlung über Persien schrieb!

Von Kaempfers Persien-Forschungen kann hier nur weniges gegeben werden. Seine glänzende Darstellung der Hauptstadt, die er auf sechshunderttausend Einwohner schätzt und die so groß war, daß er zwei Tage brauchte, sie zu umreiten, seine Schilderung der Paläste, Moscheen, Plätze, Basare, Gartenanlagen, Brücken, der Privathäuser und ihrer Bewohner, auch der europäischen, der Schulen, Religionsverhältnisse, der Verwaltung des Reichs, alles dies würde ein eigenes Buch füllen. In allem zeigt sich der gründliche Kenner und reife Beurteiler. Mit verblüffender Sachkenntnis schildert er den weiten Hofbezirk und die Obliegenheiten sämtlicher Beamten vom Kanzler bis zum Oberwärter des Vogelhauses, in dem achthundert Jagdfalken gehalten werden, deren jeder wieder seinen besonderen Pfleger hatte. Kaum zu begreifen ist es, wie er sich die eingehende Kenntnis der Staatseinkünfte verschaffen konnte. Gewiß nur durch genauste Beziehungen zu den Beamten selber. Reizvoll sind seine historischen Rückblicke, besonders über die Persönlichkeit des großen Abbas, von dessen Hofnarren Kalenajet er eine Reihe köstlicher Geschichten erzählt.

Die schwedische Gesandtschaft war am 30. März 1684 in Isfahan eingetroffen. Die erste Audienz beim König war am 30. Juli.

»Der Empfang fand statt im Garten Sahadet abaad, d. h. ›Wohnung des Glücks‹, in einer leicht und hoch gebauten Halle.

Eine Stunde nach Sonnenaufgang wurden zwölf Pferde bei uns vorgeführt, auf denen wir fast eine Stunde lang zu jenem Garten ritten. In einem Warteraum trafen wir andere Gesandtschaften – von Polen, Rußland, Siam, Arabien, Usbek und Georgien –, die schon seit der Morgendämmerung hier warteten.

Auf dem Vorplatz des Audienzhauses, das sich fast bis ans Ufer des Flusses ausdehnte, sah man drei prächtig aufgeputzte Elefanten aus Ceylon und ein Rhinozeros, das an einem Vorder- und Hinterfuß mit Ketten gefesselt war. Es stand auf einem großen, scharlachroten Teppich, und sein nackter Körper war eingeölt. Der ganze Weg am Ufer entlang war umsäumt von Kriegern der Leibwache in glänzendem Waffenschmuck. Dann sahen wir zwölf prächtig aufgezäumte Rosse, deren Sattel und Zaumzeug von goldenem Beschlagwerk und Edelsteinen blitzte, ferner zwei Panther von ausnehmender Größe und Schönheit, ebenso viele Löwen und einen Leoparden – der andere war kürzlich getötet, weil er einen Knaben zerfleischt hatte. Goldene Weihrauchschalen verhauchten köstliche Düfte. Oben, vor der höchsten Stufe, wo der Schah saß, waren weiße Jasminblüten zu Kegeln aufgehäuft, um durch ihr Bild und ihren Hauch die sitzende Majestät zu erquicken. Eine aus purem Golde gegossene, nicht etwa vom Goldschmied getriebene, Rückenlehne in Gestalt durchbrochenen Rankenwerks umgab den Sitz.

Der Schah saß unbeweglich mitten auf der obersten Tribüne, das Haupt bedeckt mit einem schneeweißen, von dünnen Goldstreifen durchzogenen Turban. An der rechten Seite des Hauptes glänzte ein Schmuck mit drei Edelsteinen von besonderer Größe, im Dreieck angeordnet. Ich habe ihn später aus der Nähe besehen und genau abgezeichnet, wie die Abbildung ihn zeigt. Zweiundzwanzig Eunuchen zu seiner Bedienung umgaben den Schah im Halbkreis. Außerdem sechs georgische Knaben von ausgesuchter Schönheit – ganz gegen die Landessitte trugen sie das Haar in langen Locken. Einer fächelte mit einem großen Wedel aus weißen Pferdehaaren dem Schah Kühlung, ein anderer bediente die Wasserpfeife, der dritte den Spucknapf, der vierte das Weihrauchbecken usf. Der ›Mehter‹, der Oberste der Eunuchen, stand nahe bei dem Schah und hielt einen von seiner Schulter hängenden Ranzen, in dem, hieß es, Nastüchlein und verschiedene anregende Opiate für den Schah sich befinden sollten. Dreißig Musiker ließen, in zwei Chöre geteilt, abwechselnd auf ihren Flöten, Zymbeln und verschiedenen Saiteninstrumenten ihre seltsamen Weisen hören. Dazwischen ertönte leicht angeschlagen eine Handpauke und hin und wieder auch eine menschliche Stimme. Will man mein Urteil hören über diese Musik? Nun, es war mehr Geräusch als Musik, keinen Regeln der Harmonie sich fügend, aber doch nicht regellos noch unangenehm, vielmehr – die Stimme des Sängers ausgenommen – zart und gedämpft, so daß die Unterhaltung bei der Audienz nicht gestört wurde.

Unter den Gesandten hatte der schwedische, Herr Ludwig Fabritius, einen Ehrenplatz bekommen – offenbar deshalb, weil er aus einem so weit entfernten Lande kam. Zudem war er selber eine staatsmännische und militärische Persönlichkeit von höfischer Gewandtheit und Würde. Von den einundzwanzig kalmückischen Gesandten waren nur zwei vorgelassen und unterhalb der Musikanten gesetzt worden. Sie waren darob gekränkt und wollten schon den Saal verlassen, da ließ der Schah ihnen einen besseren Platz anweisen.

Als erster wurde der schwedische Gesandte mit seinen drei Begleitern vorgelassen. Der Hofmarschall führte ihn an der Rechten auf das höher gelegene Proszenium und forderte ihn auf, dem Schah seine Reverenz zu erweisen, was er durch die in seinem Lande übliche Verneigung, nicht aber durch den bei den Persern gebräuchlichen Niederfall tat. Mit liebenswürdigem Lächeln hieß der Schah uns willkommen, die wir aus so fernem Lande gekommen seien und ihm überaus liebe Gäste sein sollten. Dann erkundigte er sich nach dem Wohlergehen des schwedischen Königs, seines geliebten Freundes, wie er sagte, und dann beglückwünschte er uns zu der glücklich überstandenen Reise über Land und Meer. Er forderte uns auf, unsere mitgenommene Gesundheit in Isfahan in aller Muße zu pflegen und zunächst mal mit frischem Mute zu schmausen.

Das in schwedischer Sprache abgefaßte Schreiben hatte ich zu näherer Beratung ins Lateinische zu übersetzen, damit es dann der Dolmetscher, Pater Raphael du Mans, persisch erläutere. Es wurde uns aber erst am 20. September abgefordert. POLEN schickte in drei Jahren drei Gesandtschaften, die alle vergeblich den Schah zum Kriege gegen die Türken aufzureizen versuchten.

Der Gesandte aus SIAM küßte zur Begrüßung dem Schah die Füße. Sein König begehrte von den Persern Hilfe zur See gegen den Fürsten von PEGU (Westlicher Nachbarstaat von Siam). Er hatte zahlreiche kostbare Geschenke mitgebracht, goldene Gefäße und solche aus chinesischem und japanischem Porzellan und alle möglichen seltenen Vögel, alles von vierhundert Leuten getragen.

Dann wurde vorgelassen der Gesandte aus FRANKREICH, Herr François Piquet, der vom römischen Papste zum Haupt der armenischen Christen gemacht worden war mit dem Titel »Bischof von Babylon«, um sie dem Papst zu gewinnen, den sie bisher nicht als ihr Oberhaupt anerkannten. Nachdem er seine Verbeugung gemacht, wurde er mit Antwortschreiben an den ›Allerchristlichsten‹ König (Ludwig XIV.) entlassen. Er hatte um den Schutz des Schahs und um die Erlaubnis nachgesucht, sich um die Seelen der Christen in HAMADAN zu bemühen. Aber der wackre alte Herr wurde von diesen als ein unbekannter fremder Geistlicher so übel aufgenommen und behandelt, daß er innerhalb eines halben Jahres vor Herzeleid starb.

Sodann erschien Herr Surski als Gesandter des Polenkönigs, nachdem vor nicht langer Zeit sein Vorgänger Salomon Zgurski, Graf von Syrien, abgereist war. Beide waren armenische Griechen, jener hatte sich einen fremden Namen zugelegt, dieser sogar den Grafentitel.

Der letzte russische Gesandte hatte die Stadt noch nicht verlassen, da kam schon mit dreißig Mann Begleitung der neue, Konstantin Christoforowitz, von Geburt ein Grieche. Er blieb auch zur Mahlzeit. Ihn verfolgte bei seinen Gesandtschaften ein böses Geschick. Vor drei Jahren zum Türkensultan geschickt, hatte er mehr als hundertfünfzig von seinen Leuten an einer tückischen Krankheit verloren. Er selber aber wurde von seinem Sekretär durch Gift umgebracht. Als er die Wirkung verspürte und den Frevel entdeckte, ließ er in seinem Garten den Mörder lebend auf einen Scheiterhaufen legen und verbrennen samt dem Knaben, der um das Verbrechen gewußt hatte – einen

Tag, bevor er selbst, vierzig Jahre alt, starb. Ein im Griechischen vorzüglich bewanderter, mir befreundeter Mann, der ein längeres Leben verdient hätte. Auch zwei Boten aus ARABIEN wurden vorgelassen. Sie gehörten zu einem Volksstamm in der Nähe von Babylon, der von dem Türkensultan abfallen wollte, falls der Schah ihn schützen würde.

Von den persischen Satrapen warfen sich auch mehrere dem Schah zu Füßen. Einer brachte zwölf Falken mit. Zwei von ihnen wurden dem Schah zur Besichtigung gezeigt. Sie gefielen, und der Mann durfte zum Festmahl bleiben.

Unter den letzten erschien der ehrwürdige Pater Elias, ein barfüßiger Karmelitermönch, ein ausnehmend gelehrter Mann, geborener *Belgier,* um sich auf Briefe vom Römischen Kaiser –, die ein Prior seines Ordens vor drei Jahren überreicht hatte – Antwort zu erbitten. Seine Mönchstonsur erregte Heiterkeit. Meiner Ansicht nach ist es unüberlegt, die Briefe so hoher Fürstlichkeiten einem stolzen Volke durch Leute überbringen zu lassen, die sie Fakkiir, das heißt ›elende Bettler‹, nennen.

Zuletzt kamen Apostaten, wie man sagt, aus GEORGIEN, neunzehn auf einmal. Für ihren Abfall vom Christentum bekamen sie die Ehre, hier zur Audienz erscheinen zu dürfen. Es ist sehr zu bedauern, daß dies christliche Volk, das sich wegen einiger unbedeutenden Meinungsverschiedenheiten auf einem Konzil von der griechischen Kirche gelöst hat, heute so tief gesunken ist, daß es ohne Bedenken um geringen Gewinst seine religiöse Überzeugung verschachert. Schon sollen zwanzigtausend Abtrünnige in Isfahan leben. Ein Hauptgrund ist die ungeheure religiöse Lauheit und krasse Unkenntnis des christlichen Glaubens. Man glaubt genug zu tun, wenn man gelernt hat Bilder zu verehren und sich zu bekreuzigen und wenn man – was als Hauptsache erscheint – die Fastenzeiten innehält. Im übrigen haben die Leute von den Grundlehren des christlichen Glaubens keine Ahnung. Sie sind lediglich Namenchristen. Und ich fürchte, das ganze christliche Kolchis wird im Laufe der Jahrhunderte zur mohammedanischen Barbarei abfallen, zumal da die einfachen Leute durch erhoffte Belohnungen, die Fürsten durch Gunst und Ehre bei Hofe verlockt werden.

Kolchis, die Heimat des goldenen Vlieses, lag an den Küsten des Schwarzen Meeres. Hier ist Armenien gemeint, dessen christliche Bewohner – anders als Kaempfer voraussagt – für ihren Glauben das furchtbarste Martyrium auf sich nahmen.

Sodann fand die Aufnahme zweier Jünglinge in den *persischen Ritterorden* statt. Dabei warfen sich die Kandidaten auf den Bauch und legten die Hände an die Schenkel. Darauf verabreichte ihnen auf den Wink des Schahs der Obertürhüter drei gehörige Schläge auf das Gesäß und nahm sie eben damit, indem er die übliche Formel murmelte, in den Orden der Sophi auf. Hinterher hatten sie dann noch den Stock zu küssen, mit dem sie geschlagen waren.

Inzwischen konnte man beobachten, wie von einem Knaben eine Schale Wasser auf die oberste Stufe gesetzt wurde unmittelbar an die Seite des Schahs. Dabei ließ der Hofmarschall sich demütig vernehmen: Der Schah möge es nicht verschmähen, das Wasser durch Eintauchen der Finger zu weihen. Ein königlicher Diener, den chronische Schwäche elend heruntergebracht habe, dürste nach diesem Wasser im Vertrauen darauf, daß dessen Kraft ihn heilen werde, da er die natürliche Hilfe der Heilkundigen seit langem vergebens versucht habe. Die abergläubischen Leute glauben, der königliche Leib ströme eine heilsame Kraft aus, da er dem heiligen Geschlecht der Imams entstamme, die Kranke ohne Heilmittel gesund gemacht haben sollen. Er tauchte also die Fingerspitzen ein und winkte, man solle die Schale fortnehmen.

Jetzt folgte in langer Reihe die *Darbringung der Geschenke*, jedesmal unter Vorantritt eines Leibwächters, der das Tempo regelte. Die Besichtigung durch den Schah fand allerdings aus siebzig Schritt Entfernung statt. Ich zweifle aber nicht, daß er, der großen Wert auf Geschenke legt, sie nachher genauer besehen hat. Sicher wird alles von dem Nasir sorgfältig abgeschätzt und danach die Gegengeschenke – von doppeltem Wert – bemessen.

Zuerst wurden wie im Triumphzuge die Köpfe von dreißig usbekischen Räubern auf langen Lanzen hereingetragen – gleichsam als Tapferkeitsbeweise vom Satrapen von Chorasmien geschickt. Nach ihnen kamen die drei Anführer der Räuber in Halsbrettern geschlossen. Hinterher würden sie, hieß es, den Molosserhunden zum Fraße vorgeworfen werden.

Darauf folgten drei schwarze arabische Pferde, die der Fürst jenes Landes gesandt habe. Nebst sechs Falken, einzeln auf der Faust getragen.

Sodann die Geschenke des Schwedenkönigs, eine Standuhr, von sechs Mann getragen, und neun Flinten italienischer Arbeit, von je einem Mann getragen. Dann wurden sieben Pferde, mit verschiedenfarbigen Decken behängt, einzeln von je zwei Reitknechten vorgeführt. Dann kamen skythische Zobelpelze, zwei Spiegel und eine auch aus Glas gefertigte Truhe von der Größe und Gestalt eines kleinen Sargs – alles Geschenke des russischen Zaren. Dann aus Polen fünf Falken, einzeln getragen – einer war leider unterwegs gestorben.

Länger als drei Stunden hatten wir lediglich als Zuschauer des Festmahls dagesessen. Da endlich wurde mit dem Essen Ernst gemacht. Zuerst wurden zylinderförmig zusammengerollte Tischtücher und Gefäße mit verdeckten Gerichten aus der Küche gebracht und vor dem Festsaal auf dem mit Decken belegten Boden niedergesetzt. Dort blieben sie, bis die Parole zum Hereintragen gegeben wurde. Ich habe mehr als hundert Schüsseln gezählt, die ebenso wie die Deckel aus lauterem Golde gefertigt waren, alle so groß und schwer, daß sie die ganze Kraft des Trägers in Anspruch nahmen. Die Deckel hatten, wie die damit bedeckten Speisen, Kegelform. Alle hielten Reis warm, nach persischer Art gekocht, d. h. dick, ohne daß die Körner klebrig zusammenbackten – man nennt es *Pilau* –, im übrigen mit verschiedenen Zutaten zurechtgemacht, die dem Gaumen schmeicheln, bald mit gehacktem, gebratenem oder gekochtem Fleisch, bald mit geschälten Mandeln und Rosinen, bald auch mit Zwiebeln und verschiedenen Kohlarten, besonders dem, gegen den der römische Sänger – Kaempfer zitiert ›*Romanae fidicen Lyrae*‹, also Horaz – so heftig loszieht. Andre Schüsseln mit Pilau waren bestreut mit ausgesucht seltenen Leckereien. Auch leuchteten die Gerichte in so wunderbar reicher Farbenpracht, daß dem Zuschauer das Wasser im Munde zusammenlief, weiß, rosenrot, gelb, blau, bleigrau, braun, purpurn – diese Farben habe ich vor allem beobachtet.

Die Menge der Schalen übertraf noch fast die der Schüsseln. Die kleineren waren aus Gold, die meisten, für den Nachtisch bestimmten, aus Porzellan. Sie waren gefüllt mit rohem Gemüse, vor allem Zwiebeln, Atsjaar, das sind in Essig eingemachte Früchte und Radieschen, sodann kalte Getränke und Tunken.

Draußen harrten die Aufwärter – die Augen auf die Szene gerichtet – der Befehle des Hofmarschalls. Dieser gab nach einer Viertelstunde das Zeichen, und es erschien als erster der Oberste Leiter des Festmahls mit einem langen Stabe, wie ein Marschall gerüstet. Er ließ die Augen umherwandern, und auf seinen Wink umgaben die Eunuchen, ihre Plätze verlassend, den Schah so, daß sie seine Tafel dem allgemeinen Anblick entzogen. Er entfernte dann zur Linken des Schahs die Platte mit den Delikatessen, dann den Spucknapf, zuletzt den Teppich und gab alles das weiter an den dabeistehenden Mann, dieser reichte es weiter dem dritten, dieser dem vierten, bis es die Schar der Eunuchen durchlaufen hatte und zu den Aufwärtern kam und so schließlich hinausgelangte. In gleicher Weise wurden die Tafeln, Schüsseln, Tischtücher, Becken der Gäste fortgeschafft und der Speiseraum mit bewunderungswürdiger Schnelligkeit ausgeräumt, ohne daß ein Mensch ein Wort dabei sprach.

Die Tischtücher waren aus feinstem Stoff mit dreifädigem, gleichmäßigem Einschlag und mit Goldfäden durchwirkt. Bald eilt ein Knabe aus der Schar der Kastrierten mit einer goldenen Schale nach vorn und benetzt die königlichen Hände mit klarem warmem Wasser, das der Schah mit einem Tüchlein, das ihm vom Oberkämmerer gereicht wurde, abwischte. Ebenso wurden die hohen Herren in der Mitte des Saals bedient, nur durch gewöhnliche Diener. Servietten wurden nicht benutzt. Jeder wischte sich die feucht gewordenen Hände mit einem eigenen Leinentuch ab, das er vorn aus dem Gewandbausch hervorzog. Hier verbirgt dies Volk, was wir in den Taschen zu tragen pflegen. Jetzt wurden Brötchen verteilt, länglich rund, fingerdick und zwei Spannen lang, aus Weizenmehl gebacken – nicht zum Essen, sollte ich meinen, sondern an Stelle von Tisch- und Mundtuch. Schleunigst wurden nun die Schalen mit Tunken, Brühen und Gewürzen hereingetragen und über die Tafel ver-

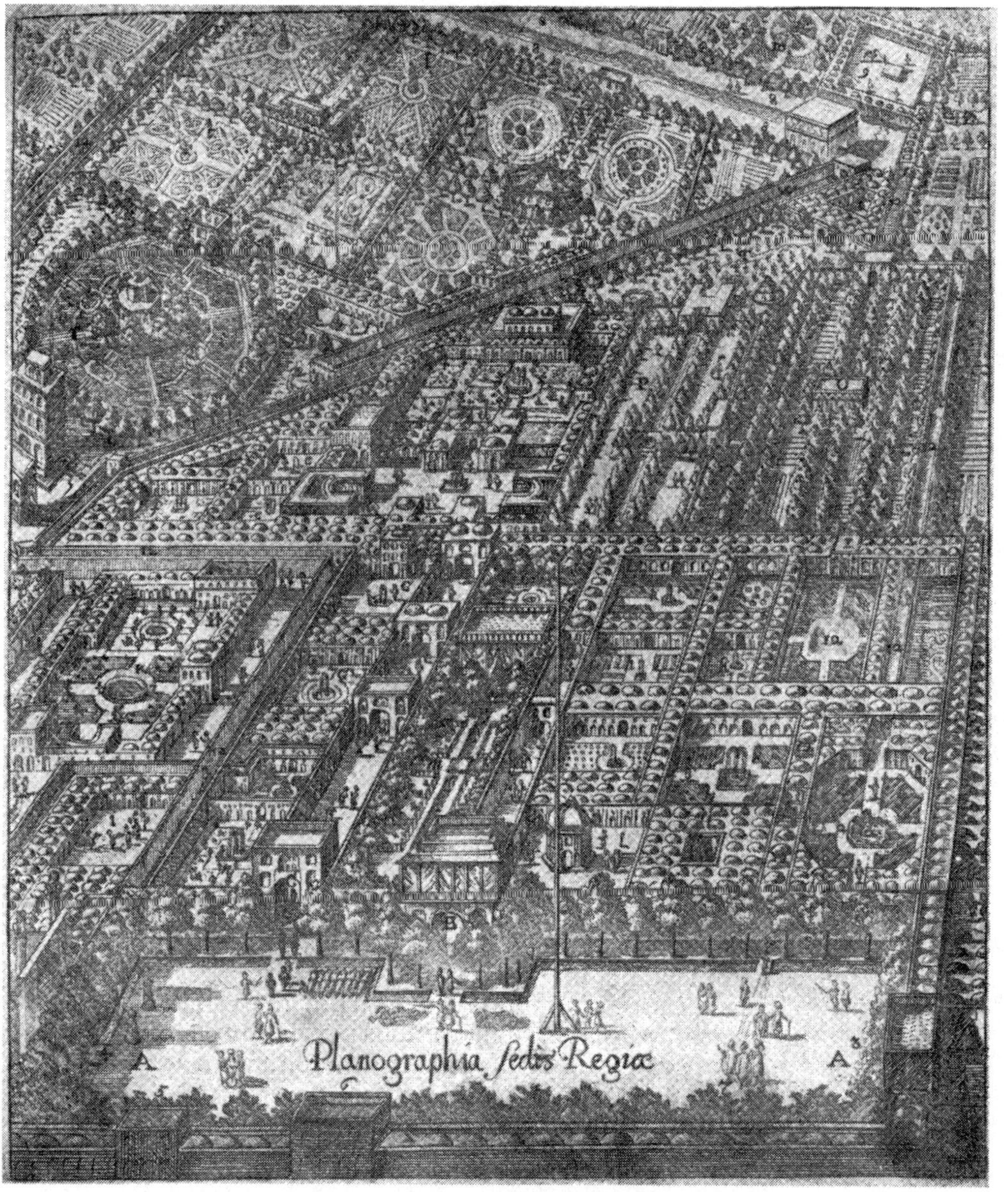

Vogelschaubild des Hofbezirks in Isfahan

Der »gehörnte Turm«, ein Jagdtrophäendenkmal in Isfahan

Festmahl beim Großkönig. Rechts, Mitte, die europäischen Gäste auf Stühlen

teilt, endlich auch die Speisen selbst in riesigen Schüsseln. Die Deckel wurden abgenommen und die Speisen in gedrängter Folge aufgetragen. Die Schüsseln entsprachen überall der Zahl der Gäste, nur vor dem Schah zählte man, außer den einfachen Schüsseln, zwölf im Viereck geordnete, außerdem in der Mitte eine Riesenschüssel aus Gold, gefüllt mit Reis, Fleisch und verschiedenartigen Leckereien, die zu kegelförmigen Hügeln angehäuft waren. Diese Riesenschüssel wurde von acht Mann auf einer Bahre getragen.

Die Diener zum Verteilen der Speisen blieben, alles andere verschwand. Darauf ließ sich der Mehter, nachdem er laut um den göttlichen Segen gefleht, vor dem Schah auf ein Knie nieder und legte ihm vier von den feineren Schüsseln vor. Auch die andern Bedienten zogen nun ihre langen Messer aus dem Gürtel und leisteten den übrigen Tischen ihre Dienste. Von den Gästen benutzte niemand Messer und Gabel. Diese umständlichen Geräte sind von den Tischen der Perser verbannt. Die rechte Hand ersetzt ihre Dienste. Die Linke zu gebrauchen gilt als ungehörig. Das Fleisch war auch so weich gekocht, daß seine Zerkleinerung mit den Fingern keine Schwierigkeit bot. Auch den Löffel gebrauchte man nicht, außer um die Brühen zu trinken, mit denen man zuweilen die Arbeit der Kehle erleichterte.

Ein enthaltsamer Italiener würde nicht für möglich halten, wie große Klumpen ein speisender Perser herunterschlingt samt den unverächtlichen Fleischportionen, die dazu gehören – und zwar alles unzerkaut. Die Zähne hat – denkt man – die Natur den Persern ganz unnützerweise gegeben. Von den Brötchen aß niemand auch nur das geringste Bröckchen. Wein gab es nicht. Die Ärzte hatten ihn dem Schah, der eben von einer Krankheit genesen war, verboten. Dieser lebenspendende Trank war von den Tischen der Muselmänner völlig verbannt. Einen vorzüglichen Ersatz aber – süßer als Wein und Nektar – bot ein Trank aus Rosenwasser, Limonen- und Granatsaft, Zucker und höchst delikaten und pikanten Zutaten hergestellt. Trinkwasser wurde auf Wunsch reichlich zugeteilt.

Tänzerinnen und Sängerinnen gab es nicht. Sie waren ausgeschlossen, damit der Schah von ihren Reizen nicht wieder Schaden litte. Auch Schwert- und Ringkämpfer und Gaukler, die doch sonst nicht selten zur Unterhaltung beitragen, fehlten hier.

Mit dem Beginn der Mahlzeit ließ der Eifer der Musikanten nach. Statt auf ihren Instrumenten machten sie nun lebhafte Tellermusik – wie alle andern, die schweigend mit dem Essen beschäftigt waren. Kaum hatten auch wir Schweden angefangen, die Hände nach den Speisen auszustrecken – bis dahin ganz vertieft in die ungewohnte Szene der gefräßigen Gesellschaft –, da machte unser erlauchter Tischgenosse mitten in der Hitze des Mahls plötzlich Schluß. Daraufhin hoben alle sogleich die Hände von der Tafel auf. Zugleich stürzten die Diener herein und nahmen mit unglaublicher Schnelligkeit die Speisen und Tischtücher fort. Es ward uns ganz wunderlich, die Szene einer üppig schmausenden Gesellschaft so plötzlich verwandelt zu sehen in ein Bild sokratischer Enthaltsamkeit.

Nun brauchte man sich allerdings über die riesige Gefräßigkeit der Gäste nicht mehr zu wundern, die, vertraut mit dem knappen Zeitmaß des Mahles – das in einer Viertelstunde zu erledigen war –, mit Eifer bemüht waren, den Nachteil der Zeitknappheit durch wunderbare Schnelligkeit wettzumachen. Die das aber nicht wußten, wir nämlich, denen geschah es, daß sie zu träge bei der Arbeit waren und ohne ihr Bäuchlein gefüllt zu haben vom Tische aufstehen mußten.

Was weiter? Neben dem Schah stürzten sich alle aus dem Saal, ohne den Schah zu grüßen und ohne Ordnung zu halten.

Nur die dem Thron zunächst Stehenden machten ihre Reverenz, indem sie mit der Rechten die Stirn berührten.

Zurückgekehrt fanden wir unsere Gemächer durch eine militärische Wache beschirmt, die vorher nicht dagewesen war – eine Ehre, die auch allen andern Gesandten erwiesen wurde, die mit uns zusammen zum erstenmal das königliche Antlitz geehrt hatten ...»

In der Einleitung zu seinen persischen Schilderungen vergleicht Kaempfer die Macht der bekanntesten damaligen Despoten miteinander: des russischen Selbstherrschers, des türkischen Sultans, des Großmoguls von Indien und endlich des Perserschahs. Er kommt zu dem Ergebnis, daß die Macht des Schahs die weitaus unumschränkteste, ja eine schlechthin unbeschränkte sei. Nicht allein über Krieg und Frieden, Verträge und Steuern, sondern auch über das Privatleben der Untertanen, über ihre Besitztümer, ihre Weiber und Kinder verfügt er völlig nach eigener Willkür. Ihm gegenüber gibt es keinen Schutz der Gesetze. Dennoch werde, meint Kaempfer, der Mißbrauch solcher Machtfülle zwar nicht verhütet, doch einigermaßen gemildert durch das dem Perservolke eigentümliche gutmütige Naturell.

Aus der Geschichte der Sephevidendynastie berichtet Kaempfer Ausführlicheres nur von dem legendarischen Urheber des Geschlechts, dem weisen und frommen Scheich Sephi, und seinem Zusammentreffen mit dem furchtbaren Tatarenherrscher Timur leng (Tamerlan). In eingehenden und kritisch gepfefferten Darlegungen verbreitet er sich dagegen über Jugend und Erziehung der persischen Thronerben, die zwischen Eunuchen und Haremsweibern aufwachsend mit Naturnotwendigkeiten verdorben würden zu jeglicher Mannheit des Tuns und Denkens. Hemmungsloses, bei den noch unreifen Knaben künstlich aufgestacheltes Geschlechsleben vollendet das Zerstörungswerk.

Stirbt der Schah, so hat der Thronerbe nichts Eiligeres zu tun, als alle männlichen Mitglieder seiner Familie, also vor allem seine leiblichen Brüder, blenden zu lassen, damit sie ihm keinesfalls mehr gefährlich werden können. Feierlich wird er als Schah aller Schahs begrüßt, um hinfort die Sorgen des

Regiments anderen zu überlassen und im Kreise seiner Weiber, Eunuchen und charakterlosen Höflinge ein verantwortungsloses Genießerdasein zu führen.

Der Krönung des damaligen Schahs widmet Kaempfer eine eingehende Darstellung. Sie hebt an mit dem Tode seines Vorgängers Abbas II., der 1666 mit sechsunddreißig Jahren an der *»Lues americana«* elend verendete als ein Opfer seiner besinnungslosen Gier nach einer geschlechtskranken Tänzerin. Wir erfahren Ausführliches über die dramatischen Vorgänge bei der Wahl des Nachfolgers. Zwei Thronerben waren da, und die Versammlung der Großwürdenträger hatte sich bereits einmütig für Hamseh Mirza entschieden, als der energische Einspruch und die zündende Rede des Eunuchen Aga Mubarèk alles umwarf und die Wahl SOLYMANS herbeiführte, der richtiger SULAYMAN geschrieben würde.

Der deutsche Forscher war jahrelang Gast dieses Schahs und wurde von ihm offenbar aufs liebenswürdigste behandelt. So bemühte er sich – diesen Eindruck bekommt man –, den Herrscher nach Möglichkeit zu schonen. Zu schönfärbender Geschichtsfälschung ließ er sich dennoch nirgends verleiten. Und so bekommen wir ein überzeugendes Bild jenes jämmerlichen Schwächlings, unter dem das Perserreich in Kraftlosigkeit versank – bis es dann unter seinem Sohn Hussein im Jahre 1722 von den Afghanen vollends über den Haufen gerannt wurde. Kaempfer gibt ein weit vollständigeres, aus näherer Bekanntschaft gewonnenes Bild Solymans als Chardin, der von dem zu seiner Zeit allerdings jüngeren Herrscher nur Scheußlichkeiten zu berichten weiß.

Der vorherrschende Wesenszug des Despoten ist seine unersättliche Sinnlichkeit. »Die Statthalter der Provinzen senden Gold und Silber, Pferde, Maultiere und Kamele. Und doch sind ihm weit willkommener die jährlichen Geschenke des einen Statthalters von Schirwan, der ihm anstelle des Geldeswerts Mädchen und Knaben für seine Lüste schickt, die schönsten von allen, welche die Menschenhändler aus Cirkassien, Dagestan und Georgien herbeischaffen. Überallhin schickt er seine Beschnittenen als Späher, die, was sie an besondrer Schönheit auftreiben können, für ihren Herrn erwerben, kaufen, rauben ...«

Auf die Angeberei des christlichen (!) Bürgermeisters der Vorstadt Dschulfa forderte der Schah eben damals, als die Schweden seine Gäste waren, »als Opfer für seine Wollust acht Mädchen von Europäern, wobei er vorgab, seine Frauen wünschten jene zu sehen, um ihre europäische Kleidertracht kennenzulernen. Dem geahnten Frevel aber widersetzten sich mit Nachdruck die am Hofe weilenden auswärtigen Gesandten, und sie ließen nicht eher ab von ihren Gesuchen, als bis sie die unschuldigen Mädchen dem mohammedanischen Orkus entrissen hatten, nachdem diese acht Tage lang unter der Obhut der Königin-Mutter unberührt geblieben waren, wie sie nach ihrer Rückkehr bezeugten. Ich muß hier den von Erfolg gekrönten Eifer unsres edlen Herrn Fabritius rühmen, durch den in erster Linie diese Haft gelöst wurde.«

Kaempfer weiß von dem Harem und den verschiedenen Obliegenheiten der 400 Frauen mancherlei zu berichten. Es gelang ihm auch, wenigstens in den Vorhof des streng verschlossenen Bezirks einzudringen. »Der Hof ist ebenmäßig gewürfelt und hat in der Mitte einen Teich, dessen Spiegel mit Silberblättchen bedeckt ist. Eine gewaltige goldne Röhre ist in der Mitte, eine Reihe kleinerer sind am Rande angebracht. Ich selber war zugegen, während in Abwesenheit des Schahs und der Frauen die Handwerker daran arbeiteten. Von dem trefflichen Herrn Varenius, dem Leiter des Werks, als sein Mitarbeiter eingeführt, habe ich mir die Örtlichkeit angesehen. Die inneren Räume blieben mir freilich unbekannt.«

Wünscht der Schah mit seinen Weibern einen Ausflug zu machen, sorgen Berittene durch Trompetenstöße dafür, daß alle männlichen Bewohner über sechs Jahre von den Straßen verschwinden. »Passiert es jemandem, daß er auf das Gefolge des Schahs stößt, dessen Anblick verboten ist – was Leuten vom Lande hin und wieder aus Unkenntnis widerfährt –, wird er sofort ohne weiteres niedergemacht, wofür traurige Beispiele bekannt geworden sind.«

Maßlos ist des Königs Gier nach Gold.

»Der Unterhändler des Allerchristlichsten Königs, François Piquet, Bischof von Babylon und päpstlicher Legat, brachte ein wundervolles Kunstwerk mit, das Lauf und Bewegungen der Gestirne nach der kopernikanischen Auffassung – die im Orient bislang noch unbekannt ist – darstellte. Ohne für das Ungewöhnliche und die Kunst der Arbeit ein Wort der Bewunderung zu finden, fragte der Schah zuallererst, ob es aus massivem Golde gearbeitet sei, als ob das allein den Dingen ihren Wert gäbe. Als er vernahm, es sei aus geringerem Metalle, erkundigte er sich bei seinen Magiern nach ihrem Urteil über die Grundlagen des Uhrwerks. Sie antworteten spöttisch, Kopernikus sei im Irrtum, denn jeder sehe doch, daß die Sonne täglich auf- und untergehe und die Erde feststehe. Auf der Stelle wurde auf Befehl des Schahs jenes ganz eigenartige und unvergleichliche Kunstwerk fortgeschafft und in einem alten Kastell der Stadt – Kalái berrùk genannt, d. h. Burg des Segens – untergebracht, das als Waffen- und Rumpelkammer dient. Hier liegen seit Jahrhunderten die Geschenke der Gesandten, sicherlich die ausgezeichnetsten und seltensten Werke, verstaubt, verrostet und von Würmern zerfressen. Niemand sieht und benutzt sie. Das gleiche Schicksal widerfuhr dem Uhrwerk, das wir unter anderen Geschenken von dem Könige der Schweden überbracht hatten, ein Werk, das dereinst dem siegreichen Gustav Adolf von der Stadt Nürnberg zum Geschenk gemacht war. Die Uhr hatte einen pyramidenförmigen Aufbau, war vier Fuß hoch und ein Meisterwerk der Zeitmessung, das den Lauf aller Planeten und die verschiedenen Zeitabschnitte angab und beim Ablauf jeder Stunde durch das Ablaufen zweier Kugeln auf einem verborgenen Musikwerk jedesmal einen musikalischen Zusammenklang hören ließ. Aber weil sie nur aus Erz, nicht aus Gold war, konnte weder ihre wunderbare

Eleganz, noch die Kunst ihrer Bewegungen, noch der ungewöhnlich schöne Klang sie vom Untergang retten. Dabei war sie mit größter Mühe durch so viele Länder hergeschafft. Wir fanden sie später in einem dunklen Winkel auf dem Boden stehen, aber ohne die plastischen Bildwerke und Bekrönungen, die der Zerstörer vielleicht für Gold gehalten hatte.«

Der Jähzorn des Despoten kannte keine Grenzen.

»Als der Diwanbek, der oberste Richter, einmal unüberlegterweise von einem Gastmahl fortging, schickte der Schah auf der Stelle einen Mann hinter ihm her, der jenem die Augen ausstechen mußte. Als dieser die Augen brachte, übergab der Schah ihm das Amt des Geblendeten, das er noch jetzt in aller Ruhe verwaltet.

Als der Schah einmal auf dem hohen Felsen des Lustschlosses Tachta Sopha stand, lobte er die anmutige Lage des Orts. Eine der Haremsdamen widersprach ihm und tadelte die unangenehme Kühle. Der empörte Schah ließ die Frau kopfüber vom Felsen stürzen, da sie unwürdig sei, an diesem Ort zu leben.«

Zu den »Tugenden« Solymans rechnet Kaempfer seine strenge Gerechtigkeit, von der er selber ein Beispiel erlebte.

»Solyman hielt streng auf Gerechtigkeit. Man darf nicht glauben, daß er seine Milde dazu mißbrauchen ließe, Übeltäter zu übersehen. Ein Fall möge seine Strenge erläutern, von dem ich selbst Augenzeuge war, als ich am 26. Februar 1685 über den großen Markt ging. Ein vornehmer Perser hatte, aus der Vorstadt Dschulfa spät und angetrunken zur Stadt zurückkehrend, seinen Genossen auf der Straße zunächst mit Schimpfreden, dann mit dem Krummsäbel überfallen und umgebracht. Der Mörder wird nach der Sitte des Landes der Familie des Getöteten ausgeliefert, um den Mord zu sühnen. Diese läßt sich durch Geld versöhnen, und jener bleibt unversehrt.

Bald danach erkundigt sich der Schah, wie der Mann hingerichtet sei. Man antwortet ihm, er habe durch Geld die Gekränkten versöhnt und sei von ihnen freigelassen worden. Da bricht der Herr empört gegen die Leute los, die herbeigeholt sind: ›Giddi‹ (d. h. ihr Ochsen, das stärkste Schimpfwort bei den Persern), ›euch ist das unschuldige Blut der Eurigen um Geld feil? Mord an einem Unschuldigen kann nur durch den Tod des Schuldigen gesühnt werden!‹ Der Mann wird herbeigeholt, und der Schah, der auf dem Altan des Palastes über dem Markte saß, wendet sich an die Umstehenden: ›Wer mich liebt, steige hinab und vollziehe die Strafe!‹ Nach diesen Worten stürzt die ganze Schar der Höflinge und Eunuchen, die den König umgab, hinab, wirft sich mit gezücktem Dolch auf den Gefesselten und zerfetzt seinen Körper in tausend Stücke.

Übrigens soll er auch nicht selten den Bürgern zu ihrem Recht verhelfen. Entsteht etwa vor seinem Schloß ein großer Menschenauflauf, weil die Leute sich über neue Steuerlasten oder Ungerechtigkeiten der Beamten beklagen wollen, so nimmt er das keineswegs übel, vielmehr ahndet er nachgewiesene Schuld ungerechter Verwalter streng.

Zu den Tugenden des Perserschahs zählt Kaempfer auch seine Friedensliebe, die so weit geht, daß er einen ›ungerechten Frieden dem gerechten Kriege‹ vorzieht. ›Daher erträgt er auch die zahllosen Überfälle der Tartaren aus Usbek. Er meint, es sei besser Chorasmien leiden zu lassen, als dadurch, daß man die Hornissen reize, noch mehr Provinzen der Gefahr auszusetzen . . .

Was haben wir, die Gesandten des heiligen römischen Kaisers, der Könige Schwedens und Polens, die den Schah zu einem Feldzug gegen die Türken aufreizen sollten – was haben wir erreicht? Was haben wir, während in Europa der Krieg wider die Türken weiterging, geleistet? Gemästet haben wir uns mit persischer Üppigkeit und haben trotz des langen Aufenthalts die Erwartungen unsrer Fürsten enttäuscht.«

Von Solymans lächerlichem Aberglauben und seinem blinden Vertrauen auf die Orakelsprüche seiner Astrologen weiß Kaempfer groteske Beispiele zu berichten. Eines wurde oben bei der Verzögerung des ersten Empfangs der Gesandten erwähnt.

»Um die Regierung seines Landes kümmert er sich nicht im geringsten. Er hat gar nicht den Mut, sich durch den Vortrag irgendwelcher andrängenden Schwierigkeiten aufregen zu lassen – höchstens mal in ganz günstigen Augenblicken. Die ganze Last der Regierung wälzt er auf die Schultern des Großwesirs. Ihm überläßt er die Sorge um das Staatswohl, selbst untätig und ohne Kenntnis der Staatsangelegenheiten.«

Schwerlich konnte Kaempfer sich beim Antritt seiner diplomatischen Fahrt bestimmte, über das nächste Ziel – Rußland und Persien – hinausgreifende Reisepläne zurechtlegen. Auch hat er gewiß nicht geglaubt, daß er ein volles Jahrzehnt unterwegs sein werde. Wohl aber mag er von vornherein mit dem Gedanken gespielt haben, über Persien hinaus irgendwie weiter in unbekanntes Land vorzustoßen.

Jetzt war vielleicht eine Gelegenheit da. Eine Lösung von der schwedischen Gesandtschaft konnte nicht schwierig sein, besonders nachdem die Arbeit getan und der Sekretär entbehrlich geworden war. Geld hatte er auch verdient, mehr als durch sein Amt wohl durch seine ärztliche Praxis, die »überall im Orient begehrt« war. So konnte er in Isfahan den Plan fassen, auf eigene Faust Ägypten zu bereisen und auf diesem Umwege heimzukehren.

Um dieselbe Zeit bekam er einen ehrenvollen Ruf nach Georgien, in dessen Hauptstadt Schemacha er unterwegs mehrere Wochen als Arzt gewirkt und sich hundert Taler und einen Schimmel verdient hatte. Er hatte dort eine so gute Meinung von seiner Kunst hinterlassen, daß ein georgianischer Fürst ihn zu seinem Leibarzt zu machen wünschte. War es vielleicht der König Artschil selber, der sich damals in Kaempfers Stammbuch eingetragen hatte?

Alle bisherigen Darsteller von Kaempfers Leben, mit Ausnahme Scheuchzers, behaupten, er habe den Ruf angenommen und sich längere Zeit in Tiflis aufgehalten, doch habe man ihn vergebens durch glänzende Anerbietungen – darunter eine schöne Georgierin – auf immer zu fesseln versucht. Kaempfer selbst aber schreibt in der Reisedarstellung im Vorwort seiner *»Amoenitates«* das folgende:

»Indem ich mich endlich von der Gesandtschaft, die ihre Entlassung bekommen hatte, löse, denke ich nach Ägypten zu reisen und werde nach Georgien als Leibarzt gerufen und durch mannigfaltige Anerbietungen gelockt: Aber stärkeren Eindruck machte auf mich, infolge des Rats des ehrwürdigen Kapuzinerpaters du Mans, die Einladung des holländischen Admirals, der mit seiner Flotte den Busen von Ormus blockierte.«

Schon das Wörtchen »aber« beweist, daß er der Einladung nach Georgien eben nicht gefolgt ist. Es läßt sich auch in seinem Leben gar keine Zeit für einen solchen Aufenthalt ausfindig machen. Aber auch, was Kaempfer selbst – aus seiner Erinnerung – von der Einladung des holländischen Admirals schreibt, ist irreführend oder doch mißverständlich. Nur seine Briefe geben über den wirklichen Verlauf der Dinge Aufschluß.

Am 3. Juni 1684 war der holländische Kommissar Casenbrod mit vier Schiffen bei Bender-Abbas vor Anker gegangen, wo die Holländer ein Kontor hatten. Am 30. Juni hatte der Admiral mit seiner inzwischen auf zehn Schiffe angewachsenen Flotte auf der Insel Kischm Truppen gelandet und das dortige Kastell in Besitz genommen. Die Holländisch-Ostindische Kompanie war Beherrscherin der Meere und trat entsprechend auf. Damals erlaubte sie sich, vom Schah von Persien »zwanzigtausend Toman freien Zoll, geringeren Preis der Seide und Satisfaktion vor einige erlittene Affronten zu prätendieren«.

Die Kunde von der Anwesenheit der holländischen Flotte schlug bei Kaempfer ein wie ein Blitz und entzündete sein Verlangen nach neuer Fahrt. Das Wunderland Indien, dessen Küsten mit holländischen Faktoreien umsäumt waren, zu schauen und zu erforschen – hier war eine Möglichkeit, für ihn die einzige! Persien hatte bereits eine Reihe von Darstellern gefunden. Indien war Neuland! Er mußte versuchen, bei der Kompanie in Dienst zu treten und sei es auch als einfacher Schiffschirurg. Er veranlaßte also seinen Chef Fabritius, sich für ihn und seinen Freund Pristaf, der auch mitwollte, zu verwenden. Bereitwillig diktierte Fabritius seinem Sekretär das gewünschte Empfehlungsschreiben an den Admiral. »Zwei junge Leute drängen mich, sie Deinen Diensten zu empfehlen. Sie beabsichtigen, nach Erledigung der persischen Kommission mit nach Indien zu gehen. Einer ist mein Legationssekretär, zugleich Arzt, und beweist täglich seine Erfahrung in dieser Kunst. Der andere, Rechtsgelehrter, ebenfalls in blühender Jugend, hat die Stelle eines Reisemarschalls innegehabt.«

Da starb Casenbrod unerwartet am 14. August, und Kaempfer sah sich nun auf den Direktor der Niederlassung in Bender Abbas, JUSTUS VAN HEUVEL, angewiesen. Der hatte aber schlechte Erfahrungen gemacht und zeigte keine Neigung, den deutschen Arzt in Dienst zu nehmen. Kaempfer sieht mit Schrekken seine schönsten Hoffnungen entgleiten. Er schreibt am 3. September noch einmal einen drängenden Brief an den Direktor und erinnert an die Empfehlung des Herrn Fabritius, der selbst Holländer und ein alter Bekannter van Heuvels war. Er beschwört ihn, es wenigstens mit ihm zu versuchen, eine feste Anstellung erwarte er vorläufig gar nicht. »Warum ich nicht in mein Vaterland zurückkehre? Es ist Dir nicht entgangen«, heißt es in dem lateinischen Briefe, »wie oft gerade die Armut die Mutter eines guten Talents und die treue Begleiterin der Künste ist. So habe auch ich daheim keine rechte Habe. Viel Geld habe ich verbraucht auf Akademien und nicht weniger auf Reisen. Außerdem ist in meiner Heimat Krieg ...«

Noch am selben Tage schreibt Kaempfer eine ganze Reihe weiterer Briefe, die seine fiebernde Unruhe verraten. Jede Möglichkeit muß genutzt werden. Ein Schreiben geht nach SCHIRAS an einen Kollegen, den Arzt Dr. Vincens, den er in Isfahan kennengelernt hat und der jetzt im Begriff steht, nach Indien zu fahren – also vermutlich ein vermögender Mann.

»Nimm mich mit! Ich will Deinen Gewinn nicht schmälern, sondern mehren. Ich will selber gar keinen Verdienst, sondern bloß lernen und gelehrter ins Vaterland zurückkehren. Ich will Dir ein treuer Haushalter und fleißiger Verwalter sein, und ich verlange keinen besonderen Lohn dafür. Erlöse mich bald durch eine Antwort von der Unruhe der Erwartung ...!«

Diesem flehentlichen Briefe ist ein anderer von Fabritius unterschriebener beigefügt an den eben dort lebenden Karmeliterpater Athanasius, der sich bei der Kompanie für die beiden jungen Leute verwenden soll. Außerdem richtet Kaempfer ein direktes Gesuch um Anstellung als Chirurg an den Generalgouverneur in BATAVIA.

Besonders aufschlußreich ist sein Schreiben an HERBERT DE JAGER, den er in Isfahan kennengelernt hatte. Dieser damals bei der Flotte vor Bender Abbas weilende Mann war nicht allein »Oberkaufmann«, praktischer Arzt und Rat bei der Kompanie in Batavia, sondern auch Forscher, und zwar, wie Kaempfer, leidenschaftlicher Botaniker und hervorragender Kenner der orientalischen Sprachen. Zahlreiche Briefe, meist über wissenschaftliche Dinge, die im Laufe der nächsten Jahre zwischen beiden Männern hin und her gingen, bezeugen das herzliche Verhältnis, das sich zwischen ihnen entwickelte. Kaempfer schreibt ihm in lateinischer Sprache:

»Ich bin hierher gekommen mit Herrn Fabritius, von der Krankheit der Wißbegierde verführt, wodurch wir jungen Menschen ja so oft ins Verderben gestürzt werden. Ich versprach mir, ich würde hier eine Menge Reste aus dem Altertum sehen, Spuren Alexanders, Wunder der Natur und was sonst von den Geschichtsschreibern gerühmt wird. Aber ich fand nicht, wodurch ich mein

Verlangen ergötzen oder gar sättigen konnte, und ich glaube nicht entfernt erreicht zu haben, was meiner Mühe und Aufwendung wert wäre. Daher plane ich nach Indien weiter zu reisen, um zu schauen, was an raren Dingen der entferntere Orient zu bieten hat. Könnte ich das nur erreichen unter dem mütterlichen Schutz der hochberühmten Sozietät als praktischer Arzt in irgendeiner Provinz, oder auch in irgendeiner andern Funktion. Nun hat Casenbrod Unglück gehabt. An wen soll ich mich jetzt wenden? An Dich. Wirke Du für mich! Ich bin bereit, wenn es sein muß, auch irgendeine andere Arbeit zu übernehmen und sei es selbst als Soldat. Ich biete mich an als ein rohes Stück Holz. So behaut mich denn zu einem Bildwerk! Wenn ich nur im Dienste Eurer berühmten Sozietät in Indien stehen darf.«

Kaempfers Bemühungen hatten Erfolg. Mitte Dezember wurde er durch den Direktor van Heuvel in Isfahan als Oberchirurgus in holländische Dienste genommen. Aber wenn er damit die ersehnte Indienfahrt in greifbare Nähe gerückt glaubte, sollte er herb enttäuscht werden. Immerhin – der erste Schritt war getan. Da er bei der Isfahaner Niederlassung keinerlei Medikamente vorfand, mußte er seine eigenen benutzen, ohne daß er dafür entschädigt wäre, wie man denn überhaupt einstweilen vergaß, ihn zu entlohnen. Noch acht Jahre später schrieb er an den Generalgouverneur in Batavia um Nachzahlung der »Gagie von zwanzig Monaten und elf Tagen«, die die Kompanie aus jener Zeit ihm schuldete!

Noch ein volles Jahr hatte Kaempfer sich in Isfahan zu gedulden. Am Umfang seiner Forschungen gemessen keine lange Zeit, seiner Ungeduld mag sie überlang erschienen sein. Obwohl in holländischen Diensten blieb er doch in enger Fühlung mit seinen schwedischen Freunden und stand ihnen für etwaige Schreibarbeit auch weiterhin zur Verfügung.

Im Herbst 1685 endlich sollte es losgehen. Am 1. Oktober schrieb Kaempfer zwei Briefe an Bekannte in Königsberg. Einen an einen Freund TUNKELFELD, von dem er vor einiger Zeit einen Brief bekommen hatte, den er »mit getreuen Tränen eingesalbet«. In der Antwort heißt es sehr großartig:

»Ich reise von hier über die vornehmsten Höfe Indiens nach China und vertraue dem Glücke, womit der Himmel meine Kunst gesegnet, die an allen asiatischen Höfen vortrefflich gehalten wird.«

Er unterschreibt »Dein ergebener Knecht Nicanor«.

Der zweite Brief ist an den kurfürstlichen Advokat und öffentlichen Notar GEORG WEYER gerichtet. Dieser hatte – auf Empfehlung jenes Tunkelfeld – Kaempfer brieflich eine ehrenvolle Stellung in Königsberg, vielleicht ein Staatsamt, angeboten, »welches aber«, erwidert Kaempfer, »zu weit über meinen Horizont gehet. Die Natur hat mich mit gar zu schlechter Conduite versehen und meinen Fleiß von Jugend auf zu keinem andern Stande tüchtig gemacht, wie worin ich mich itzo befinde. Der Austritt wäre so gefährlich, als *irraisonable,* mit Ikarus Flügeln nach dem Himmel zu fliegen... Ich bin itzo begriffen, sobald unsere depêche mich entsendet, über Ormus in Indien und daselbst über Agra, Zeilon, Siam nach China zu reisen, beliebet dem Himmel anders mein Vorhaben, welchem ich alles anheimstelle. Viel Merkwürdiges passiert allhier nicht bei Regierung dieses gar zu ruheliebenden Königs Solyman. Europäische Potentaten bemühen sich vergebens, dies Reich zur Ruptur zu bringen (er meint den Bruch mit der Türkei), solange dieser Reichsverwalter das Regiment hat und des Schahs Herz in Händen führt, angemerkt er der türkischen secta (dem Sunnismus) heimlich zugetan, mehr der Türken als Christen Freund ist, an derer Grenze auch seine Güter gelegen, die die Unruhe des Krieges am ehesten empfinden werden...«

Also auch das Reich des Großmoguls, ja auch China hoffte Kaempfer zu Gesicht zu bekommen. Von Japan dagegen ist nicht die Rede.

Am 21. November 1685 reiste Kaempfer mit Herrn de Goes ab, um eine Geld-Kafila (Karawane) nach Bender Abbas zu geleiten und dann der dortigen Niederlassung als Medikus zu dienen, bis – ja, bis wann? Das hat dem gutgläubigen Indienfahrer gewiß niemand mitgeteilt, sonst wäre er vermutlich mit den allgemach zur Heimfahrt rüstenden Schweden zurückgereist. Die Schweden hatten ihn gern gehabt. Carsten Klingenstjerna war ihm ein Freund geworden. Vor dem Abschied trug er sich in Kaempfers Stammbuch ein. »Nichts Besseres gab uns der Schöpfer der Welt als die Zeit. Alles andere mag uns gleichgültig sein. Aber die Zeit ist unser. Darum nutze sie, und wenn Du nun gehst, möge die Tugend Dich führen, das Glück Dich geleiten, und was immer an Merkwürdigem in den Ländern Asiens Dir begegnen möge, nach glücklich vollbrachter Reise teile es auch dem mit, der immer Dein Dir tiefst verpflichteter und ergebenster Freund ist. C. Kl., schwedischer Baron.«

Die Herren der schwedischen Gesandtschaft gaben ihrem scheidenden Sekretär und Arzt noch eine Stunde weit das Geleite. Dann ward herzlicher Abschied genommen.

Die Karawane zog südwärts längs des Senderut und erreichte in zweiundvierzig Stunden eine Karawanserei, die nach dem Namen ihres Stifters Myrsa Ali Resa benannt war. Unterwegs begegnete ihnen der Sohn jenes Stifters, ein Neffe des Schahs. »Er war mit heißem Eisen geblendet, was man ihm, weil er lebhaften und offenen Gesichts grüßte, nicht ansehen konnte. Er hatte dem Frauenzimmer aus Laar Besuch gemacht, so in besagter Karawanserei mit sechs Kadschuwas (geschlossene Frauensänften auf Kamelen) angekommen waren. Diese Nacht verursachte der Regen unter den Kastraten, welche das Frauenzimmer begleiteten, ein verdrießliches Geschrei wegen Bergung ihrer unter freiem Himmel ausgelegten Sachen.«

Das Ziel des nächsten Tages war das Dorf Mayar, wo die Hunde, die den Reisenden beim Frühstück aufwarteten, »so religiös waren, daß sie durchaus kein Schweinefleisch essen wollten«. Dann wurde die Gegend wasserreicher

Jesdichast

und fruchtbarer. Bei KOMMESCHEH (Kumischah) bemerkte Kaempfer in den Gärten Ulmen, Orangen, böhmische Oliven, Maulbeeren. Der Weizen auf den Feldern stand schon ziemlich hoch. In der Karawanserei fand er die Namen etlicher Reisenden: Richard Palmer, A. Burchgraf 1678, Papier des Eteaux François Paris 1676, R. Casenbrodt 1663, F. Giacomo Venetiano 1674, J. Bondewynich 1675. Am 25. November kam man bis JESDECHAS (Jesdichast). »Die Stadt liegt so übereinander aufgehäuft und wie ein einziger Klumpen von lauter Lehm ineinander gepappt mit zum Entsetzen gefährlich hervorstehenden hölzernen schlechten Galerien, daß es einem schwindelt, hinunter zu schauen. Ist zwar ein altes, ganz fremdartiges und verwunderliches Werk, aber wahrlich ein recht garstig Eulennest, wovon der Unflat von allen Seiten abfließt. Der Abriß in meinen persischen Handzeichnungen stellt alles augenscheinlich vor.«

Leider sind diese Zeichnungen verlorengegangen. Reizvoll ist ein Vergleich von Kaempfers anschaulich nüchterner Schilderung des grotesken Felsennests mit der eines modern empfindenden Menschen, etwa B. Kellermanns (»Auf Persiens Karawanenstraßen«, S. 88).

Weiter ging es über Dehgardu, wo Kaempfer sah, wie die Weiber Zeltgewebe herstellten, »aus strohhalmdicken Fäden aus schwarzen Ziegenborsten und Schafhaaren«. Er beobachtete die Technik genau und hat sie im Tagebuch unter Beifügung von Zeichnungen erläutert. Das Dorf Asupas war von Georgiern oder Circassiern bewohnt. »Fürwahr, man konnte es an den freien Gesichtern der Weiber noch erkennen.« Bei Udschan wurde dem Lastvieh ein Rasttag vergönnt, da nun beschwerliches Bergland zu überwinden war. Die Landschaft zeigte ein andres Gesicht. »Obwohl alles klippicht und furchtbar anzusehen war, wuchsen doch aus allen Ritzen bittre Mandelsträuche hervor, und zu Tausenden standen Mastixbäume herum, aus denen das Terpentin gesammelt wird.« Das Tagebuch verzeichnet eine Menge Pflanzen. Bei dem volkreichen Dorfe Majin (Mayan) bemerkte Kaempfer »verwegene Physiognomien«. Nach Figueroa war es eine Kolonie armer Tscherkessen. Es waren dort Tabakpflanzungen angelegt. »So haben die Orangen, Pfirsiche und andre schöne Bäume, an denen früher das Dorf Überfluß hatte, diesem stinkenden Kraute weichen müssen.« Am 2. Dezember erreichte die Karawane Myrgaskuun (Murghab). »In der Karawanserei war die Wirtin eine häßliche, verwegene arme Hure, welche uns ihre Dienste anbot.«

Am nächsten Tage hatte Kaempfer eines seiner stärksten Erlebnisse. Zu ihm zu gelangen hatte er die grade Straße verlassen und einen Umweg gemacht nach Naksch-i-Rustem, zu den altpersischen Felsengräbern und zu den Ruinen des Dariuspalastes im ehemaligen Persepolis.

Was er in jenen drei Tagen beobachtet und in achtzehn meist figurenreichen, peinlich genauen Zeichnungen festgehalten hat, darüber hat er sich in seinen »Amoenitates exoticae« auf sechsundfünfzig Seiten verbreitet.

Kaempfer ist in der Reihe der Forscher, die jene berühmten Denkmäler altpersischer Baukunst genauer untersucht haben, einer der ersten. Chardin war elf Jahre vor ihm dort. Seine Reisebeschreibung – sie erschien in deutscher Übersetzung 1687 – hat Kaempfer vor Abfassung seiner »Amoenitates« gelesen. Carsten Niebuhr (1765 in Persien) hat das Verdienst, als erster die genauesten Aufnahmen, Messungen und Schriftproben geliefert zu haben, Ker Porter (1818), Künstler, fertigte als erster exakte Zeichnungen der Skulpturen an. Kaempfer behauptet sich durchaus neben diesen Forschern. Freilich irrt er öfter in der Deutung der Skulpturen. Mit dem seltsamen geflügelten Wesen – das den Ahuramazda darstellt – weiß er nichts anzufangen. Doch aber habe er es, beteuert er, bis ins einzelne genau gezeichnet, anders als der

Franzose THEVENOT in seiner Reisebeschreibung oder der Engländer THOMAS HYDE in seiner Religionsgeschichte der alten Perser und Meder, dessen Abbildung »vermutlich nur nach der Erzählung eines von dort zurückkehrenden Reisenden aus der Phantasie entworfen ist, wie ja die meisten Darstellungen in Reisebeschreibungen«. KARL RITTER zieht in seinem großen Asienwerk, 8. Teil, 3. Bd. (1838), zur Feststellung des Denkmäler-Befundes Kaempfers »Amoenitates« auf Schritt und Tritt heran, zumal dieser mehreres erwähne, was sonst keiner beobachtet habe.

Richtig bemerkt er, daß die verschiedenen Darstellungen nicht derselben Zeit entstammen. Das Erstaunlichste aber bleibt die übermenschliche zeichnerische Leistung, die er in drei Tagen vollbrachte. Es ist kaum zu fassen, daß er in dieser Zeit so zahlreiche in Einzelheiten überreiche Zeichnungen – darunter zwei große Gesamtansichten von Persepolis – mit solcher Genauigkeit aufs Papier bringen konnte.

Um die Figuren an den Felsengräbern zu zeichnen, klettert er in den gegenüberliegenden Felsritzen hoch. Er findet auf einem Bildwerk Schriftzeichen, die zu kopieren er leider durch die hereinbrechende Dunkelheit gehindert wird. Nur so viel glaubt er zu erkennen, daß sie an syrische und hebräische Buchstaben erinnern. Mit den Schriftformen des heutigen Orients – den chinesischen, japanischen, siamesischen, palischen, javanischen, malabarischen, Sanskrit, georgischen, armenischen – habe er kaum irgendwelche Ähnlichkeit gefunden. Also hat er sie mit allen jenen verglichen!

Die Reisenden wandten sich dann zur Linken und kamen nach einstündigem Ritt in der Dunkelheit zu dem Dorf MYRGASCUUN.

Am andern Morgen bei Tagesanbruch gelangte er in einer halben Stunde zu der zweiten Sehenswürdigkeit, den Resten der Paläste des Darius und Xerxes, ISTACHR genannt oder auch TSCHEHIL MENAAR, d. h. vierzig Säulen. Kaempfer schaute, maß und zeichnete. Er beschreibt den Aufstieg zu der 10 Meter hohen Terrasse auf der berühmten Doppeltreppe. Er zählt 55 Stufen auf der einen, 58 auf der andern Seite. Die Stufen sind aus großen Blöcken herausgehauen, meist 12 aus einem einzigen Stein. Sie sind nur etwa eine Handbreit hoch und so lang, »daß man bequem auf die Terrasse hinaufreiten könnte«. Die Wandungen bestehen aus blauschwarzen, glänzend polierten Quadern von staunenswerter Größe. Die kleineren sind zwei bis drei, die größeren vier und mehr Schritt lang. Sie sollen aus dem dort anstehenden Felsen gewonnen sein, »eine Arbeit, die menschliche Kräfte überstiegen hätte«.

Stark zogen ihn an die Tafeln mit Keilinschriften, die NIEBUHR später vollständig und genau kopierte und GROTEFEND, LASSEN und RAWLINSON entziffert haben. Kaempfer kopierte wenigstens eine der Inschrifttafeln, was wegen der Höhe ihres Platzes und der Sonnenstrahlen sehr mühsam und zeitraubend war. Die Zeit drängte, und es gab so viel zu sehen und zu zeichnen. »Wenn jemand von all diesen Baulichkeiten die Skulpturen, Inschriften, Maße, Schmuckformen und das sonst Bemerkenswerte mit sorgfältigem Stifte kopieren wollte, würden ihm dazu kaum zwei Monate hinreichen. Ich werde, so viel ich im knappen Zeitraum von drei Tagen erreichen konnte, in denen ich mir keine Zeit zum Essen gelassen habe, getreulich mitteilen.«

Dann folgt die eingehende Beschreibung der Ruinen des Dariuspalastes, von dem noch siebzehn Säulen aufrecht standen. Aus der Anordnung und den Spuren glaubt er auf ursprünglich zweiundsiebzig schließen zu dürfen. Heute nimmt man hundert an.

Die ungeheure Augen-, Hand- und Gehirnarbeit, die Kaempfer in jenen drei Tagen leistete, ist auch an der zittrigen, kaum lesbaren Handschrift seiner Tagebucheintragungen der nächsten Tage zu merken.

In später Nacht brach er auf und erreichte nach zwölfstündigem Ritt SCHIRAS.

Kaempfer hat vier Tage in der Stadt der Dichter, der Rosen und des Weins geweilt, und es versteht sich von selbst, daß er allen dreien seine Aufmerksamkeit schenkte. Eingehend schildert er Anbau, Kelterei und Vertrieb des köstlichen Weins, dessen Geschmack er mit dem des Burgunders und Champagners vergleicht. Wir beschränken uns auf die Einleitung des Kapitels, die von den Rosen handelt.

»Kein Ort der Welt kann sich mit Schiras an Pracht und Fülle der Rosen und Trauben messen. Wie von allen Ländern der Erde Persien die meisten und wohlriechendsten Rosen hervorbringt, so übertrifft Schiras und seine Umgebung wieder die andern Provinzen an Üppigkeit und Duft seiner Rosen.

Ihr Öl wird mit großen Mühen durch ganz Indien und auch durch die persischen Provinzen versandt, in Flaschen von der Form des Buchstabens e. Es ist bei allen möglichen Gastmählern und Freundschaftsgelagen als besonderer Luxus begehrt. Mit Zimt und weißem Zucker gekocht trinkt man es – zwischen dem Kaffeeschlürfen – einander zu. Ankommende Gäste besprengt man mit ihm zur Begrüßung. Ja, dies Besprengen wiederholt sich beim Hauptgange, wenn man nicht etwa Arachi-fiduch vorzieht – das ist ein Saft, der aus den Blüten des weißen Jasmins, des Weins, der Orange, der Lilie und der böhmischen Olive gewonnen wird –, oder endlich Arachi Büdmisk, die Säfte der hier sehr häufigen Muskatweide (Salix moscata), die einen geradezu himmlischen Duft verbreiten. Die Süßigkeit des Rosendufts erhöht noch ein Zusatz von geschabtem Sandelholz, den einige bei der Destillation den Rosen beimengen.

Infolge des umfangreichen Gebrauchs bei den auf Rauschgetränke verzichtenden Völkern übertrifft dies Rosenwasser den Preis des Weins. Und die Rosen werden ziemlich teuer verkauft.

Es ist eine Besonderheit der Rose von Schiras, daß sie bei der Destillation ein butterartiges Fett absondert, das man Aettr-gyl nennt. Dies Öl ist wertvoller als Gold, da kein Duft so entzückend und süß ist. Man kann daraus schließen, daß die Rose jener Flora um Persepolis einer wärmeren Natur angehört.

Einen eigenen Namen hat die Rose bei den Persern nicht. Sie heißt einfach ›die Blume‹.«

Von der herrlich gelegenen Stadt entwirft Kaempfer ein anschauliches begeistertes Bild. Natürlich besuchte er auch die Gräber der beiden großen persischen Dichter HAFIS und SAADI. Er schreibt dabei über Hafis das Folgende:

»Godsja Hafes ist der anmutigste Verfasser von Gedanken der Lebensweisheit in gebundener Rede, aber er ist überaus schwer zu lesen. Nur Gelehrte können ihn verstehen und werden ihn stets bewundern. Sein Stil ist knapp und wuchtig, der Satzbau bringt die Gedanken zu stärkster Wirkung, die Worte sind voll Geist und Witz, die Verknüpfung der Gedanken leicht und flüssig, so daß, wer ein Wörtchen ändert oder fortnimmt, die Anmut des Ganzen zerstört. Man glaubt, seine Gedichte seien aus göttlicher Inspiration geschaffen und von geheimnisvoller Tiefe. Das abergläubische Volk erfragt aus ihnen den Ausgang zweifelhafter Unternehmungen und holt sich Rat für geplante, es nimmt den Satz als Orakel, auf den es beim Aufschlagen des Buches zufällig stößt, und liest daraus Zustimmung oder Ablehnung. Der Dichter wird also mit vollem Recht der weiseste des Orients genannt und darf an Bildung und Würde mit Homer verglichen werden, darin freilich vom Geschick weit mehr begünstigt, daß er für seine Muse ein ruhiges Heim im Schoß der väterlichen Handelsstadt fand und einen letzten Ruheplatz in ihrer Vorstadt Muselli oder, wie die Leute sprechen, ›Musalla‹.

Seine Grabstätte ist ein geräumiges Quadrat, von vereinzelten Pappeln beschattet. Den Eingang schmückt zu beiden Seiten ein aus Stein gehauener Löwe. Die Mauer ist aus Ziegelsteinen sauber gemauert und bekommt einen Teil ihrer Schönheit von den Zypressen des umliegenden Gartens. Der Boden ist mit Steinen und einer reichen Saat von Gräbern bedeckt, von Männern, die hier unter dem Schirm des Dichters beerdigt zu werden wünschten. Ein Wasserbecken ist da, religiöser Waschung geweiht, das sein Wasser durch eine Röhrenleitung empfängt. Den aus dem benachbarten Friedhof Eintretenden empfängt ein Wächter und geleitet ihn zu dem kleinen Hofplatz des Grabmals. Hier sitzt in einer Nische ein Vorleser, ein Mollah oder Studierender und liest über den Toten in einem fort Worte aus dem Koran vor. Hat er sein Pensum erledigt, löst ihn ein zweiter und dritter ab.«

Nach der Schilderung von Saadis Grabstätte, die wir hier übergehen, äußert Kaempfer sich über die hohe Schätzung, die beide Dichter in ihrem Volke genießen.

»Beider Schriftsteller Werke werden so hoch geschätzt, daß man behauptet, wer sie nicht gelesen habe und ihre Lebensweisheit nicht verehre, sei kein guter Mensch. Man findet sie in Hochschulen und Volksschulen, in Palästen und Hütten, in Werkstätten und Kneipen. Man kann sich nicht genug darüber wundern, mit wie hohem Genuß das müßige Volk draußen und in Werkstätten, ja selbst in den Kaffeehäusern – die unsern Wein- und Bierkneipen entsprechen – immer wieder diese Schriften liest und sich daran erbaut: wer den aufmerksamen Zuhörern vorliest, schließt zwischendurch immer wieder das Buch, um eine Pause des Nachsinnens einzufügen, bis dann irgend etwas dazwischenkommt, was die Sitzung unterbricht.«

In Schiras schrieb der Pater Athanasius in Kaempfers Stammbuch: »Qui multum peregrinantur, raro sanctificantur« (Die viel reisen, werden selten fromm). »In allem erhebe deine Augen zu dem Überirdischen, auf daß an dir sich jenes Wort nicht erfülle.«

»Am 8. Dezember 1685 reisten wir weiter und kamen bis Kar Baba Hadschi. (Schrift und Zeichnungen werden hier sehr flüchtig und oft unleserlich.)

Am 10. in Toriichi. Hörten dort die Geschichte des Arztes Lochman. Er war berühmt durch seine Kunst, weil er die Gnade hatte, daß ihm alle Kräuter, so daselbst gar edel und in großer Varietät auf dem kühlen Gebirge stehen, auf seine Fragen Antwort gaben, wozu sie dienten und zu welcher Medizin man sie gebrauchen könnte. Sein Tod hat folgende bemerkenswerte Fabel hinterlassen. Wie er sterben sollte, hat er drei verschiedene Gläser mit einem Lebensbalsam hergerichtet, von solcher Kraft, daß sie dem jüngst Gestorbenen das Leben wiederzugeben vermöchten. Diese unschätzbare Tinktur wollte er an niemand als seinem eigenen Leibe probieren. Er empfahl sie deshalb seinem Schüler. Wenn er, Lochman, gestorben, solle jener ihm diese Tinktur zubereitet hereinbringen, warm machen und ihm die hergerichteten Gläser nacheinander fein glimpflich über den Leib gießen und damit bestreichen. Der Schüler ist seines Meisters Befehle nachgekommen. Wie er das erste Glas übergegossen, hat sich der Tote gerührt. Jener appliziert das andere, nach welchem Lochman einen tiefen Atem holte. Das dritte Glas zerbrach der unglückliche Diener oder ließ es vielleicht vor Schreck zu Boden fallen. Also mußte der große Arzt tot und als eine Sepultur daliegen bleiben. (Diese Geschichte berichtet mit einigen Abweichungen schon Olearius in seiner Reisebeschreibung bei der Stadt Kaswin, wo Lochman geboren sein soll.)

Am 11. Dezember, neuneinhalb Stunden gereist nach Kar Musar und dem Tadewanschen Gebirge. Dort ist die Grabstätte des Dschumast, eines Neffen des Arztes Lochman. Er hatte in dem Glücksbuche gefunden, daß er seinen Tod von einem Skorpion zu erwarten hatte. Wie der Unglückstag erschien, setzte er sich auf ein bloßes Pferd ohne Sattel und Zeug und ritt in ein Wasser, in der Meinung, daselbst den Tag zu verharren, woselbst ihm ein solch schädliches Tier nicht beikommen könnte. So gedachte er sein Fatum zunichte zu machen. Sed latebat anguis in herba, freies Zitat nach dem Sprichwort

Auszug des Schahs zum Kamelopfer. Rechts, Torturm als Taubenhaus

Kaempfer zeichnet die Ruinen von Persepolis

»Latet anguis in herba« (Im Grase verbirgt sich eine Schlange) aus Vergils Eklogen. Denn der Skorpion saß in der Mähne des Pferdes verborgen und brachte diesem so vorsichtigen Dschumast einen unverhofften giftigen Stich in die Hand bei, daß er seinen Geist darüber verlor.

12. Dezember. Ein harter Regen überfiel uns und begleitete uns bis MENDSCHIL den ganzen Tag und die halbe Nacht mit einem so furchtbaren Sturm, daß er verschiedene Tamariskenbäume zerbrach. Es ist hier »Germesir«, d. h. »warmes Land«, ungeachtet des häufigen Regens. Der Ort ist anzusehen wie ein einziger Wald von Dattelpalmen, die außerhalb der Gärten wachsen. Es waren die höchsten Dattelbäume, die ich jemals gesehen, die besten, die Persien hervorbringt. Sie stehen nicht hinter denen von BASRA zurück. Viele werden exportiert. Die Kultur der Palme verdiente besonders behandelt zu werden. Ich habe das an andrer Stelle getan. Unsere Karawanserei lag außerhalb der Mauern am Königswege. Sie war ziemlich groß und hatte saubere Kammern. Unter den eingeritzten Kaufmannsnamen fand ich Bartel Kemels O T (= obiit, starb) 15. M. 1665, »der allhier seine ewige Mendschil gemacht«. (Mendschil = Aufenthalt, Bleibe.)

13. Dezember. Wegen Platzregens und um das Lastvieh zu schonen hat man heute stillgelegen.«

Kaempfer benutzt die Zeit dazu, die Zubereitung des in Europa damals noch fast unbekannten Kaffees eingehend zu studieren. Seine Aufzeichnungen darüber sind so lustig, daß sie – auch als Probe seines gelehrten Stils – buchstabengetreu wiedergegeben seien.

»In Besuchung des publiquen Kafahauses habe die coctionem (das Kochen) der Kava observirt. Diese kleine Bohnen werden nirgends von dannen gebracht, als aus dem einigen Mocha felicis Arabiae (Mokka im »glücklichen Arabien«). Diese bohngens werden gebraten in einer platten eisernen Pfannen mit stetem Umrühren über ein Kohlefeuer, bis sie ziemlich rauchen und braunschwarz geworden. Dann werden sie sobald sie genug gebraten in einen orbiculum (Kreis) ausgeschüttet und also warm oder wenn sie erkaltet in einem steinernen Mörser gestoßen, gar lange und je länger je besser. Man sieht in allen Staaten Persiens an denen Basaren und Wegen solcher profession Tagelöhner, die in einem großen und fäst eingemauerten Steinmörser mit großer Gewalt den Kafa stoßen und im Schweiße ihres Angesichts diese Arbeit von morgen bis abends bedienen, maßen der steinerne Stoßer so groß und schwer, daß sie ihn nicht sonder mühsame Kraft jedesmal, wenn sie zustoßen, bis über das Haupt aufheben. Wann dieses brandige Pulver durch sotanes Stoßen genugsam gequalifiziert, so dient es zu folgendem Gebrauch. Man nimb ein Löffel voll dieses Pulvers – das frisch gebrannte ist das beste – und tuts in ein halb püntche heiß Wasser, so schon in einer kupfernen bezinnten Känchen – so spanlang – beim Feuer steht, tut den Deckel zu, belegt das Känchen mit wenigem Kohlefeuer, daß es gemächlich in sich für fünf Vaterunser lang aufkoche. Dann stürzt man in dieses siedende Cafa Wasser, zwei Löffel voll kalt Wasser welches das oleum eleviert (das Öl mildert). Steht darnach noch für drei Paternoster lang beim Feuer. Dann ists bereit und wird aus kleinen Köpfen herumbgegeben also heiß mans vertragen kann exsorbiert. Von diesem Tranke befinde ich, daß er gewaltig die humores exsiccieret (die Feuchtigkeiten austrocknet) und denen phlegmaticis besonders gut ist. Dann, daß es alvum sehr constipiert (den Unterleib zusammenpreßt) und dahero in exsiccatione necessaria (der notwendigen Austrocknung) ein contra Iudicans (Gegenwirkung) bei ihm habe. Drittens, daß es, so es stetig genutzt wird, eine melancholische siccam et frigidam complexionem (trockene und frostige Verfassung) mache, wie man an den mageren schwarzbärtigen Caveschleckers alle mahl siehet und der schwarze Charakter dieses betrübten Kohltranks anzeiget.«

14. Dezember. Über das Dscharunsche (Jahrum) Gebirge bis Kardschahitalg, sechs Farsach. Das altpersische Maß – bei Xenophon »Parasange« – berechnet Kaempfer mit fünf Kilometern. Heute beträgt es 6,7 Kilometer. Dieser Bergweg ist dem Rudbarschen überlegen. Dadurch, daß er schlimmer und mit großen, rauhen, losen Steinen überall bedeckt ist. Auch ist es grausam anzusehen, wie der Weg von oben und unten, zur Seite und fast über schrecklichen Felshöhlen angemauert ist. Er ist sehr gewunden, so daß vier Farsach nicht mehr als eineinhalb in grader Line ausmachen.

(Es folgen seitenlange genaue Wegangaben mit Himmelsrichtungen und Entfernungen und eine dünne Zeichnung der großartigen Gegend.)

»... Noch einen andern Brunnen fand ich. Wie tief er auch war, so wohnten doch zuunterst die Feldtauben darin, welche durch kein Steinewerfen herauszubringen waren. Wenn man sich auch seit einigen tausend Jahren mit dem Hereinwerfen von Steinen mag belustigt haben, war er noch so tief, daß man dreißig zählen konnte, ehe der Stein den trockenen Grund traf, woselbst er, wenn er groß war, ein großes Gesause und zuletzt einen Knall gab, wie bei einer gelösten Muskete. Um dieses Palladium als ein unerschöpfliches Füllhorn standen die dicksten Bollwerk- und Schutzmauern, drei bis vier Schritt dick. Über diesem allerremerkabelsten Pütte war noch etwa zwanzig Schritt höher ein rundgemauertes Endchen ... In zehn Schritt Breite war der Fels mit gemeißelten Figuren bedeckt.

17. Dezember. Den Dscharwardar zu begrüßen, stillgelegen.

18. Dezember. Zu dem großen Dorfe Biriis kamen wir nach einem Marsch durch ödes Felsgebirge. Das Dorf ist angenehm und groß und hat einiges Ackerland um sich. Vier Ochsen – sie hatten Höcker auf dem Nacken – zogen das Grundwasser aus einem Pütt.

19. Dezember. Durch Wüsten, Felsen, Hügel, Berge bis Laar. Unterwegs hatte ein laarscher Chan mit unbegreiflicher Mühe vierzig Klafter tief durch den Felsengrund einen Ziehbrunnen gehauen und für all seine Mühe zuletzt

nur Brackwasser bekommen. Er wird noch gebraucht und gibt nach Einwurf eines Steins einen furchtbaren Klang. Laar liegt in einer Ebene zwischen den Bergen. Es hat vierzig Tangen (Zisternen), aber auch fließendes Wasser, das aber nicht gut ist. Es hat zu seiner natürlichen Befestigung noch ein von den Portugiesen erbautes Fort und platte Lehmhäuser mit vielen Windfängen. Es hat auch einen kleinen Basar mit Kirchengewölbe und Tor, der als der schönste in ganz Persien berühmt ist. Hinter den Häusern liegen größere Gärten. Darin wuchsen viele kleine Limonen – und große Orangen – und Apfelbäume. Auch Kirschen und Dattelpalmen. Der Jasmin stand in Blüte.

In dieser Stadt hat die mildreiche Mutter, unsere Kompanie, ihren Dienern als Erholungsstätte für die heiße Zeit eine bequeme Wohnstelle nebst einem angenehmen Garten verschafft. Aber der Vormünder (er meint die Direktoren der Holländisch-Ostindischen Kompanie) Gift und Geiz gönnt diese Erquickstunden lieber den Fledermäusen und läßt ihre Untergebenen in der Gamronschen Hölle tausend Plagen und Jammer ausstehen.

24. Dezember. In der Karawanserei KAR TENGI DALUN notierte er die Inschriften: Virtus nobilitat (Tüchtigkeit adelt) J. S. V. Termut 1677, J. Gunter, S. Trouvers 1652, Wilhelm Andres v. Adrichen 1655, Dotcher S. Milandt 1654.

25. Dezember. Kar Guri Besserguun (Gaurbasirgan). Wir sahen grüne Bäume und Kräuter (von denen lange Beschreibungen folgen). In der Karawanserei fanden wir eingeritzt dies Epigramm aus dem Gulistaan, dem ›Rosengarten‹ des Dichters Saadi:

Tschehuun Karawaanserà, wa ma Karawaam iim,
Der Karawaanserà, ne konèd Karawaan serà.

Ein geistreiches Wortspiel mit dem Namen der Karawanserei, Tschehun – dasselbe Wort bedeutet sonst ›Welt‹. Kaempfer erläutert den Satz in den ›Amoenitates exoticae‹, S. 735. Deutsch könnte man etwa so übersetzen, ohne freilich das Wortspiel wiedergeben zu können:

›Die Welt ist eine Karawanserei und wir eine Karawane.
Macht aus dieser Karawanserei keine Dauerstätte.‹

27. Dezember. Nach Kar ..., zu einem Fluß mit Namen Gedschit. Davor ein Schilfdörflein, von Lappen und Stroh erbaut. Kaum waren wir eingetreten, da fanden sich zwanzig Weiber ein mit Butter und Milch und nötigten uns mit Gewalt die Sachen auf. Sie hatten bloße Gesichter und trugen in den Ohren und Nasen große Ringe, hatten auch silberne Nägel in den Nasen stekken, so daß der Knorpel durchbohrt war. Sonst waren sie mit schweren Armbändern geschmückt und trugen Kleider aus schwarzer Ziegenhaar-Leinwand.

Ein langes ebensolches Tuch trugen sie locker über Kopf und Schulter gehängt. Ihre Statur war schmal und lang, doch nicht zu mager, ihre Farbe braun, aber sie waren dabei nicht häßlich und hatten freie Manieren zu sprechen. Sie vergönnten uns ihre Gegenwart und Geplauder ... Unter diesen Weibern wird also Regiment gehalten: Die Älteste nennen sie Sultan. Die andre noch junge Frau war ihre Untergebene. Wie diese beiden sprachen und befahlen, danach richteten sich die andern, und es wurde allzeit Order pariert. Kein Mann läßt sich blicken. Diese warten ihrer Ziegen, des Hauses und der Arbeit. Sie leben von Viehzucht und bringen Butter und saure Milch nach Gamron zum Verkauf.

Die Ziegen hier sollen sich mit den Bergböcken belaufen, sind meistens arabischer Art, d. i. glatt von Haar. Man schlachtet sie ungern und behält sie lieber zur Zucht.

(Es folgt eine eingehende Beschreibung der Tiere und verschiedener Pflanzen.)

28. Dezember. Nach Gamron oder Bender Abassi. Auf dem Wege schon sahen wir die Insel Kismìs (Kischm) und ein Schiff auf der Reede. Dann zogen wir durch die Dattelgärten und rare Büsche nach dem weltbekannten und durch Persien gesegnet-gepriesenen, aber in Wahrheit welt-unfruchtbarsten, trockensten, allerheißesten, giftigsten, ungesundesten, verfluchtesten und der Hölle nächst verwandtesten ormusschen Seehafenstadt Gamron oder Bender-Abbas. Woselbst wir beim ersten Eintritt in unsre Residenz in der Pforte die schwarze Leiche eines alten Bedienten fanden – eine trübe Frucht dieser höllischen Luft –, die wir, nachdem wir die Diener begrüßt, alsbald mit beerdigen halfen. So machten wir mit unsern Angelegenheiten bei den Toten einen Anfang. Was dies böse Omen bedeutet, weiß Gott, welchem ich Glück, Leben und Tod in seine gnädige Disposition anheimstelle und für diese abermalige mit Glück und Gesundheit abgelegte Reise ewig und von Herzen Dank sage. *Laus deo.*«

Nach seinen Tagebuchbemerkungen war Kaempfer einigermaßen im klaren darüber, was ein Leben in Bender-Abbas bedeutete. Er nahm es als nicht zu umgehende Durchgangsstation auf dem Wege nach Indien auf sich. Aber die Wirklichkeit überbot seine schlimmsten Befürchtungen.

»An der ganzen Küste«, heißt es in den *»Amoenitates«*, »lebt kein Mensch in so ungünstigem und bösartigem Klima wie die Bewohner der Stadt Ghamroon oder, wie man richtiger schreibt, Gumru oder endlich mit ihrem neueren Namen Bender-Abasi, d. h. Hafen des Schahs Abbas. Sie liegt gegenüber der einst blühenden Residenz der Herrscher von Kirman, der Insel Ormus, von deren Untergang die Entstehung von Bender-Abbas datiert. Die Stadt hat schlecht gebaute, unregelmäßig verstreute Häuser, ist aber berühmt wegen der Menge der Fremden wie ihrer eigenen Einwohner und wegen des Umfangs ihres Handels. Es wohnen hier Afrikaner, Araber, Inder, Perser, Armenier und Europäer. Die Mehrzahl der Bewohner sind Multhanen oder Benjanen, das sind Angehörige des gebildetsten und frommsten Stammes Indiens.

Man wundert sich, wie öde und leer die volkreiche Stadt im Sommer daliegt. Nicht der hundertste Teil ihrer Bewohner hält die Hundstagshitze dort aus. Wer in dem Fegefeuer den Sommer verbringen wollte, würde nicht einmal einen Bettler für noch so hohen Lohn als Diener bekommen. Freilich: bei reicheren Häusern bleibt etwa ein Diener als Wächter zurück oder ein alter Freigelassener oder auch eine alte Magd, die aber, damit sie nicht dem Klima zum Opfer fällt, um die Mitte der Hitzeperiode abgelöst wird.

Allein die Holländer, die hier den Handel der berühmten Kompanie versehen, verlassen wunderbarerweise die Küste nicht, sondern bieten mit ihren zähen Körpern dem mörderischen Himmel Trotz, ohne zu zagen vor dem täglichen aufreibenden Kampf und vor den Totenbahren ihrer vom Fieber hingerafften Genossen, ohne sich warnen zu lassen durch das Beispiel der Eingeborenen, die, obwohl besonders an das Klima gewöhnt, dennoch zeitig die Flucht ergreifen, um das Germesir – so nennen sie das heiße Land – mit dem Serhed (Serhadd) – dem gemäßigten Klima – zu vertauschen...

Die Stadt ist nach Westen mit Mauern und Toren abgeschlossen. Das übrige, auch die Seeseite, hat keine Befestigungen. Nur an den beiden Enden der Stadt erhebt sich am Gestade eine mit Geschützen bestückte Bastion. Die im Osten liegende Burg ist verfallen. Der Markt ist gut besucht, die Basare sind reich an Waren. Moscheen und Karawansereien sind ohne alle Pracht, Straßen und Gassen schmutzig, unregelmäßig, eng, zum Teil überwölbt und düster. Ebenso die Wohnungen, ausgenommen die des Statthalters, seines Stellvertreters, der Holländer, der Engländer und einiger Benjanen. Die nach dem Meere hin gelegenen Häuser sind aus Stein, die andern wie Schafställe aus Lehm, Schilf und Palmenblättern leicht zusammengepappt.

Von den Bürgern sind die Perser Beamte, Handwerker, Krämer, Köche und Händler mit Erfrischungen, die Benjanen (Inder) sind reiche Kaufleute, einige wenige auch Goldschmiede und Krämer. Die andern sind Fischer und Lastträger, die vorzeiten aus Madagaskar und Arabien hierher geflüchtet sind. Angehörige dreier Religionen gibt es hier: Mohammedaner, Juden und Benjanen, die ihre heimische Religion haben. Ich würde die Christen hinzufügen, nämlich die Europäer und Armenier. Aber diese unterhalten als Ortsfremde keine eigenen Priester. Väter der Mission kommen zuweilen durch und halten ihre Gottesdienste im Hause der Portugiesen in Gegenwart ganz weniger Farbigen, deren Eltern einst von den Portugiesen bekehrt worden sind.

Die Luft der Gegend und besonders der Stadt, so klar sie auch ist, ist dennoch höchst ungesund. Einmal wegen der ungeheuren Hitze, dann aber auch wegen des häufigen plötzlichen Wechsels ins Gegenteil, ferner auch wegen der schädlichen, schweflig-arsenikalischen Ausdünstungen der Erde. Während den größten Teil des Jahres hindurch eine vernichtende feuchte Hitze herrscht, schaudert man im Winter vor Sonnenaufgang vor heftigster Kälte. Der von Süden kommende Seewind bringt zwar erfrischende Kühlung, ist aber meist so feucht, daß er im Augenblick die Haut, den Boden und alle festen Körper naß macht. Der Südwest aber ist stürmisch und schädlich, bringt Gluthitze und trocknet im Augenblick die Oberfläche des Körpers aus und macht die Haut spröde. Vom Ostwind gilt, allerdings in milderer Form, das gleiche. Den Nord ersehnt man vergebens, weil die Berge ihn nur ganz selten so weit kommen lassen. Wie schädlich dieser Wechsel ist, haben wir Fremde zu unserm Schaden erfahren. Kaum die Hälfte der Zeit sind wir gesund und keiner so vollständig, daß er nicht im Kampf mit dem Fieber und andern Unzuträglichkeiten dauernd an Körper und Geist schlaff ist.

An Lebensmitteln mangelt es dabei keineswegs, wenn man das nötige Geld hat. Fische gibt es in Menge und großer Auswahl. Auch Muscheln und Austern, ebenso Geflügel. Eier, wenn sie älter sind als drei Tage, zeigen schon die Anfänge des Kükens. Lamm- und Hammelfleisch gibt es reichlich und gut. Ziegen verschmähen wenigstens die Feinschmecker, weil sie Würmer haben. Kalb- und Rindfleisch ist verpönt. Die Benjanen tasten es nicht an. Die zahlreichen Palmgärten liefern eine Unmasse von Datteln ...

Gemauerte Zisternen sammeln im Winter das Regenwasser, das die Leute trinken. Die Reicheren lassen sich auf Kamelen und Eseln das Wasser aus dem Innern des Landes holen. Die Europäer trinken es mit Wein, den sie mit Rosenwasser von Schiras in langen Karawanen herbeischaffen lassen, um ihn dann weiter nach Indien zu befördern ...«

Über Kaempfers Leben in Bender-Abbas werden wir durch seine *»Amoenitates«* und mehrere Briefe gut unterrichtet. Sein höchster Vorgesetzter, VAN HEUVEL, Direktor der Holländischen Kompanie in Persien, war, so scheint es, in Isfahan zurückgeblieben. Kaempfer schickte ihm sogleich einen Bericht über den glücklichen Verlauf der Reise. Dabei kennzeichnet es sein feines Gewissen, daß er sich verpflichtet fühlte, seinen dreitägigen Umweg zu den Ruinen von Persepolis nicht zu verschweigen. Er habe versäumt zuvor die Erlaubnis dazu einzuholen, doch sei er gewiß, daß der Herr Direktor sie ihm nicht versagt hätte. Nach allem, was Kaempfer an Widrigkeiten von diesem Vorgesetzten erleben sollte, wird anzunehmen sein, daß auch jenes freimütige Bekenntnis ihm eher zum Schaden ausschlug.

»Ich bin hierher gekommen wie in ein Krankenhaus, aber es mangelt hier, von schmutzigen Salben abgesehen, an richtigen Heilmitteln. Ich werde also um solche bitten müssen«, schreibt er weiter in jenem vertrauensvollen Briefe an »seinen Vater und Patron«.

Schon bald erfuhr Kaempfer am eigenen Leibe die schlimmen Wirkungen des Klimas. Er erkrankte und erhielt von dem Direktor Urlaub zu einem Ausflug, vermutlich ins Gebirge, ohne jedoch Heilung zu finden. Vielmehr wurde sein Zustand immer bedenklicher. Zwei Monate schleppte er sich mit einer quälenden Wassersucht herum, die er nach Möglichkeit vor den Leuten zu verbergen suchte, »damit man nicht dem Arzt mißtraue«. Kaum von diesem Leiden befreit fiel er Anfang Juni einem andern zum Opfer, das er *Maligna Tertiana Duplex* nennt. Bei der Urinprüfung ergab sich, daß er an hektischem Fieber und Auszehrung litt, »was man Phthisis nennt«. Das Lungenleiden verschlimmerte sich so, daß er nur mühsam und nur liegend Atem holen konnte. »So wache ich«, heißt es in einem Brief an van Heuvel, »die Nächte in tausend Ängsten und irre durch die Räume des Hauses...«

Er war genötigt, erneut um Urlaub zu bitten. Aber seine Bitte wurde abgeschlagen. Was sollte er tun? Brav und folgsam im Feuerofen Gamron ausharren? Das hieß mit Sicherheit: das Ende erwarten.

So beurlaubte er sich selber und flüchtete ins Gebirge – für einen gewissenhaften Menschen, wie er war, gewiß ein schwerer Entschluß, der ihn sein Amt – und die Reise nach Indien! – kosten konnte. Er tat es wohl im Vertrauen auf einen mächtigen Gönner, den er gefunden hatte in dem Vizeadmiral der holländischen Flotte, die damals vor der Stadt ankerte.

WIBRAND LYKOCHTHON war außerordentlicher Rat in Holländisch-Indien, residierte im allgemeinen in Batavia und wurde später Direktor in Bender-Abbas. Was dieser edle Mann dem deutschen Forscher gewesen ist, bezeugt am besten der schmerzvolle Brief, den Kaempfer vierzehn Jahre später auf die Nachricht von seines Gönners Tode an seinen Freund Daniel Parve schrieb.

»O über den Jammertag, der mir meinen Augustus, meinen Schirmherrn und Vater entriß! Ich Unglücklicher! Schon bei dem Namen Wibrand pflegte ich aufzuleben... Persien habe ich unter diesem Namen geliebt, weil es zuerst mich mit der Freundschaft dieses Mannes beglückt hat, des bescheidensten, liebenswertesten, lautersten Menschen, den die Erde trug. Vergib, daß ich mein Herz entlaste! Aber ohne Rücksicht auf seinen hohen Rang nahm er mich, den Fremden, ohne weiteres unter seine vertrautesten Freunde auf. Ohne Prahlerei sage ich es, nicht ohne Tränen: von unsrer ersten Begegnung an verband unsre Herzen eine Sympathie, so sehr, daß es hernach jedem beschwerlich war, den andern auch nur für ein Stündchen zu entbehren. Wir hatten die gleichen Neigungen und Abneigungen, Freunde und Feinde. So hat er mich in Persien sich verpflichtet, hat er später in Batavia unzählige Wohltaten auf mich gehäuft, wofür ich nun nicht mehr dem Lebenden, nur noch der Seele Lykochthons verpflichtet bleibe. Du hattest mich durch die Nachricht von seiner bevorstehenden Rückkehr so überglücklich gemacht. Und nun! Alles verloren! Ich kann meine Liebe nicht anders mehr betätigen, als indem ich sein Gedächtnis ehre, so lange noch ein Atemzug meine Glieder belebt ... Wie ich Deines seligen Vaters Johannes und Bruders Cornelius Namen und Epitaphien in meinem Studierzimmer aufgehängt habe, so werde ich jetzt auch den Namen Lykochthon in meinem Schlafzimmer aufhängen mit der Inschrift ›Lykochthon starb‹.«

Alles dies ist übrigens in lateinischer Sprache ausgedrückt. Seltsam der Gedanke, daß der Schreiber es in seiner Muttersprache schwerlich so innig hätte aussprechen können.

Auf dieses Mannes schirmende Hand – so wird man annehmen dürfen – vertraute der Schwerkranke, als er jene eigenmächtige Urlaubsreise antrat. In jene Zeit gehört wohl auch ein im Entwurf undatierter Brief an Lykochthon.

»Mein mächtigster Schutzherr! Daß ich Dir immer nur Beschwerden machen muß! Ich bin in verzweifelter Lage. Das Messer sitzt mir an der Kehle. (Er braucht in dem lateinischen Briefe das lateinische Sprichwort *»Inter sacrum et saxum haereo«*.) Mein Körper ist krank. Ich kann keinen Dienst tun. Mein Vaterland ist fern, und ich habe nicht zu leben. Was bleibt mir anderes, als das Vertrauen auf Gottes Hilfe? Vielleicht ist meine Klage Deinem Ohr lästig, aber Du hast mir erlaubt, Dir zu schreiben ... Ich leide an einer tödlichen Krankheit, der Peripneumonia ...«

Der Admiral half. Er bestellte zur Vertretung Kaempfers seinen Schiffschirurgus, und der Kranke ließ sich am 16. Juni auf seinem Esel zu dem mehr als hundert Kilometer entfernten Luftkurort BUGUN ins Gebirge hinauf schaffen, wo er zwei Monate blieb. Er schrieb von hier einen Brief an Herrn van Heuvel, in dem er seine Krankheit schildert und seine Erholungsbedürftigkeit nachweist.

»Lungenkranke müssen das Klima wechseln, sagt Galen. Ich bat deshalb um Urlaub, bekam ihn aber nicht. Aber ich kann nicht meinen Dienst versehen, während ich krank bin. In einem Schiff ist ein Chirurg meines Ranges, der, bis ich geheilt bin, meinen Dienst verrichten kann. Bald kommt ein zweiter mit einem zweiten Schiff. Und der Assistenzarzt ist auch noch da. Ich wiederhole daher meine Bitte, daß ich aus dem Dienst entlassen werde, bis ich gesund bin, da ein Kranker im Dienst nichts leisten kann. Du hast mich gütigst hierher geschickt, nicht daß ich zugrunde gehe, sondern daß ich Dienst tue. So bin ich nach mühsam erlangter Erlaubnis (›licentia impetrata‹ – kann wohl nur auf den Stellvertreter van Heuvels bezogen werden) abgereist, nicht geschreckt durch den Widerspruch meiner Hausgenossen, im Vertrauen auf Deine Menschlichkeit. So besteige ich einen Kaschuwa (Kamelsänfte) und ziehe ab. Was geschieht? In der zweiten Nacht bekomme ich einen furchtbaren Angstanfall und Brechreiz. Ich konnte nicht mehr sprechen, um meine Diener zu rufen. Schließlich kam es zu einem furchtbaren Erbrechen, daß ich glaubte, meine Weichen zerrissen ... Ich spie schrecklich viel Blut und Eiter aus. Endlich halbtot ankommend, finde ich Schlaf und erhebe mich nach

Mittag, leichter und freier atmend... und sah die Welt wie ein neu zum Leben Erwachter an. Nur habe ich noch Schmerzen tief in der Brust... Daher bin ich nun nach Bugun gereist...«

Der Brief schließt mit der flehentlichen Bitte, ihn nach Indien reisen zu lassen. »Entschuldige die Schrift! Eine kranke Hand schreibt...«

Von der Reise nach Bugun berichtet ein Kapitel der »Amoenitates«, das hier mit einigen Kürzungen folgt. Der Djemel Bugun ist 3250 m hoch.

»Vor der Abreise versehe ich mich mit Empfehlungsbriefen an den Ortsvorsteher von dem hochangesehenen Kaufmann Coridas, der den holländischen Handel beaufsichtigte. Er widerriet – beiläufig gesagt – mir, seinem Freunde, diese Reise dringend, indem er sich auf ein Bienenorakel berief. Ein großer Bienenschwarm war nämlich am Tage vor meiner Abreise durchs Fenster in mein Arbeitszimmer geflogen und hatte sich dort niedergelassen. Das sei doch, meinte er, ein ganz ungewöhnlicher Fall, der mir, wenn ich daheim bleibe, besonderes Glück verheiße. Ich lehnte aber das Orakel ab und trat um die Zeit, wo die Hitze nachließ, nämlich am 16. Juni, um sieben Uhr abends, die Reise an. Wegen meiner Schwäche mußte ich in einem von einem Kamelrücken herabhängenden Korbe – Kadschuwa genannt – sitzen, während mein Diener und das Gepäck auf zwei Eseln Platz fanden.

Der Weg war anfangs eben, sandig und von Schluchten unterbrochen. Um Mitternacht erreichten wir das Dorf Isjiin, nachdem wir dreieinhalb Farsach zurückgelegt hatten. Am 17. bekamen wir Gesellschaft, etliche Eseltreiber – mein Diener, ein habgieriger und ganz gerissener Bursche, hatte das besorgt. Die sollten uns den bergigen Weg führen, und zwar einen kürzeren, als der für Kamele sei. Die Tiere wurden mit vorjährigen Datteln beladen, die der Diener zu seinem Profit hinüberschaffen wollte. Ein Esel müsse für mich zum Reiten bleiben. Um dieselbe Stunde wie tags zuvor zogen wir weiter und kamen, an den Ginauquellen vorbei, mit der Morgendämmerung des 18. zu einer öden, halbverfallenen Karawanserei. Wir hatten während der ganzen Nacht nur vier Farsach durch eine steinige und unfruchtbare Ebene zurückgelegt.

Den Tag brachte ich hier zu im Eingang einer überwölbten Wasserstelle, wo die Sonnenstrahlen nicht hinkamen. Gegen die glühenden Hitzewellen, die dort ganz unmenschlich waren, spannte ich meinen Umhang wie einen Schirm aus, den ich von Zeit zu Zeit von innen anfeuchtete, so daß er dauernd feucht war. So nämlich kühlt die Luft sich wunderbar ab. Auf dieselbe Weise habe ich mich auf der Rückkehr und bei sonstigen Ausflügen gegen die glühende Hitze, auch im Reiten, erfolgreich geschützt. Bei Sonnenuntergang aufbrechend, durchzogen wir wüste Sandstrecken, die hier und da von salzigen Wasserlachen durchsetzt waren und von dem oben kristallisierten Salz weiß schimmerten. Regenwasser, das sich in einem Felsenwinkel gesammelt hatte, diente uns hier zum Trinken, obwohl es vom Mist der Lasttiere beschmutzt war, und veranlaßte uns, hier Station zu machen, wenn auch der Platz nur zwei Farsach vom letzten Halteplatz entfernt war.

Wir verbrachten einen qualvollen Tag, es war der 19. Juni, unter freiem Himmel den glühenden Winden ausgesetzt. Abends um sechs Uhr aufbrechend, mühten wir uns auf holprigem, von vielen Bachläufen durchschnittenem Gelände und machten die ganze Nacht durch nicht mehr als vier Farsach.

Morgens um drei Uhr erreichten wir das Dorf SIAHU (Schagu). Ohne das Dorf zu sehen, spürten wir es an dem von dorther wehenden Luftzug, der den feuchtsüßen Duft grünender Pflanzen mit sich brachte. Denn es war mit zahlreichen Palmen- und Obstgärten und einem klaren Bach köstlich gesegnet... Kaum war der Tag angebrochen, da öffneten die freundlichen Dorfbewohner einen Damm und ließen den Bach durch den Garten, wo ich, wie sie gehört hatten, im Zeltschatten auf Matten ruhte. So ist es nämlich mit den Süßwasserläufen im Lande eingerichtet, daß sie durch vielverzweigte Kanäle in alle möglichen Gärten geleitet werden können.

Da es hier nun eine Fülle von Eßwaren zu kaufen gab, forderte ich meine hungrigen Begleiter auf, sich auf meine Kosten einen guten Tag zu machen. Was sie denn auch so gründlich taten, daß sie vorm Dunkelwerden nicht aus der Küche fortzubringen waren. Als dann der Abend kam, ritten wir durch eine steinige, weglose Ebene in der Richtung auf die Berge zu und drangen nach eineinhalb Farsach in die Engen steiler Felsen ein, wobei wir uns mit brennenden Palmzweigen leuchteten. Das gab seltsame Bilder, und man wußte nicht, ob man gewaltige Werke von Menschenhand, ob ein Spiel der Natur vor sich hatte. Wir kamen in ein einhalb Farsach langes, enges, von einem kühlen Fluß durchrauschtes Tal. Am Ende ragte ein hoher Berg auf, der Kuhi baas, d. h. Falkenberg; wir konnten im Finstern wegen des steilen und holprigen Weges nicht weiter.

Am 21. enthüllte uns die Sonne die überaus liebliche Lage des Tales mit den steilen Höhen ringsum, die überall mit Buschwerk besetzt und unten von Palmenhainen umrahmt waren, die der Bach bewässerte. In feuchten Niederungen wuchsen Feigenbäume und allerlei unbekannte Pflanzen, saftige, milchhaltige, dornige, fruchttragende, allesamt fremdartige Gewächse. Es war lustig zu beobachten, wie der kristallklare Bach in seinem Lauf plötzlich vom Sande verschluckt wurde und nach einer geraumen Strecke von neuem hervorbrach, bis er schließlich, gleich hinter der Schlucht, in einem Palmenhain versickerte.

Kurz nach Mittag bestiegen wir unsre Esel – das für zwanzig Abbassi gemietete Kamel wurde nach Gamron weggeschickt –, und nach Westen zu ging es den Felsenpfad steil aufwärts den Bach entlang. Laut rauschend stürzt das Wasser über Klippen und Hindernisse abwärts, seine Ufer aber – freilich oft unzugängliches Gelände – tragen allerlei Gewächse, Reben, Granaten, Tamarisken, Sadebäume und Waldpistazien. Wir trafen auch einige Gärten an, deren Besitzer, Dörfler oder Hirten, nicht anwesend waren.

Nach dreistündigem Ritt, wobei wir nur einen Farsach gemacht hatten, hielten wir bei sinkender Sonne am Ende des Weges, das von steilen Felsen umgeben war. Das Ufer des gewaltig schäumenden und sprudelnden Flusses diente uns als Schlafstelle...

Am 22. mit der ersten Morgendämmerung brachen wir auf, die andern zu Fuß, ich wegen meiner Schwäche auf einem Esel reitend. Mit größter Mühe erkundeten wir die Höhe, zu der weder Zugangswege noch überhaupt Spuren eines Pfades zu erkennen waren – für die, die unten standen. Schließlich hatten wir uns denn doch nach sechs Stunden glücklich zu der höchsten Fläche des Bonna-Berges hinaufgearbeitet – wobei die Entfernung von unserm Ausgangspunkt kaum einen Farsach Luftlinie betrug. Wahrhaftig, die Tore Hyrkaniens und des Kaukasus Schluchten, die ich durchquerte, hatten nirgends größere Schrecken als dieser Bergpfad. Selbst die Esel, die doch von Jugend auf an die Besteigung der Berge gewöhnt sind – andere Tiere gehen hier überhaupt nicht –, mußten oft auf den Schultern der Treiber auf die höhere Bergstufe hinaufgehoben werden, stets in Gefahr, von den steilen Klippen in die Tiefe zu stürzen, wenn sie auch nur einen Fehltritt taten. Man erzählte als ein Wunder, daß der Erz-Satrap von Ormus vor zwanzig Jahren auf einem andern Wege, der freilich nicht so steil, aber weit länger war, angekommen sei und auf eine Wette hin befohlen habe, zwei Kamele auf diesem unserm Wege zurückzuführen. Die Sache verlief wider alle Erwartung so, daß die schweren, aber von Natur höchst vorsichtigen Lasttiere die schwierigen Engen des Weges, ohne zu verunglücken, überwanden, aber freilich im Anfang der Nacht, als sie die Ebene erreichten, verendeten.

Wir hatten oben keine weite Sicht wegen der überall aufragenden Felsen. Nur nach Norden hin waren die Palmhaine des Bezirks Dschehmili (nach dem Djemel Schimil benannt) und nach Südwesten der Berg Ginau sichtbar, allerdings wegen der dunstigen Luft nur undeutlich. Nach einem Aufenthalt im Schatten eines Wacholderbaumes an einem Bächlein stiegen wir weiter und erreichten unser Ziel um sieben Uhr abends. Wir hatten für etwa dreiundzwanzig Farsach sieben Tage gebraucht. (Also kommen durchschnittlich sechzehneinhalb Kilometer auf den Tag.)

Angelangt trage ich Sorge, daß mein Empfehlungsschreiben dem Ortsvorsteher übergeben wird. Er schickte sofort eine Mahlzeit, die aus Weißbrot, Datteln, frischer und dicker Milch bestand, und kam dann selbst, und trotz der Dunkelheit begrüßte er mich feierlich und erzählte mir manches von der Vortrefflichkeit und den Altertümern des Orts. Er war ein würdiger, redegewandter alter Mann. Nachdem er noch einmal seine und seines Dorfes Dienste angeboten, verließ er mich in tiefer Nacht. Ich breitete an dem Platze unserer Unterhaltung eine Matte aus und verbrachte den Rest der Nacht unter freiem Himmel.

Am nächsten Tage, dem 23., wurde ich in den Garten geführt, der mir zur Wohnung dienen sollte. Er lag auf dem Rücken des felsigen Berges hoch und kühl. Neben einer viereckigen Zisterne, die von vier Orangenbäumen beschattet wurde, schlug ich meinen Wohnsitz auf. Das Becken wurde gespeist von einer Wasserader, die von der Höhe des Felsens kam. Zum Spazierengehen war der Boden zu abschüssig und löcherig. Übrigens schütteln die Leute dort über diese deutsche Sitte den Kopf. Dies zwecklose Hin- und Hergehen halten sie geradezu für ein Zeichen von Verrücktheit. Bei Regen bot mir ein viereckiges, nach Landesart aus Lehm erbautes Häuschen Schutz. Als Hausgenossin fand ich darin eine ungeheure Schlange vor, die mir gegenüber in der andern Ecke hauste, morgens in aller Frühe auf die Felsen kletterte und abends ihren Winkel wieder aufsuchte. Der Herr des Gartens bat mich, das harmlose Tier dabei nicht zu stören.

Beim nächsten Sonnenschein bekam ich zu Nachbarn zwei höchst liebenswürdige CHAMÄLEONS, die offenbar Freude an meiner Gesellschaft hatten. Hin und wieder machte eines – solange der Koch nicht da war oder wenn ich speiste – einen heimlichen Angriff auf die Herdstelle, um irgend etwas zu erbeuten. Sobald sie sich jedoch beobachtet sahen, flüchteten sie mit einem Geschrei, das wie Kinderlachen klang, schleunigst in den Schutz ihres Baumes.

Im übrigen fand ich außer andern Tieren im Baumgarten und benachbarten Weingarten eine kleine und scheue Art von Eichhörnchen mit langen Haaren und einem zusammengedrückten, am Ende breiten Schwanze, ein Tier, von dem ich mich nicht erinnere, bei ALDROVANDI (Ulysses Aldrovandi aus Bologna, 1525 – 1609) und GESNER (C. Gesner aus Zürich, 1516 – 1565) gelesen zu haben. Beide gehören zu den Vätern der Zoologie.

Am 24. kam von Gamron ein junger Mann an aus TÖNNING in Holstein, Geschützmeister auf einem suratischen Schiffe, um nach meinem Beispiel von seiner Schwäche Erholung zu suchen. Surate in Vorderindien war damals bedeutender Handelsplatz. Ich habe diesen biederen Deutschen bei mir aufgenommen und verpflegen lassen und habe die Zeit angenehm mit ihm verbracht. Auch Leute der Gegend luden wir ein zu uns, die uns über die Sprache und die Merkwürdigkeiten der Provinz unterrichten mußten.

BUGUN, eine Dorfschaft von fünfzig Familien, liegt in einem versteckten felsigen Tal des Benna-Berges. Der ganze Ort, obwohl auf Fels gebaut, erscheint in der Fülle seiner Bäume und Reben von ferne wie ein einziger schattiger Wald. Ganz einzig ist das Klingen der zahllosen, durch alle Gärten geleiteten Bächlein, bei deren lieblichem Gemurmel man ein dauerndes Regengeplätscher vom Himmel herab zu hören glaubt – wobei dann manchmal das stärkere Rauschen des größeren Berggewässers dazwischenklingt, das durch die tiefste Schlucht hinabfließt...

Drei Sorten von Leuten wohnen hier: Gärtner, Hirten und Jäger. Üppig gedeihen Reben, Walnüsse, Granatäpfel, Orangen und Quitten. Spärlicher wachsen Äpfel, Pflaumen, Palmen, Platanen und Zypressen. Die Früchte tauscht man bei den Nachbardörfern ein gegen Datteln, Reis, Gerste, Weizen und allerlei Eßwaren. Von Tieren werden vornehmlich Ziegen und Schafe gehalten. Es ist ein reizender Anblick, der eher an ein Bild als an Wirklichkeit denken läßt, wenn die Herden den steilen Hang hinanklettern, einzeln in langer, zusammenhängender Reihe. Alle Morgen machen sie den beschwerlichen Aufstieg und kehren vor Abend zurück. Die Jagd unterstützt den Lebensunterhalt. Das Wildbret, mit Mehl zu einem Brei ausgekocht, kann man einige Monate lang zur Mahlzeit verwenden. Vor allem stellt man dem Paseng (*Capra aegagrus*, Bezoarziege oder Paseng) nach, der noch besonders wegen des heilkräftigen Bezoarsteins begehrt wird, den er in seinen Eingeweiden trägt.

Schon lange hatte ich den Wunsch, die Ursprungstelle des berühmten Steins zu sehen. Mehrere wurden mir zum Kauf angeboten. Aber ich wollte die Tiere selbst untersuchen und versuchte Leute zu mieten, die mir auf Eseln die Pasengs herbeischaffen sollten. Aber ich hatte kein Glück damit, die größeren Steinböcke – eben die, welche Steine zu enthalten pflegten – seien zu groß, um transportiert zu werden, sagte man mir.

So machte ich mich denn selbst mit den Schützen auf in die Berge, und vor dem Morgengrauen aufbrechend, ritt ich, soweit es ging, auf meinem Esel. Dann mußte ich zu Fuß gehen, häufig an Knien und Händen geschunden, bis wir an die Grenze des Baas-Berges kamen, die nicht überschritten werden durfte. Hier trennten wir uns, um ganz vorsichtig zu Werke zu gehen, und gingen geräuschlos weiter, um uns zum Anstand einen verborgenen Platz zu suchen bei einer Quelle, wo die Tiere zu trinken pflegten, und zwar zumeist in früher Morgenstunde. Die Flinten sollten verabredungsgemäß nicht auf andre Tiere abgeschossen werden, als auf solche, von denen – nach ihren besonderen Merkmalen – anzunehmen war, daß sie Steine bei sich führten. Denn bei einem einzigen Schuß flüchten sie allesamt weit fort, um kaum nach mehreren Tagen zurückzukommen. Das gleiche tun sie beim Anblick eines Feuers, denn sie sind sehr scheu und keineswegs gefährlich, wie gemeinhin geschrieben wird.

Am ersten Tage sahen wir, obwohl in einer von Gebüsch umwachsenen Grotte, also an sehr günstiger Stelle lauernd, nicht ein Stück. Wir nahmen an, sie seien abgezogen, weil ziemlich weit von dort – wie wir hinterher bemerkten – ein Feuerchen rauchte, das vielleicht ein Hirt angezündet hatte. In tiefer Nacht wählten wir ein neues Versteck, und so taten wir auch nach den einzelnen Schüssen. Schließlich entschädigte mich nach langem Harren wenigstens einigermaßen ein kleiner Stein, der in einem neunjährigen Bock gefunden wurde. Ich sage einigermaßen. Denn das Tier, das mein Begleiter zur Strecke brachte, enthielt in den Eingeweiden, die ich genau untersuchte, keinen Stein. Einem andern aber war das Glück günstiger. Er stand weit von uns entfernt und fand in einem erlegten Tiere, das er unbemerkt von mir zerlegte, einen sehr schönen Stein, freilich von geringer Größe. Der Schütze hatte sich nach den äußeren Merkmalen ein größeres Kleinod versprochen, und da er mir das nicht gönnte, hatte er wider unsre Abmachung allein die Sektion vorgenommen und den Stein bekommen, bevor ich zur Stelle war. Der Stein war daumenlang, zylindrisch, schwärzlich und völlig glatt.

Ich wanderte also ganz vergnügt mit dem Ertrag meiner Mühe, der freilich von geringem Gewicht war, heim, nachdem wir im ganzen drei Tage und zwei Nächte draußen zugebracht hatten, sehr unbehaglich und ohne Feuer. Nach einigen Tagen brachte mir derselbe Schütze von der Jagd noch zwei Steine gleicher Farbe und Form wie jener erste, nur kleiner.«

Kaempfer verbreitet sich dann seitenlang über jene seltsamen Konkretionen aus dem Magen verschiedener Säugetiere, vor allem über die echten BEZOARSTEINE, denen damals allgemein, von den Europäern mehr noch als von den Orientalen, die Fähigkeit zugeschrieben wurde »Krankheiten zu verhüten und das Leben zu verlängern«. Schon die Ausführlichkeit, mit der der sonst so Kritische sich über die Sache äußert, beweist, daß er sie ernst nimmt. Er bleibt freilich vornehmlich nüchterner Berichterstatter und zählt mit Angabe seiner Gewährsmänner die verschiedenen Säugetiere auf – Rind, Schwein, Stachelschwein, Ahu (Cervus pygargus, eine Abart unsres Rehs.), Paseng, Hausziege, Affe –, in denen »Steine« sich finden. Über deren Wirkungen äußert er sich sehr zurückhaltend, sammelt aber eifrig alle Arten und gibt zu, selber einen »liquor bezoarticus« hergestellt und verwendet zu haben. Heilerfolge vermerkt er allerdings nicht.

Es versteht sich von selbst, daß er auch die Pflanzen- und Tierwelt des Gebirges beobachtete. Aus jener schildert er ausführlich die Pistazie, aus dieser nennt er den Leopard, der nicht so bösartig sei wie der afrikanische und der ostindische, die Hyäne, den Schakal, das Stachelschwein und den Bären, der auch gezähmt werde. In Isfahan habe er gesehen, wie zwei Bären ohne Aufseher durch die Stadt streiften und den Schmausenden lästig wurden, wenn sie nichts bekamen. Dabei war es verboten, sie mit Schlägen fortzutreiben, weil sie dem König gehörten.

Ein Bote des Admirals Lykochthon rief den Urlauber zum Dienst zurück. Kaempfer nahm den Rückweg über die Heilquellen von GURU und GINAU, die er wie den ganzen Weg eingehend schildert. Die Heilkraft von GURU muß außerordentlich gewesen sein. Kaempfers Diener sei hier in zwei Tagen von einem hartnäckigen Geschwür am Bein befreit worden.

Auf die Meldung aus Ginau, der Admiral sei in der Nähe, ritt Kaempfer allein ungeduldig voraus, traf aber den Herrn nicht mehr an. Dem hatte der Platz mißfallen. Er war sofort wieder abgereist und hatte an die Pforte der Herberge in lateinischer Sprache die Worte geschrieben: »Der Du die Hölle leugnest, hier sollst Du in ihr Fegefeuer geraten, und wenn Du es kennengelernt hast, wirst Du zur Besinnung kommen. Wibrand Lykochthon.« Am 23. August um acht Uhr morgens kam Kaempfer in Bender-Abbas an und fand »die Hausgenossen, mit Ausnahme der Gestorbenen, verhältnismäßig gesund vor, d. h. lebend, im übrigen aber durch das Klima furchtbar mitgenommen, mit leichenfahlen Gesichtern ...«

Kaempfer war in der Tat vom Fegefeuer in die Hölle gekommen. Vier Tage nach seiner Ankunft bestätigte Lykochthon ausdrücklich und förmlich sein Dienstverhältnis bei der Kompanie, und erst von diesem 27. August 1686 an bezog der Chirurgus monatlich seine sechsunddreißig Gulden. Aber nach Indien mitfahren durfte er noch immer nicht.

Langsam, qualvoll schlichen die Monate dahin. Die nächsten, die Wintermonate, waren nicht ganz so schlimm wie der Sommer. Aber ein neues Jahr, 1687, kam und ein neuer Sommer mit neuer Pein. Nie war Kaempfer in so verzweifelter körperlicher und seelischer Verfassung wie damals.

Er zählt einmal (*Amoenitates exoticae*, S. 712 ff.) die Hauptursachen der allsommerlichen Auswanderung der Küstenbewohner auf. Wir können uns danach sein Leben in Gamron einigermaßen vorstellen. Da ist der Wassermangel, um so schlimmer, weil es für die Perser einen Ersatz durch Bier oder Wein nicht gibt. Nur die Reicheren können sich reineres Wasser auf Kamelen vom Gebirge holen lassen. Die geographischen Karten, auf denen so viele Flußläufe eingezeichnet sind, täuschen. Bis ins Meer kommt nur ein einziger größerer Fluß, der Araxes. Tief in die Erde eingebaute Keller sammeln den zur Winterzeit fallenden Regen zum Gebrauch im Sommer. Das schlechte Zisternenwasser ist die Brutstätte der Fadenwürmer, Pejuk genannt, von denen die Leute furchtbar geplagt werden. Das Schlimmste aber ist die sommerliche Hitze, die über jedes für Menschen erträgliche Maß hinausgeht. Es gibt keinen noch so robusten Menschen, der dadurch nicht irgendeinen Schaden davontrüge.

»Ich habe das an zahlreichen Fällen in zwei Sommern – in einem war ich selber dort – erfahren. Ein holländischer Soldat kommt um die Mittagszeit aus dem Garten Nabam, den wir eine Meile von hier besitzen, zurück, kehrt bei der Martha ein – so heißt eine Weinschenkin – und wird, kaum daß er sie begrüßt hat, ohnmächtig. Und ist tot, bevor ich zur Hilfeleistung hinzukomme. Dasselbe Haus betrat einige Tage vorher ein junger Engländer, ein Handelsschreiber. Er hatte das vor der Stadt gelegene Gelände in Eile durchquert und sank urplötzlich tot zu Boden. Dasselbe Schicksal trifft zwei farbige Lastträger, die tags zuvor zur Befrachtung eines Schiffes vom Lande, ihrem Sommeraufenthalt, hervorgerufen waren. Kaum zur Stelle, starben sie. Ein Seesoldat, durstig von der Besichtigung kommend, hob den Krug an die Lippen und fiel beim Trinken tot nieder. Ein anderer, müde vom Aufenthalt in der Sonne, fand im Schlafe die ewige Ruhe. Ein dritter, von einem kalten Bade zurückreitend, fiel plötzlich tot vom Esel. Der Statthalter der Provinz soll, weil er mit seiner Abreise zu lange zögerte, auf dem Wege siebzehn Frauen verloren haben. Als er selbst in den nächsten Tagen nachfolgen wollte, verlor er auch die beiden Frauen, die er zu seiner Begleitung zurückbehalten hatte, und dazu noch einen seiner Schwiegerväter. Sie hatten sich tags zuvor nach einem kalten Bade ein leichtes Fieber zugezogen, wie er sagte. Er sah sie gar nicht für ernstlich krank an, als ich kam und ihm sagte, sie lägen im Sterben. Auch die Tiere verschont der feurige Lufthauch nicht. Die Pferde verlieren oft die Sehkraft, gewinnen sie aber im Winter meist wieder. Hunde, deren Zähigkeit sprichwörtlich ist, habe ich zweimal beobachtet, wie sie unter der Sonnenglut sich im Kreise um sich selbst drehten und dann tot niederfielen. Nur die Esel und Kamele Persiens haben die Natur des Salamanders und eine natürliche Festigkeit auch gegenüber der Hundstagshitze.

Schlimm, ja oft unmittelbar tödlich sind die glühenden Winde und der rasende Durst. Dazu die Krankheiten, die von der Hitze kommen, unter ihnen besonders die in Menge auftretenden Furunkel. Ich habe bei unserm Admiral an einem kleinen und kränklichen Körper mehr als hundert gezählt, und je mehr ich durchschnitt, um so mehr kamen, aus hundert wurden wohl mehr als dreihundert. Sie spotteten jeder Behandlung. Hier hilft nur Geduld.

Wer sich aller Kleider entledigt und immerfort mit Wasser benetzt oder gar den ganzen Tag in der Zisterne sitzt, bleibt kaum jemals über ein Jahr hinaus am Leben. Den Einheimischen sind die Furunkel willkommen als eine Wohltat der heilsamen Natur. Denn sie bewahren vor schwererer Krankheit, vor Fieber und den entsetzlichen Würmern.

Zur Nachtzeit gibt es keine Ruhe vor den Insekten. Draußen plagen den Schläfer die Spinnen, drinnen die Skorpione. Dazu kommen die Mücken. Und doch kann man nur nackt schlafen oder unter einem ganz dünnen Gewebe. Die Wohnungen haben alle ein flaches Dach, zu dem man auf Leitern hinaufsteigt, um oben zu schlafen. Aber den Schlaf stören die Haselmäuse, und die Motten zerfressen die Kleider, die weißen Ameisen verringern den Kaufleuten schon in einer einzigen Nacht merklich den Umfang ihrer Waren. Zu allem kommt der Gestank, den der trockene Seetang und die am Strande verfaulenden Seetiere ausströmen...«

Das Heer dieser Plagen vermochte Kaempfers geistige Energie dennoch nicht zu lähmen. Das zeigt schon der Umfang seiner in den »Amoenitates« niedergelegten Forschungsergebnisse. Im Briefwechsel mit seinem ehrwürdigen Freunde Raphael du Mans in Isfahan tauschte er persönliche Nachrichten und Wissensstoffe. Jener berichtet von den Ereignissen in Europa, gibt ihm wertvolle Aufklärungen über persische Verhältnisse und versieht ihn mit Büchern. Mit Herbert de Jager in Batavia schreibt er sich lange Briefe über botanische

Bender Abbas. Die Häuser der 3 europäischen Niederlassungen tragen Flaggen

Ernte der Asa. Vorn Stumpf mit quellendem Saft

Dressur der Kobra. Vorn 2 Mungos. Oben Mungowurzel

Beobachtungen, ständig die Hoffnung nährend, das Botanikerparadies Java einmal selber zu schauen, wie er denn seine Bemühungen, von Bender-Abbas loszukommen, unablässig fortsetzt.

Ein demütiges Schreiben richtete er im November 1687 an den Arzt und Beisitzer des Gerichts in Batavia, Dr. CLEYER, der wie Jager und Kaempfer eifriger Botaniker war. »Meine Reisegier riß mich zu diesem Posten hin, an den gefesselt ich nun den Verlust meiner Gesundheit und meiner wissenschaftlichen Ernte beklagen muß. Schon zwei Jahre muß ich in dieser Hölle zerschwitzen.«

Nach Holland selbst, dem Mutterlande der Kompanie, streckte er seine Fühler aus und wandte sich gleich an einen der mächtigsten Männer, NICOLAS WITSEN, den wegen seiner Rechtschaffenheit und Freigebigkeit, aber auch wegen seiner Liebe zu Kunst und Wissenschaft allgemein verehrten Bürgermeister von Amsterdam, der zum Direktorium der Ostindischen Kompanie gehörte. Nicht ohne Stolz berichtet Kaempfer ihm von seinen Forschungen in Persepolis, dessen Ruinen andere vielleicht gefälliger, aber gewiß nicht genauer dargestellt hätten, als er. Er schreibt von den Bezoarsteinen, von der echten »Mumie«, von Apscheron, der wunderreichen Halbinsel, die er als erster Europäer durchforscht habe. Wertvolles werde er ausarbeiten können über wichtige Heilpflanzen, über die persischen Ärzte und ihre Methoden, über die Geographie des Landes, aber erst müsse er aus diesem Hafen entronnen sein, wo er das Amt eines Chirurgen übernommen habe, weil er ja, wenn er über Indien heimkehren wolle, dies nur bei der Ostindischen Kompanie bewerkstelligen könne.

Von seinem in Isfahan zurückgebliebenen Freunde Pristaff hatte er die angenehme Nachricht erhalten, jener trage sich mit dem Gedanken, auch nach Bender-Abbas überzusiedeln. Doch möge der Freund ihm zuvor die dortigen Verhältnisse schildern – keine leichte Aufgabe für Kaempfer. Er schreibt:

»Ich bin noch immer krank. Wenn Du kommst, findest Du Kollegen. Jeder hat seine Diener. Wir haben allerlei Unterhaltung. Einer spielt Flöte, ein anderer singt, der dritte tanzt und mimt. Unser Haus ist einigermaßen prächtig gebaut und liegt unmittelbar am Meere … Du wirst hier einen reichlichen Tisch haben, es gibt mancherlei Fische … Nur eines fehlt – gesunde Luft. Die Hitze ist so groß, daß ich anderswo lieber das Feld umgraben wollte, als hier wie Midas leben. Du fragst nach Musik. Nun, wir haben einige Bierfideler …«

Man sieht, er rühmt, was er kann, verschweigt aber auch das Hauptübel nicht. Wahrscheinlich zog der Freund es vor, nicht zu kommen. Kaempfer suchte und fand den besten Trost in seiner Forschung. »Soviel die Hitz und mein Dienst zulässet«, heißt es in dem Briefe an seinen Bruder Joachim vom 25. November 1687, »ergetze ich mich täglich in denen curiosesten naturalibus, die, weil kein Musenfreund dieses Orts jemahls subsistiren können, neglect und meiner Mühe zu einem premio überlassen: bis die discrepantien zwischen Sr. Majt (dem Könige von Persien) und der Edl. Compagnie verglichen, alsz wannehr ich meine retour über die vornehmsten Oerter, woselbst die Compagnie negotiiret, vornehmen werde.«

Welcher Art waren seine Forschungen?

Seiner eingehenden *geographischen* und *klimatologischen* Darstellung des Landstrichs ist schon gedacht worden, ebenso der Flora Persiens, die er hier zum Abschluß brachte. Dies allgemeine Sammelwerk ergänzte er durch ausführliche Sonderdarstellungen der Asa foetida und der Dattelpalme. Seine berühmte Abhandlung über die Palme, »den schönsten Baum der Welt«, füllt allein ein ganzes Buch – hundert Seiten – seiner »Amoenitates«. Sie ist, wie er schreibt, ein Zeugnis der Dankbarkeit, die er jener »milden Nährmutter schulde, die ihn mehr als zwei Jahre unter den dattellessenden Völkern Persiens und Arabiens mit ihrer honigsüßen Frucht am Leben erhalten und mit ihrem Schatten, sei er auch nur dürftig, vor den sengenden Strahlen der Sonne beschirmt habe«.

Ausführlich behandelt er die Morphologie und Biologie des Baums, seine Pflege und die Ernte mit all ihren schönen Bräuchen. Er vergleicht die Palmernte mit der Getreideernte seiner deutschen Heimat. Wie mühsam dort die Bestellung der Felder: das Aufbrechen, Umpflügen, Eggen, Walzen, Jäten und die Gefahren der tierischen Schädlinge und die Zufälle des Wetters! Nichts derart bei den Persern! Ein Spiel ist hier die Gewinnung des wichtigsten Lebensmittels.

Nach der Arbeit des Pflückens gibt es mancherlei Erholung, Musik und Tanz, Vortrag von Gedichten und Erzählungen. »Und abends gehen sie auf die Heuschreckenjagd. Man fängt sie in ganzen Schwärmen, teils in Netzen, bald auch auf den Bäumen, auf denen sie sich niedergelassen haben. Man steckt dann einfach Feuer darunter an und brät sie auf diese Weise gleich. Die frische Beute wird in einem Tongeschirr mit Salz über dem Feuer geröstet. Damit füllen die Leute ihren Magen, nachdem sie Flügel und Beine fortgeworfen – ein saftloses und nach meinem Geschmack ekelhaftes Gericht. Es ist sehr glaublich, daß Johannes der Täufer, als er in der Wüste mit dieser Speise sein Leben fristete, elend abmagerte.«

Von seinem botanischen Ausflug zum Ernteplatz der Asa foetida berichtet Kaempfers Tagebuch vom Mai 1688:

»Der Ort Disguun liegt einige Meilen von hier in einem Tal. Der vorgestrige Krankheitsanfall konnte mich nicht veranlassen, den heutigen an Ort und Stelle abzuwarten, damit nicht dazwischenkommende Erkrankungen andrer mir ein Hindernis in den Weg legten. So bin ich heute nachmittag unter heftigem Fieber mit meinem Diener und zwei Eseltreibern, alle vier geeselt, abgeritten. Unterwegs wurden wir, nach Überquerung der Kuur (Abi Schur) von einem alten Ehepaar mit einer wohlgestalten Tochter gastlich aufgenommen.

Ich mietete Führer ins Gebirge. Unterwegs bekam ich einen heftigen Fieberanfall. Außerdem verirrten wir uns in der Nacht. Auch konnte ich nicht voranreiten, sondern mußte der faulen Eseltreiber Antreiber sein. Wir kamen dann zu einem Bergwasser, das etwa 20 warme Quellen hatte. Ich legte mich ein wenig hinein und wusch mich ab, drei bis sechs Vaterunser lang. Und nie kehrte das Fieber in Persien wieder.«

Auf dem Rückwege hatte er eine fatale Begegnung.

»Die gar zu trägen Eseltreiber hinter mir lassend, ritt ich voraus den Fluß entlang. Während ich meine Leute an einem Ruheplatz erwarte, geschieht es, daß nach einer halben Stunde sieben bis acht hindostanische Fakirs, mit großen Prügeln versehen, große, freche, übel gephysiognomierte Kerls, mich mit störrigen Worten und störrigem Gesichte um eine Gabe ansprachen, indem sie zu gleicher Zeit um mich und meinen Esel einen Kreis schlugen, so daß hier kein Entrinnen war, als ins Wasser zu springen und durch einen nassen Tod dem trockenen zu entgehen. Ich wies sie auf meine schlechte Hose und meine dünnen Kleider hin und daß keine Schätze bei mir verborgen seien, auch der Esel nichts als mein Schlafzeug trage. Sie möchten warten, bis die Kafila ankomme, die meine Habe mit sich führe, damit ich ihnen alsdann mit einer Gabe dienen könne.

Als die Burschen von einer Kafila hörten, die nie ohne bewaffnete Begleitmannschaft ist, fragten sie, wann selbige zu erwarten sei. ›Wartet einen Augenblick‹, sagte ich und trat auf den Weg, ›sie müßte schon da sein oder hinter dem Hügel da angezogen kommen.‹

Auf die Nachricht gingen die Kerls davon, ohne noch ein Wort zu sprechen. Als sie auf den Hügelweg kamen und dahinter nichts gewahrten, blieben sie stehen, vermutlich beratend, ob sie weitergehen oder zu mir zurückkehren sollten, sei es wegen einer Gabe oder um mich für meine Hinterlist zu bestrafen. Indessen ritt ich zu meinem alten Gastfreund, dem Vater des schönen Mädchens, zur Kuur hinab und ließ die Fakirs daselbst stehen oder gehen... Um Mitternacht brachen wir auf und passierten abirrend verlassene Dörfer, bis wir bei der Morgenröte den rechten Weg wiederfanden. Ein Diener des unruhig gewordenen Direktors kam uns entgegen geeilt. Er habe uns schon zwei Tage lang gesucht. So mußte ich trotz der Sonne weiter. Der Esel eilte so sehr, daß ich noch mittags Klock zwölf in Bender-Abbas anlangte.

Ich war nur zwei Nächte und einen Tag lang unterwegs gewesen, hatte aber auf der kurzen Reise mehr Travallie ausgestanden, als – wenn ich alle Mühen zusammenrechnete – von Europa bis hier. Gesicht und Hände waren mir von der Sonnenglut verbrannt und geschwollen, die Lippen hatten Risse und Krusten. Mein Gesicht war entstellt und kaum noch menschenähnlich, meine Körperkräfte aber hatten sich erholt. So kehrte ich zu den Freunden in den Dienst zurück. L. D. (Laus Deo, gelobt sei Gott. So schließt jeder Abschnitt seines Tagebuchs).«

Über die stinkende Pflanze verbreitet Kaempfer sich in einem Kapitel der Amoenitates:

»... Jegliche Asa quillt aus der angeschnittenen Wurzel. Nie fließt sie von selbst aus den Stielen. Je älter sie ist, um so mehr Flüssigkeit liefert sie, indem sie die Schnittfläche mit ihrem milchigen Saft durchströmt in zusammenhängenden Windungen, wie man auf dem Bilde sieht.

Der frisch tropfende Saft ist ganz weiß, flüssig und fett, völlig ähnlich der blütenweißen Milch. An der Luft bekommt er eine gelbliche Farbe und wird zäh. Je stärker sein Gestank, das Merkmal der Güte, um so besser die Asa. Mit dem der fest gewordenen, alten Asa in Europa ist dieser Geruch gar nicht zu vergleichen. Ich möchte die Behauptung wagen, daß eine Drachme (etwa vier Gramm) der frischen Asa einen stärkeren Gestank verbreitet als hundert Pfund der älteren, die unsre Apotheker in trockenem Zustande in den Handel bringen.

Als ich von dem Berge zurückkehrend einen Vorrat von den Wurzeln nach Hause mitbrachte in eine, um einen weiten Hof angelegte Wohnung, füllten sich die Schlafräume so sehr mit dem Gestank, daß ich die Wurzeln schleunigst hinausschaffen mußte. Wenn eine Karawane mit Asa aus Herat (im heutigen Afghanistan) ankommt, lädt sie auf freiem Felde weit außerhalb der Tore die Ware ab, und wenn der Wind von dorther weht, verpestet sie auch so noch die ganze Luft in der Stadt. Nach Indien wird sie auf einem besonderen Schiff verfrachtet, das keine Waren führt, die verderben können.

Mein Schiff, auf dem ich nach Arabien hinüberfuhr, führte einen einzigen Sack Asa aus Herat mit sich, der draußen am Steven hing. Dennoch drang der Gestank durch das Leder und machte unseren Nasen viel Beschwerde. Und der Schiffsherr fürchtete, das Rosenwasser, der Schiraswein und die Eßwaren könnten selbst auf einem so kurzen Wege Schaden nehmen.

Die Heilwirkung der Asa wird überschwenglich gepriesen. Die persischen Ärzte freilich verzichten meist auf die Anwendung, geruchsempfindlich, wie dies Volk nun einmal ist. Die Landbevölkerung von Lar dagegen braucht sie bei Koliken und Blähsucht. Ein Mann in Disguun erzählte mir, er habe, von jener Krankheit geschwollen, jeden Morgen sechs Wochen lang eine ziemlich große Pille Asa heruntergeschluckt, bis er gesund geworden sei. Dabei seien ihm oben und unten so furchtbare Winde entwichen, daß er die ganze Zeit hindurch in keiner menschlichen Gesellschaft geduldet sei ...«

Ein umfangreiches Kapitel der »Amoenitates« ist der »Mumia nativa«, der »echten Mumie« gewidmet. Kaempfers bis dahin unbekannte Forschungen werden eingehend gewürdigt von Dr. P. M. Edmond Schmitz, Dozent an der Höheren National-Petroleumschule, Straßburg, in der Zeitschrift »Bitumen«, 1939, Heft 3 und 4.

Kaempfer schreibt: »Den einheimischen Schätzen an Perlen und Edelsteinen, von denen die Schatzkammern der Perser strotzen, ziehen diese Leute bei weitem einen gewissen ursprünglichen Saft von wunderbarer Heilkraft vor, den man mit dem besonderen Namen ›Muminahi‹ d. h. Mumie benennt. Ich halte seine Geschichte für wert, daß sie durch mich auch unserm Lande bekannt werde, da sie nur von wenigen Reisenden untersucht, von niemandem beschrieben ist, geschweige denn, daß dies ganz hervorragende Heilmittel je bis in unsre Apotheken gelangt ist. Denn aus hartem Fels spärlich tropfend ist es einzig dem Besitz des Königs vorbehalten.«

Er bezeichnet die Mumie als »echte« im Gegensatz zu der ägyptischen, die von den mumifizierten Leichen abgekratzt und in den Handel gebracht wurde. Er beschreibt sie als »pechartigen Saft, den die steinige Oberfläche eines Berges ausschwitzt«, also Bitumen oder Erdharz. Es gibt davon zwei Arten, die primäre, wirkungskräftigere, und die sekundäre, schwächere und häufigere. »Die Ursprungsstätte der primären liegt weit entfernt vom Verkehr der Menschen in der Provinz Daraab. (Darabsgerd im südlichen Farsistan.) Hier dient ihr als Wiege eine enge Höhle, die wie ein Brunnen zwei Klafter tief in einen Felsen hinabreicht...

Das Einsammeln der Mumia soll einige Jahrhunderte unterbrochen worden sein, sei es, weil die Ergiebigkeit nachließ oder weil der Platz in Vergessenheit geraten war. Von neuem aufgefunden wurde er zu Anfang des 16. Jahrhunderts. Seit der Zeit wird die Mumia in großem, glänzendem Aufzuge alljährlich im Sommer von dort geholt und zwar von den Statthaltern der Provinz selbst. Das Einsammeln geschieht auf folgende Art: die obersten Beamten der Provinzen Lar und Daraab treffen mit den übrigen königlichen Dienern zur anberaumten Zeit am Fuße des Berges zusammen und prüfen und zerbrechen die Siegel, mit denen sie im vergangenen Jahre die Höhle verschlossen haben. Dann wird der große Felsblock, der die Höhle verschließt, von zwanzig Lastträgern beiseite gewälzt, und ein Mann wird hineingeschickt, ausgestattet mit einem Kratzer und einem Löffel. Damit aber dem Einsammelnden in der einsamen Finsternis nicht irgendwelche Verstecke in seinen Kleidern Gelegenheit zum Stehlen geben, wird er gänzlich nackt hinuntergelassen. Außerdem muß er, damit auch sein Schlund geschlossen ist, klares Wasser in den vollen Backen aufbewahren, bis er zurückkommt.

Er begibt sich dann in die Höhle und kratzt alles ab, was der Fels im Laufe des Jahres ausgeschieden hat. Für diese Arbeit braucht er eine Stunde. Danach liefert der Mann dem Aufsichtsbeamten die Mumia ab und speit das im

Munde aufbewahrte Wasser in eine silberne Schale, wobei man darauf achtet, ob er etwa anstelle des Wassers seinen eigenen Speichel von sich gibt. Ja sogar sein After wird mit Fingern untersucht, ob er etwa darin den kostbaren Saft verborgen halte.

Dann wird die Mumia an Ort und Stelle durch Feuer flüssig gemacht, damit die steinigen Bestandteile zurückbleiben, und die durchsichtig klare Substanz wird in eine silberne Büchse geträufelt. Sie beträgt in der Regel vier Unzen. Dann wird die Büchse versiegelt einem Läufer übergeben, der sie unverzüglich zur Hauptstadt Isfahan bringt.«

Die sekundäre, weniger wertvolle Mumie darf jeder, der sie findet, holen. Sie sitzt an einem abschüssigen Felsgipfel, von dem der Mann, der sie abkratzt, an einem Seil herabgelassen wird. Man rühmt besonders der primären Mumie große Heilwirkung nach bei Knochenbrüchen und inneren Geschwüren. »Diese verblüffende Wirkung«, schreibt Kaempfer, »habe ich, wie ich es bei Wundern der Natur zu tun pflege, ohne weiteres zu denen gerechnet, deren Wahrheit sich vor dem Richterstuhl eigener Prüfung zu bewähren hat. Ich machte also das Experiment bei Hühnern, nicht einmal, sondern so oft es mir gelang ein Teilchen Balsam zu kaufen.« Er berichtet dann eingehend von einem, vor vornehmen Zeugen angestellten Experiment. Er brach einem kräftigen, jungen Hahn ein Bein und legte eine mit Mumia bestrichene Binde darum. »Ein ganz hübscher Erfolg trat ein, aber doch weit zurückbleibend hinter meinen Erwartungen und der Prahlerei der Verkäufer, wie ich denn erprobt hatte, daß Hühnerbeine auch ohne Anwendung von Erdpech nicht viel später wieder zusammenheilen.«

In das Gebiet der Zoologie gehört das Kapitel über den mit so geheimnisvollen elektrischen Kräften begabten *Zitterrochen,* den er damals gezeichnet und genau beschrieben hat, »was von den Naturforschern nur so im Vorbeigehen oder nach den Berichten andrer beschrieben ist«.

Aus eigener Praxis als *Tropenarzt,* von der er fesselnd erzählt, gewann Kaempfer wertvolle Aufschlüsse über den Medinawurm, eine der übelsten Plagen jenes Landstrichs. Er schildert eingehend zahlreiche Operationen. Ist auch die Aufhellung des Ursprungs jener Fadenwürmer erst der späteren Forschung gelungen, so hat er doch bereits festgestellt, daß es sich hier – worüber man damals noch im unklaren war – um Lebewesen handelt und daß diese Tiere durch das Wasser der Zisterne in den Menschen hineinkommen oder durch Wasser von Tümpeln, aber nicht durch klares Brunnenwasser. Nur hat er die kleinen Zwischenwirte, die Zyklopinen, nicht gesehen.

Auf ganz andren Boden begab sich der Forscher mit seinen *religionsgeschichtlichen Studien* über die Sabier oder *Johanneschristen.* Über die Quellen zu dieser Untersuchung heißt es in den *»Amoenitates«*:

»Was ich über diese Sekte vom Hörensagen erfahren habe, teils von den

Anhängern selbst, teils von den ehrwürdigen, europäischen Patres, die in der Stadt Basra mit Sabiern zusammenwohnten, werde ich getreulich berichten, nachdem ich zuvor einiges über Namen und Ursprung im allgemeinen gesagt habe.«

Zu letzterem hatte Pater Raphael du Mans ihm verholfen, dessen Abhandlung *»Du nom et origine des Chretiens de St. Jean«* unter den Kaempfer-Handschriften des Britischen Museums aufbewahrt wird.

Man begreift, daß der nach Bender-Abbas Verbannte jedem Freundesbrief, jedem ankommenden Schiffe der Holländischen Kompanie sehnsuchtsvoll entgegenharrte, hoffend, endlich möchte die Botschaft seiner Befreiung eintreffen. Aber selten nur kam ein Schiff. Und Kaempfer klagt seinem väterlichen Freunde Pater Raphael:

»Wir hoffen schon drei Monate lang auf die Holländer... Deinen Brief vom 18. September (1687), der so tröstlich war und mir so sehr willkommen, habe ich immer wieder geküßt... Von Lar kam Herr Tudert zu uns. Der englische Agent ist gestorben...«

Der Franzose Jean de Tudert war ein Medikus wie Kaempfer, und ihm gewiß recht willkommen. Freilich wurde auch er bald krank. Erst als er das von Kaempfer ihm wiederholt aufgedrängte Mittel anwendete, genas er.

Endlich, im Frühjahr 1688, kam das ersehnte Schiff, und ihm entstieg zu Kaempfers unaussprechlicher Freude sein innig verehrter Lykochthon, der vor zwei Jahren als Admiral in Gamron gewesen war und nun als Direktor wiederkehrte. Mit ihm kam aus Batavia Herr Verdunck, um die Faktorei zu inspizieren und den bisherigen Direktor van Heuvel aufzufordern, sich umgehend an den Hof von Batavia zu begeben, »umb sich«, wie es in Kaempfers Tagebuch heißt, »seiner *brutalité* und *impertinenten conduite* halber zu verantworten«.

Kaempfer genoß gewiß dankbaren Herzens die Nähe des verehrten Freundes, und manch trautes Gespräch zur Abendzeit mag ihn getröstet haben über die Jahre, in denen er, unter einem engherzigen und rohen Vorgesetzten arbeitend, ständig am Körper gelitten und an der Seele gedarbt hatte. Denn eine gleichgestimmte Menschenseele hatte er in Bender-Abbas nicht gefunden. Ja, er mußte beim Abschied die schmerzliche Erfahrung machen, daß nur die Engländer ihn mit freundlichen Abschiedsgaben bedachten, »wie ja alle die trefflichen jungen Herren jener Handelsgesellschaft von großzügiger Freigebigkeit sind, anders als die unsrigen, die mir, obwohl sie doch immer meine nächsten vertrautesten Freunde gewesen, ihren schmutzigen Geiz (sordiditatem) im Zurückbehalten des neuen Weins überfleißig bezeugten«.

Von einem lustigen Abend aus jenen Tagen erzählt Kaempfer am Schluß seiner umfangreichen und reizvollen Abhandlung über den Kheif, »die Rauschmittel der Perser und Inder«.

»Zu sechs Europäern waren wir mit Herrn Direktor LYKOCHTHON von Benjanen zu einem Gastmahl eingeladen worden. Es war in einem Garten, eine Meile außerhalb der Stadt Gamron. Während wir beim Schmause einander zutrinken, nehmen die Benjanen, die ja keinen Wein genießen dürfen, als Ersatz ein Klümpchen einer berauschenden Latwerge, die ihnen jüngst aus ihrer Heimat Indien geschickt war. Neugierig den Geschmack zu erproben, nehme ich auch einen ziemlichen Mundvoll, und, da ich den Wohlgeschmack lobe, nimmt auch Herr LYKOCHTHON und seinem Beispiele folgend auch die andern davon, außer Herrn VERDUNCK, der die Wirkung kannte und ablehnte. Was geschah? Wir alle, die wir von dem Nephenthes genossen hatten – das griechische Wort bedeutete ›Leid lindern‹ und wird bei Homer (Od. 4, 220) als Zaubermittel erwähnt, das Helena ihren traurigen Gästen in den Wein mischte –, wurden unaussprechlich selig, wie ich mich nicht erinnere jemals im Leben gewesen zu sein. Wir fielen uns um den Hals, sprachen nur ganz wenig, lachten den an, der uns ansprach, und reizten uns gegenseitig zum Lachen. Beim Anbruch der Nacht wurde die Tafel aufgehoben, und wir bestiegen unsre Pferde. Da erzeugte die Kraft des Zaubermittels mit der Veränderung des Schauplatzes andre Phantasien in unserm Hirn. Denn es kam uns genauso vor, als würden wir im Pegasusfluge durch Wolken und Regenbogen getragen, während ringsumher die herrlichsten Farbenspiele vor unseren Augen auftauchten. Zu Hause angelangt und aufgefordert von der Mahlzeit zu essen, die auf uns wartete, aßen wir, was jeder grade vor sich stehen sah, mit wahrem Wolfshunger. Und alles schmeckte uns so köstlich, daß wir mit den Göttern zu schmausen glaubten. Am nächsten Tage beschwerte uns nicht der geringste Katzenjammer, wie es sonst nach einem Rausch zu geschehen pflegt – die Russen sagen Pochmeli –, vielmehr waren wir bei hellem Verstande und befanden uns ausgezeichnet. Allerdings war das tags zuvor Vorgefallene – von dem VERDUNCK uns berichtete – völlig aus unserm Gedächtnis fortgewischt. Das einzige, worauf wir uns, seltsamerweise, besannen, war das Gefühl der Furcht nach rechts umzufallen, das uns beim Reiten und Gehen dauernd belästigte. Die Vorstellung davon hatte sich so stark eingeprägt, daß sie noch immer in unserm Bewußtsein festhaftete.

Da hast Du, lieber Leser, einen Zauberrausch, den ein Heilkraut hervorrief: Gibt man so was einem Melancholiker zur Nacht, so wird er beim Erwachen glauben und selbst unter der Folter bekennen, er sei durch die Luft auf den Blocksberg geflogen – und damit wird er das Todesurteil der hohen Justiz auf sich herabbeschwören!«

IV. VORDERINDIEN

Nach der Abberufung des Direktors van Heuvel war es Kaempfer »nach vieler Bitte und Bemühen nicht ohnmüglich gefallen«, endlich von wohlwollenden Vorgesetzten – Verdunck und Lykochthon – die Erlaubnis zur Reise nach Indien zu erwirken. Er ging als Schiffschirurg auf die »Coppelle«, die unter dem Kapitän Doe van der Goa für die Kammer von Rotterdam fuhr. Die Geschäfte der Holländisch-Ostindischen Kompanie gingen von sechs Kammern aus: Amsterdam, Middelburg, Rotterdam, Delft, Hoorn und Enkhuizen.

Die erste Seite des Tagebuchs enthält eine Kostenrechnung über die umfangreichen Einkäufe, die er vor der Abfahrt unternahm. Danach gab er aus: für 12 Pfund Quittenkerne 24 Mamudi, für 2 Kasz Rosenwasser 120, für 100 Pfund Datteln 40 Mamudi. An Wein erwarb er von Herrn Fisnik 6 Kasz für 308 Mamudi. Der freundliche Händler hat ihm »eine Karabas Claret (Rotwein) drüber verehret«. Dazu von David Chan 50 Kasz für 2750 Mamudi. Der Schiffer, ein übrigens höflicher und verständiger Mann, hielt sich nicht für verpflichtet, eine solche Quantität zu übernehmen und verlangte von allem Wein die Hälfte. So blieben zu zahlen, Trägerkosten eingerechnet, 1891 Mamudi, das macht, 7 Mamudi auf einen Reichstaler gerechnet, 271 Reichstaler. Kaempfer hatte also trotz unpünktlichen Gehaltsempfangs einige Ersparnisse machen können.

Beim Abschied von Gamron schreibt er die Worte nieder: »Der Himmel sei demütig gedankt, der mich in diesem Kranck- und Todten Hause so ferne geschützet, daß ich gesund an Leib, Seele und Vermögen Abschied nehmen kann.«

Von der Fahrt berichtet sein Tagebuch:

»Am 30. Juni um Mitternacht sind wir auf dem Schiffe die ›Copelle‹ mit dem Schiffer Doe van der Goa bei starkem Südsüdwestwinde abgefahren, der aber bald nach Südsüdost umschlug und uns also während der ganzen Fahrt entgegenwehte. Bis zum 11. Juli lavierten wir vorsichtig wegen der Klippen zwischen den persischen und arabischen Ufern. Das Steuer führte ein ebenso grober wie unwissender Mann, der aber des Kapitäns Verwandter war. Diesem rohen Lümmel, der zeit seines Lebens nie etwas andres als Fischerknecht gewesen war, vertraute der Kapitän das Steuer, d. h. das Schicksal des Schiffs samt allen Menschen und Gütern an.

Die Leute, denen die Handhabung des Steuerruders oblag, hatten sich, von der unerträglichen Hitze übermannt, ohne weiteres zur Nachmittagsruhe begeben. Da beobachtete ich, in das Wasser schauend, helle Stellen in der Tiefe. Der klare Himmel und die Durchsichtigkeit des Wassers ließen keinen Zweifel darüber, daß es Klippen waren. Wir waren in größter Gefahr des Lebens. Ich sagte das dem Steuermann mit kurzen Worten. Die sofortige Lotung zeigte dann auch bloß eine Tiefe von dreieinviertel Faden. Sofort mußte alles ins Gewehr, und der Anker wurde ausgeworfen. Wäre das nicht augenblicks geschehen oder hätte der Anker nicht Grund gefaßt, wären wir vielleicht in zwei Minuten verloren gewesen.

Die Lotung ergab drei Faden, und schon glaubten wir eine Zeitlang auf dem Grunde festzusitzen. Die Nacht überfiel uns, ehe wir aus dem Klippengebiet zurücklavieren konnten. Aber ein plötzlicher scharfer Wechsel der Windrichtung trieb uns glücklich aus dem gefährlichen Sack heraus.

Am 14. kamen wir vor dem Busen der arabischen Hauptstadt MUSJET (= Maskat) an. Wir blieben des Nachts draußen liegen – nach Sonnenuntergang darf kein Schiff in den Hafen einlaufen – und mußten uns bei dreißig Faden verankern.

Der Hafen ist der beste, den Natur und Kunst jemals geschaffen haben, und rings von steilen und hohen Felsen eingerahmt, die von den Portugalen mit vielfachen Befestigungen reichlich versehen ist.

Der Herr dieses Landes nennt sich ›Bien arab‹, d. i. ›arabischer Sohn‹. Er residiert zu Nithjuaar, vier Tagereisen von Maskat entfernt. Seine Länder reichen von Maskat bis Djulfaar, sieben Tagereisen über Nithjuaar hinaus. Er fürchtet keinen Feind in der Welt, nach der Aussage der Untertanen, außer den Perser. Kürzlich hatte er den flüchtigen Sohn des Großmoguls, den Sultan Ekber (Akbar), aufgenommen und hielt ihn, eine Nachricht vom Perserschah erwartend, einstweilen verborgen. Sein Land ist nicht der schlechteste Teil von *Arabia felix*. Die Luft ist leichter und gesunder als jenseits des Persischen Meerbusens. Es hat fruchtbare, grüne Niederungen. Die Bewohner sind zwar höflich, doch nicht so bescheiden wie die Perser, so daß bei der Unterhaltung und beim Handel alles durcheinanderschreit und die unerzogene Jugend mit hellen Kehlen alles übertäubt.

Man kann hier auch bei Nacht reisen, da man die Lage der Dörfer an dem Geschrei der Einwohner auf eine oder eine halbe Meile feststellen kann. Ihre Gestalt ist mager. Sie haben braune, lange Gesichter, eingefallene Backen, hohe Stirnen, lange Nasen, schwarze Haare und lange, spitzige, dünne Bärte. Ihre Kleidung ist ein weiter und langer Rock mit einem passenden Leib- und Säbelriemen mit weiten und ziemlich langen Ärmeln, alles lottrig. Ihr Haupt ist mit langen, weißen Handtüchern umwunden, so daß das Ende über den Kopf auf den Rücken niederhängt.

Die Soldaten scheinen mehr andächtige, langbärtige, ehrbare Dorfpfaffen und Geistliche zu sein, als martialische Krieger, wie denn auch das Schießen nach einem Brette ganz langsam und sittsam vor sich ging, als wenn sie um den Preis der Ehrbarkeit wetteiferten.«

(Es folgt die Beschreibung des Küstenstrichs mit Dörfern und Kastellen, »so ich in meiner arabischen Seekarte aufzeichne«.)

»Wir segelten am 17. Juli noch vor Sonnenuntergang bei Südsüdostwind ab und kreuzten bis zum 23. neben dem ›arabischen Walle‹. Wir mußten den Passatwind finden. Es war abends um neun Uhr, als ein starker Nordwest aufkam. In einem Augenblick veränderte sich alles, die Fahrt, die See und das Klima, das plötzlich aus glühender Hitze in starke Kälte umschlug und mich zwang, meinen Schlafplatz von oben nach unten in die Kammer zu verlegen. Der Wind war einige Tage so stark und ungestüm bei hoher See, daß starke Taue wie dünne Riemen zerrissen. Der Himmel war bewölkt und trübe...

Am 30. ließ sich alles ruhiger an, und die Wolken ließen die Sonne so weit durch, daß man die Polhöhe messen konnte. Wir hatten schon den dreizehnten Grad erreicht. So ließ man dem Winde breiten Raum. Am 1. August hatten wir bei allzeit erwünschtem Wetter den zehnten Grad erreicht. Diesen Abend mußte man schon vom Mast nach Land ausschauen. Wir hielten auf die Malediven-Inseln, verfehlten sie jedoch und wurden nördlich vorbeigetrieben. Am 6., morgens, sahen wir über Backbord Land. Es war die Malabarküste gegenüber Koilang (Quilon). Am 7. passierten wir das Kap Komorin mit einem hohen Vorgebirge, das Madura von Malabar scheidet, und kamen nachmittags gegenüber Manapara (Manapad), wo eine der Kompanie gehörige Loge ihre Flagge sehen ließ. Von Kap Russelgate (Ras el-Hadd, Ostecke Arabiens) bis Kap Komorin hatten wir einen beständigen, starken Passatwind gehabt.

Am 9., früh morgens, ließen wir die Anker fallen eine Meile von der Stadt Tutocoryn (Tutikorin) und Punte Keyl. Das Fort ohne Graben – da dieser vom fliegenden Sande immer wieder zugedeckt wurde – liegt einige hundert Schritt von der Stadt ab und getrennt am Ufer. Der Hafen ist stark befestigt mit schwerem Geschütz, quadratisch gebautem Bollwerk und Brustmauer.

Der Kommandant und Leiter der Handelsgeschäfte war van Vliot, ein ansehnlicher und redlicher Mann, dessen natürliche Anlage allerdings besser war als seine Erziehung. Er trauerte um seine dritte Frau, obwohl er erst dreiunddreißig Jahre alt war. Den zweiten Rang dort bekleidete ein Kaufmann, kein übler Mann, etwa fünfundvierzig Jahre alt, ein guter Schlucker und ein dikker, fetter Bacchusbruder, der den Römer gern vor sich sah und stets Betel kaut. Er ist ungetraut und behilft sich mit den Früchten des Landes. Sein Amt hat ihm so viel eingebracht, daß er sich die zwei besten Häuser der Stadt hat bauen lassen. Der Sekretär war ein junges Blut, blöd und hoffärtig. Die andern Federbedienten, auch die Packhausmeister schienen sittsame, wohlerzogene Burschen zu sein.

Die Stadt liegt westlich von dem Kastell längs dem Seeufer auf flachem, sandigem Grunde. Die Häuser der Eingeborenen sind meistenteils elende, schmutzige Lehmhütten. Die ehemals wild durcheinanderliegenden Wohnungen hat man an zwei durchgehende Straßen geordnet. Dabei ist es ein Jammer, die herrliche, quadratische Basis einer ehemaligen Jesuitenkirche demoliert zu sehen. Statt ihrer, die im Wege stand, hat man später eine andere steinerne Kirche erbaut, die aber niedriger und ohne jeden Schmuck ist. Die römische schwarze Gemeinde ist so stark wie arm. Ihre Hirten sind zwei portugiesische Jesuiten, die sich von ihrer Kirche in S. Paolo in Goa Väter des Paulinenordens nennen. Ihr Haus hätte ich ohne einen Dädalus als Führer nicht zu finden gewußt. So enge Fuchslöcher und Gänge mußte man durchkriechen. Ich traf einen alten *Jesuiten* an, aber der alte Schöps verstand kein Wort Latein. Nie hätte ich geglaubt, daß es in diesem Orden so maßlos unwissende Leute gäbe wie ich sie in Indien fand. Dieser einfältige Gottesgelehrte wußte weder Zeit noch Anlaß der Reformation, noch irgend etwas von Luther und Calvin, geschweige denn von dem Unterschied zwischen den Lehren dieser Männer und der Papisten. Ihm war es genug, daß alle jene Ketzer seien und die Lutheraner die schlimmsten. Alles das sagte er auf gut portugiesisch. Da ich nun an Kenntnissen über das Land wenig bei ihm profitieren konnte und unaufhörlich mit Schnupftabak von ihm regaliert wurde, verabschiedete ich mich.

In besagter Kirche übte man täglich eine *Komödie* ein, die nach herrschendem Brauch alle halben Jahre dem Volk des Nachts gezeigt wurde. Das Stück stellte dar das Schicksal einer heiligen Dorothea, die, von einem heidnischen Könige gemartert und von Teufeln angegriffen, dennoch nicht von ihrem Christentum ablassen wollte.

Die Kirche war mit jung und alt, Spielern und Zuschauern gefüllt. Jeder Spieler hatte seine beschriebenen Baumblätter in der Hand und las, wenn er dran war, seine Rolle mit singender Stimme, ungefähr wie der Pfaff in der Messe das Evangelium absingt. Aber hilf Gott! Wie ging es in diesem Gotteshause zu! Man sah, man ging, man lief, man schrie durcheinander, die Jungens schlugen sich und jagten sich mit Stecken die Kanzel herunter. Man kaute nicht allein nach Landessitte Betel – ich bin entsetzt, daß die Holländer diese Gewohnheit selbst in der Kirche dulden –, daß die rote Gerbersuppe ihnen den Bart herunterfloß, sondern alt und jung rauchte auch zusammengerollte Tabakblätter. Und alles dies in Gegenwart dreier Geistlicher, die einen weißen Kittel trugen und lange, graue Bärte hatten, Diakone, die acht gaben, daß kein Unreiner, d. h. heidnischer Eingeborener, durch die Tür hereingelassen wurde.

Unweit der Stadt im Felde stieß ich auf einen heidnischen *Tempel* aus Quader- und Backsteinen, mitten auf einem freien Platze mit einer hohen steinernen Mauer im Viereck umgeben. Die Pforte war früher gewiß mit prächtigen Bildwerken geschmückt gewesen, jetzt aber verwahrlost und verfallen. Der Tempel selbst mit seinen bunten Figuren und pyramidenförmigen Toren war in keinem besseren Zustande. Er hatte zwei Räume. Der erstere, größere lag nach der Pforte zu, der hintere – das Allerheiligste – lag gegen Westen und hatte seine eigene Tür. Beide hatten einen Treppenaufgang.

Das Götzenbild Vicqueswara (Beiname des Ganescha, Gott der Weisheit) stand in einem besonderen Tempelraum und war mit seinem dicken Bauche und Elefantenrüssel aus dem Stein herausgehauen und sah ziemlich fett und beschmiert aus. Es bezeugte, daß ich mich in einem Tempel seines Vaters Eswara befand.

Rings an der Hofmauer lagen noch verschiedene kleine Kämmerchen, vermutlich für die reisenden Jogys (eine siwaitische Sekte) bestimmt.

Ich will mir nun die Einsamkeit zunutze machen und das hochheilige Götzenbild Eswara in Augenschein nehmen, da mir wohlbekannt ist, daß sonst alle Ungläubigen auf das strengste von diesem Tempelbezirk ausgeschlossen sind. Da bemerke ich, daß auf der Erde sich etwas bewegt – leuchtende Augen, wie es mir vorkam. Entsetzt wich ich zurück, aber noch bevor ich zur Hoftür kam, besann ich mich. Wenn es keine Haustiere waren, konnte es nichts anderes sein als Augen von Dämonen, vor denen zurückzuweichen und zu fliehen schmachvoll wäre. So kehrte ich wieder um und ging von neuem hinein. In Wahrheit waren es drei völlig nackte, mit Kuhmist, Asche und andern heiligen Farbmitteln beschmierte und von Lappen behangene schwarze Jogys. Anfangs freilich konnte ich keine menschliche Gestalt erkennen, erstens, weil in das finstre, rauchige und niedrige Gewölbe nur von der Tür her Licht drang, das mehr behindert als gesteigert wurde durch eine trübe Lampe, deren Flamme zwischen Tod und Leben schwebte. Ferner wegen ihrer wunderlichen verdrehten Haltung des Leibes, die sie – als besonders verdienstliches Werk – infolge eines freiwilligen Gelübdes angenommen hatten. Während ich also näher an die vermeinten Teufel oder was es sein mochte herantrat, machte der eine auf einem krummen Büffelhorn in dem engen Gewölbe plötzlich ein so furchtbares, Ohr und Gehirn erschütterndes Getön, daß ich, fremd und allein in dem abgelegenen Teufelstempel, heftig erschrak und zum Tempel und Hof hinauslief. Schon aber sah ich, wie die drei grell bemalten, nackten Teufelskerle mir nachkamen. Es waren starke Männer, doch konnten sie mich trotz aller Mühe nicht einholen.

Kaum hatten die Jogys von mir abgelassen, als eine junge, von Natur nicht übel gebildete Eingeborene mir nachgelaufen kam, während ihre Genossin sich auf einem kleinen Hügel präsentierte. Sie gaben mir mit Winken und Schreien wohl zu verstehen, was sie von mir wollten. Ich aber bedachte, weil ich dem Teufel entlaufen, wollte ich auch seinen Kreaturen nicht stillhalten und setzte meine Flucht auf die Stadt fort.«

Es folgt eine ausführliche Schilderung der Stadt. Kaempfer blieb drei Wochen in Tutikorin. »Nachdem die persischen Waren, Wein, Rosenwasser, Pferde und andre für Ceylon und Batavia bestimmte Waren geprüft und freigegeben, und wir mit 240 Lasten Salz abgefertigt waren, gingen wir am 1. September in See und fuhren mit sanftem Landwinde fort, bis der Westsüdwestpassat uns jenseits des Kaps Komorin bis GALEN (Point de Galle) brachte.« Das war am 6. September, »nachdem wir mit Aufziehung der Segel unsern Anker kappen und verlieren mußten«.

Der weitere Verlauf der Fahrt ist nicht leicht festzustellen, da die Blätter mit Kaempfers von nun an recht flüchtigen Aufzeichnungen durch Seewasser stark verschmiert sind. Einiges ist immerhin zu entziffern.

In dem Kommandeur von Galen traf er einen »friedseligen, ansehnlichen, rechten Herrn«. Von dessen Stellvertreter heißt es, er sei der dritte Ehemann einer Frau, »deren erster Mann sich erhangen, der andre von ihr entwischt sei«. Mit der Moral sei es überhaupt bei den Holländern schlimm bestellt, aber »dies alles muß in Indien passieren, so es nur von Liebe d. h. vom Gelde kann bedeckt werden«. Um Gottes Gebot kümmre man sich wenig, höchstens daß der Inzest als Frevel gelte.

Kaempfer traf in Galen auch seinen ehemaligen Vorgesetzten VAN HEUVEL, der sich durch schleunige Heirat mit der dreizehnjährigen Tochter des Gouverneurs Peil vor einer Maßregelung in Batavia glaubte retten zu können.

Von Galen fuhr das Schiff die Westküste Ceylons entlang zur Koromandelküste hinüber und ging am 23. im Hafen von NAGAPATAM vor Anker. Im benachbarten Nagar bewunderte Kaempfer den herrlichen vielbesuchten Tempel, in dem »ein vornehmer heiliger Myrsa Sejid Abd el Kadr« begraben lag. Am 1. Oktober segelte man weiter nordwärts zum Hafen KALKAR (Karikal, französisch), an Tranquebar (seit 1616 dänisch) vorüber bis Tricalaur (?) und zurück nach Nagapatam und von da längs der Ostküste Ceylons zunächst bis TRINQUEMALA (Trincomali) – »ein desperater Ort« –, dann, die Insel umfahrend, bis Galen, wo man am 10. Oktober einlief. Dann ging es denselben Weg wie zu Anfang, nordwärts bis COLOMBO, wo Kaempfer »den folgenden Sonntag ans Land und in die Kirche kam«.

Im November setzte man die Fahrt in Richtung auf das Festland fort, wurde durch Gegenwind vor Negombo aufgehalten und nach Colombo zurückbeordert, nahm noch Bretter, Eisen und Nägel für Tutikorin ein und fuhr von neuem ab. An einem Sonntag in der Frühe bekam man die Küste von Madura »ins Gesicht«. Da geschah ein Unglück. Das Schiff kam auf zwei bis zweieinhalb Faden »fest zu sitzen«. Mit einem Boote wurde die Umgebung abgelotet, aber nirgends fand man größere Tiefe. Der »Wurfanker« wurde ausgeworfen und einige Stunden lang vergebens gewunden. Man fürchtete schließlich, das Tau möchte reißen. Auch mit Hilfe des »Plichtankers« (Hauptanker, so genannt nach dem Aufbewahrungsplatze beim Schiffsschnabel, Plichte) vermochten die Leute das Schiff nicht weiter zu ziehen als etwa zwei Schiffslängen. Als bis zum Abend noch kein Erfolg zu sehen war, mußte man sich entschließen, Ballast über Bord zu werfen, bis zu zwanzig Last (wohl Salzlasten). Das fallende Wasser zwang zu weiteren Opfern. Schließlich, um Mitternacht, kam das Fahrzeug unter »schröcklichem Krachen« los.

Mit diesem rettenden Krachen bricht leider Kaempfers Tagebuch für eineinhalb Jahre ab.

Das Schiff erreichte glücklich die Malabarküste, wo die Holländer in KOYLANG (Quilon), COCHIN und CRAGANORUM (Cranganore) Faktoreien hatten. Hier lebte Kaempfer vom November 1688 bis zum Mai 1689, zumeist, wie es scheint, in Cochin und Koylang.

Von der hohen Achtung, die der Kunst des deutschen Arztes auch hier gezollt wurde, zeugt ein späterer Brief an du Mans. »Ich bin bisher an den Küsten Indiens hin und her gefahren, an keiner Stelle mich aufhaltend, bis auf die sechs Monate bei dem Präses von Malabar, der versuchte, mich durch großartige Angebote für die Stelle des obersten Chirurgus dort festzuhalten. Und dasselbe wollte an der Koromandelküste der Generalkommissar, aber mein Herz, das damals sich nach der Heimat zurücksehnte, ließ sich durch keine Aussicht auf Gewinn bewegen, bis mich die neuesten Nachrichten über die Zustände im Vaterlande wieder schwankend gemacht haben, ob ich bei meiner Sendung verharren oder mich zu einer andern bewegen lassen soll.«

Der von Wissensgier und Sammeleifer Umgetriebene erscheint ermüdet und enttäuscht. Das Heimweh übermannt ihn. Erst die schlimmen Nachrichten aus Europa von den Einbrüchen der Franzosen in Deutschland stoßen seinen Entschluß wieder um.

Acht Jahre lang war der jetzt Achtunddreißigjährige fort von der Heimat. Strapazen Leibes und der Seele, Krankheiten, Enttäuschungen und Widrigkeiten waren über ihn gekommen. Ein Mann der Wissenschaft wie er, in geistigen Bezirken heimisch, feinfühlig und sittlich, mußte leiden unter der ständigen Einsamkeit, die durch das erzwungene nahe Zusammenleben mit gleichgültigen oder rohen Menschen noch peinvoller wurde.

Die Hauptursache für das Verlangen Kaempfers, von Vorderindien fortzukommen, wird darin zu suchen sein, daß es für ihn dort eben nicht viel zu holen gab. Zu den eigentlichen Wundern Indiens, den phantastischen Tempelbauten und von Gold und Juwelen strotzenden Palästen der Radschas gab es für ihn keinen Zugang. Er blieb an die langweiligen Küstenplätze der Holländer gefesselt. Nicht einmal das nahe Madura hat er zu sehen bekommen. Ebenso verschlossen blieb ihm Indiens Großtierwelt. Vom Königstiger, Elefanten, Büffel ist bei ihm nichts zu lesen.

Bei alledem war er in jenen wenigen Monaten nicht untätig. Er fand *Krankheiten* vor, die an der Malabar- und Koromandelküste endemisch waren, und er studierte sie: Andrun nennt er die eine oder Hydrocele, d. i. Hodenschwellung, und Perical die andre. Das ist jene monströse Fuß- und Beinschwellung, die wir *Elefantiasis* nennen. Seine späteren Abhandlungen darüber sind wohl die ersten wissenschaftlichen Untersuchungen über diese beiden seltsamen Tropenkrankheiten.

Zwei Tuschzeichnungen schickte Andreas Cleyer, Kaempfers Freund, um 1682 nach Deutschland. Sie befinden sich in Libr. pict. A 38 der Preußischen Staatsbibliothek (Abb. in der Klinischen Wochenschrift, Jg. 17, Nr. 1: Deutsche und Niederländer als Pioniere der Tropenmedizin im 17. Jahrhundert).

»Ein Produkt des Wassers Malabriens ist eine Wassergeschwulst, die den Fuß im Laufe eines Monats so anschwellen läßt, daß er einem Elefantenfuß ähnelt. Das Übel befällt oft die Thomaschristen, die nach dem Apostel so genannt werden. (In Wirklichkeit drang das Christentum erst im vierten Jahrhundert nach Vorderindien vor.) Weil sie seiner Lehre anhingen, wurden sie aus ihrer Heimat Karnatik (in der Provinz Koromandel) vertrieben und siedelten sich in Malabarien an...

Die Eingeborenen erzählen: Sankt Thomas habe einen ungeheuer schweren Baumstamm, der einen Hafen verschlossen hatte, da die Heiden das selbst mit ihren Elefanten nicht vermocht hätten, mit seinem Lendengürtel leicht herausgezogen. Diejenigen, die nach dieser Tat vom Heidentum zur Lehre des Apostels übergetreten seien, seien von den einheimischen Göttern durch einen Elefantenfuß gekennzeichnet. Diese Fabel fand so sehr Glauben, daß die in Indien lebenden Portugiesen die Krankheit ›Peju de Santo Thoma‹ und nach ihrem Beispiel die Holländer sie ›Sünt Thomas Been‹ nennen.«

Kaempfer beschreibt dann die Schwellung und die Heilmethoden der Eingeborenen. »Man wundert sich, wie wenig es die Arbeiter in ihrem Berufe hindert, die an das Schleppen dieser Last so gewöhnt sind, daß sie zu jeglicher Arbeit und auch zur Besteigung der höchsten Kokospalmen genauso gewandt sind wie andre.«

Wie alle Indienreisenden machte Kaempfer auch die Bekanntschaft der landläufigen Gaukler, unter denen die *Schlangenbeschwörer* mit ihrem Hokuspokus seine Kritik besonders reizten. Bei Nagapatam fand er Gelegenheit, einen Brahminen, der die Dressur der Kobra im großen betrieb und seine Schlangen an die Landfahrer verkaufte, bei der Arbeit zu beobachten. So kam er hinter die Schliche der Gaukler und machte sich gelegentlich ein Vergnügen daraus, sie das merken zu lassen.

Daß er in Vorderindien auch *geographisch-historische* Forschungen angestellt hat, bekunden seine Aufzeichnungen im Britischen Museum. Mit unendlichem Fleiß hat er lange Auszüge aus dem berühmten Buche Abraham Rogers gemacht »De open Deur tot het verborgen Heydendom, 1651«. Es finden sich umfangreiche Aufzeichnungen über die Landstriche und Fürsten des Dekan, mit denen die Holländische Kompanie in Verbindung stand, über Leben, Kastenwesen, Rechtsversammlungen und Landtage der Inder – kurz, Material zu einer umfassenden Darstellung des gesamten holländischen Vorderindiens. Persische und indische Beobachtungen vereinigte er später in der Abhandlung über das *Kheif, die Rauschmittel der Perser und Inder.*

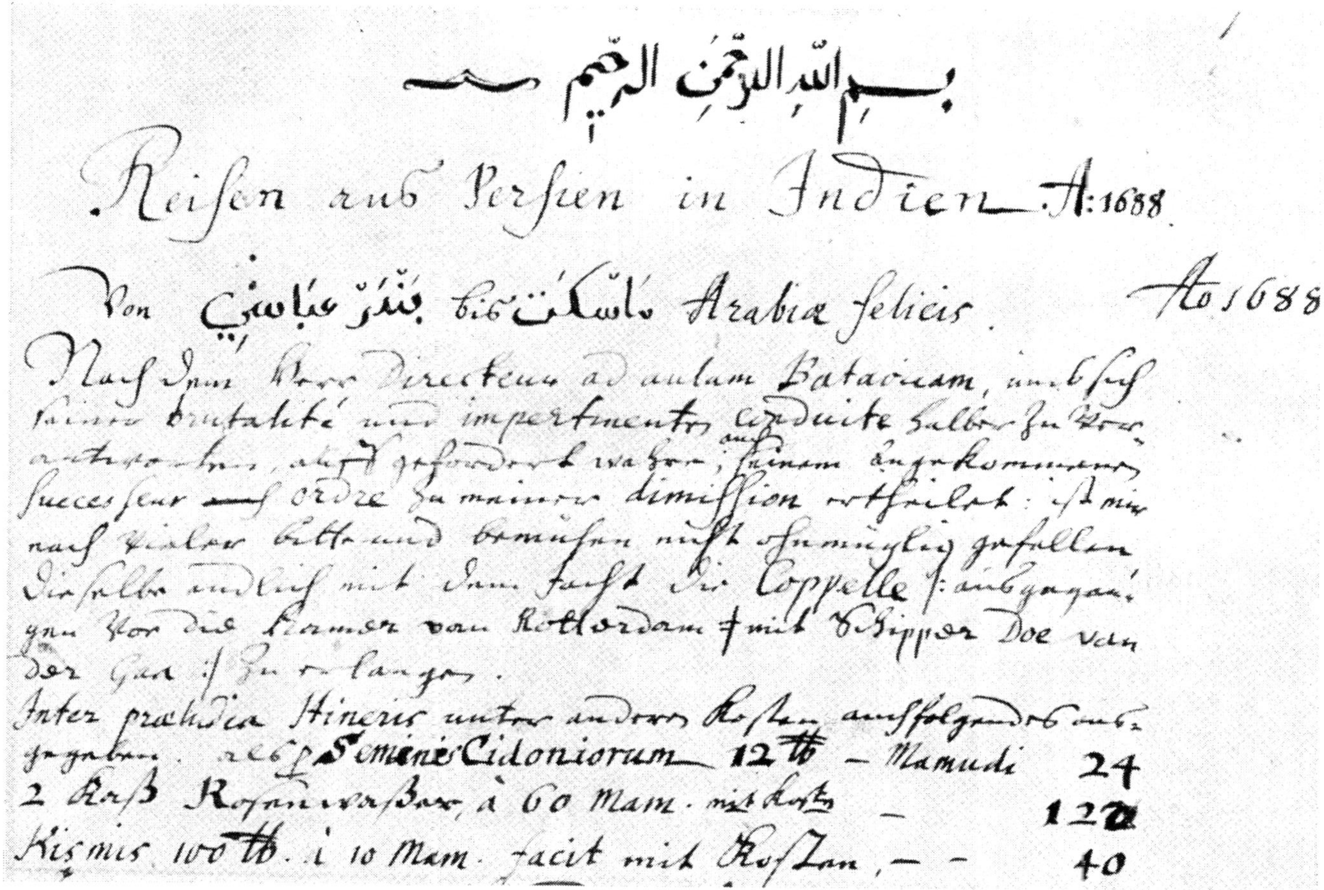

بسم الله الرحمن الرحيم

Reisen aus Persien in Indien A: 1688.

Von بندر عباسي bis مسقط Arabiæ felicis. Ao 1688

Nach dem Herr Directeur ad aulam Bataviam, um sich seiner brutalité und impertinenten conduite halber zu verantworten, abgefordert waren, seinem angekommenen successeur auch ordre zu meiner dimission ertheilet: ist mir nach vieler bitte und bemühen nicht [illegible] gefallen dieselbe endlich mit dem [illegible] die Coppelle [illegible] vor die Kammer van Rotterdam mit Schipper Doe van der Gaa [illegible] zu erlangen.

Inter prævidia itineris unter andern Kosten ausfolgendes ausgegeben. [illegible] Seminis Cidoniorum 12 lb – Mamudi 24

2 Kaß Rosenwasser à 60 Mam. mit Kosten – 120

Kismis 100 lb à 10 Mam. facit mit Kosten, – – 40

Anfang von Kaempfers Reisetagebuch von Persien nach Indien

»Gottesurteil« in Asien durch Krokodile und Feuer

»Der Tabak«, schreibt Kaempfer, »wird zu den Giftpflanzen zu rechnen sein, da die Schwindel- und Angstzustände und der Brechreiz, den das Rauchen bei den darin Ungeübten hervorruft, deutliche Zeichen der Schädlichkeit sind. Es ist festgestellt, daß ein Tropfen Nikotin in einer frischen Wunde junge Vögel tötet und auch bei Menschen gefährliche Erscheinungen hervorruft. Ich habe Lastträger bei Kasan in der Tartarei gesehen, die ein durchbohrtes, mit Tabakblättern vollgestopftes Rinderhorn, während Kohlen darauf gelegt wurden, in wenigen Zügen leer rauchten. Danach fielen sie wie Epileptische zu Boden und spien Schleim und Schaum.

Doch gewöhnt sich der Mensch so an das Rauchen, daß es keinen Schaden mehr anrichtet, vielmehr hohes Behagen bewirkt. Um dies zu fördern, ziehen die Perser den Rauch durch eine, bis zur Hälfte gefüllte Wasserpfeife, die den unsauberen und dem Gehirn schädlichen Stoff zurückbehält und den Rauch gereinigt und gekühlt weitergibt. Diese anderthalb Fuß hohe Flasche heißt Khalgaan.

Kein Volk ist dem Rauchen mehr ergeben als die Perser, sowohl Männer wie Frauen. Sogar beim Reiten trennen sie sich selten von ihrem Khalgaan, wobei sie anstelle des Rohrs ein ledernes, biegsames, sehr langes, mit Drähten kunstvoll umsponnenes Röhrchen benutzen, während die Pfeife selbst von einem Diener zu Fuß oder auch zu Pferde getragen wird.«

Die Herstellung der verschiedenen *Opium-Präparate* beschreibt der Forscher eingehend, ebenso die Wirkungen, die sich bei längerem Gebrauch einstellen: »Der Körper erschlafft, die Kräfte lassen nach, der Geist umdüstert sich und wird stumpf. Man sieht die berauschten Opiumesser wie stumme Klötze dasitzen.

Oft wurden mir Leute gebracht, die ich von der rasenden Gier nach Opium heilen sollte, und man versprach mir hundert Goldstücke zum Lohn, wenn ich das ohne Schaden von Leib und Leben fertig brächte.«

Der entsetzlichste Mißbrauch des Opiums führe zum *Amok Laufen*, behauptet Kaempfer. Es handelt sich um eine Geisteskrankheit, die bei epileptischen Malaien vorkommt und von Kaempfer mit Lebensüberdruß begründet wird. »Leute, die einen unüberwindlichen Ekel vor ihrem Leben oder vor Kränkungen haben, weihen sich dem Tode und suchen dabei in ihrer Rachgier auch andre umzubringen. Dazu verschlingen sie einen Klumpen Opium und werden dadurch zur Raserei aufgepeitscht, daß sie wie wilde Tiere auf die Straße stürzen, um mit gezücktem Dolch alle Begegnenden, Freunde wie Feinde, niederzustechen, bis sie selbst von einem andern durchbohrt hinstürzen. Diesen Vorgang nennt man Hamùk (malaiisch gleich Wut), und man kann ihn bei den Bewohnern Javas und des äußersten Orients häufig beobachten. Alle Waffenlosen flüchten bei dem laut hinausgeschrieenen Worte, während jeder Beherzte und Bewaffnete hinzueilen muß, das wilde Tier zu töten.«

Auch über das Rausch- und Rauchmittel Haschisch wie über das Betel-Kauen * gibt Kaempfer als erster genaue, auch vom heutigen Standpunkt einwandfreie Darstellungen.

In Indien hatte er einmal Gelegenheit, ein *schauerliches Waffenspiel* zu beobachten, ein Charakpujha (Schwingfest), wie es noch in neuerer Zeit gefeiert, dann aber von der englischen Regierung streng untersagt wurde.

»An einem sehr hohen, fahrbaren Gerüst waren an je zwei eisernen Haken, die durch die Rückenmuskeln getrieben waren, je sieben Wettkämpfer aus vornehmem Geschlecht aufgehängt. Sie hingen einander gegenüber und trugen in der einen Hand ein Schwert, in der andern einen ungeheuren Schild, um zur Ehre der Göttin Rhauni Waffenspiele auszuführen. So schüttelten die aufgehängten Männer, während sie dreimal um den Tempel jener Göttin herumgefahren wurden, wacker ihre Waffen wie Fechtmeister. Dabei bewegten sie Kopf, Schultern und Beine mit schauspielerischer Anmut, als ob sie durch die Luft schwämmen, und sie gaben, obwohl an ihrem eigenen Fleische aufgehängt, nicht das geringste Zeichen von Schmerz.

Ich hatte mich vorher schnell in den Kreis der Leute gedrängt, die die Kämpfer festmachten. Da sehe ich, wie ihnen ein offenbar einschläfernder Trank aus einer Kokosnuß gereicht wird...«

Die grausig-närrische Justiz, die er bei den Malabaren vorfand, gab ihm Anlaß, den asiatischen Untersuchungsmethoden, insbesondere den *»Gottesurteilen«*, einmal nachzugehen, auch in der Geschichte des Abendlands. Es ist eine gelehrt philologische Arbeit, an der die heftige Kritik des bei den Hexenprozessen üblichen Inquisitionsverfahrens der Wasserprobe dartut, wie weit er über den verderblichen Zeitgeist erhaben war.

»Die Anwendung der *Wasserprobe* bei der Hexeninquisition behalten die Gerichtshöfe etlicher Staaten und Grafen, im Widerspruch zu den Bestimmungen des Reichs, bei, obwohl dies Verfahren auf keinerlei göttlichem noch Naturgesetz sich gründet. Denn welcher vernünftige Mensch sieht nicht ein, daß der eine Menschenkörper fester und aus größeren Knochen gebildet und also schwerer als Wasser, ein andrer dagegen, der fetter und poröser ist und dünnere Knochen hat, leichter als Wasser ist? Jener muß also naturgemäß untergehen, dieser aber schwimmen und wenigstens so weit aus der Oberfläche hervorragen, wie er leichter ist als Wasser. Hinzu kommt noch, daß die, welche mit ihrem Wissen ins Wasser geworfen werden, die Luft, sogar ohne Willen und Wissen zurückhalten, wodurch der Körper infolge der ausgedehnten Lungen leichter wird und schwimmt...

* Dr. W. Krenger: Kulturgeschichtliches zum Betel-Kauen. Ciba-Zeitschrift Nr. 82. B 7. 1957.

Bei den Malabaren werden die *Krokodile* als Vollstrecker der göttlichen Gerechtigkeit angesehen. Der Verdächtige, der seine Schuld leugnet, muß einen Fluß hin und her durchschwimmen, in dem Krokodile leben. Bringt er das fertig und entgeht den Untieren, wird er mit Glückwünschen der Menge empfangen. Er ist damit allem Verdacht, Gericht und Kerker entronnen. Ich glaube aber, wie ein Unschuldiger, der verschlungen wird, seine Sache und sein Leben zugleich verliert, ebenso wird der Schuldige, der entkommt, niemals so verrückt sein, mit Gefahr seines Kopfes und zur Verhöhnung der Justiz seine Schuld zu bekennen...

Eine andre Art, Schuld und Unschuld ans Licht zu bringen, ist in SIAM beliebt. Öfter beobachtet hat sie der Edle Herr van Horne, Direktor des dortigen holländischen Handels, aus dessen Munde ich davon hörte. Ein sechs Klafter langer, zwei Ellen breiter Graben war mit glühenden Kohlen gefüllt. Zu beiden Seiten war ein Tau gespannt, an dem der Beschuldigte sich halten konnte. Er war bis auf einen Schamgurt nackt. Die feurige Strecke legte er in fünf Schritten hin und her zurück, wobei zahlreiche Kohlenstücke an seinen Fußsohlen hängen blieben. Diese Probe mußte zwei oder dreimal abgelegt werden. Dann eilen die brahmanischen Magier hinzu und untersuchen genau die gewaschenen Füße, ob dort gewisse durchsichtig helle und mit gewissen geheimen Zeichen versehene Blasen zu sehen sind, welche die Schuld anzeigen.

Von einer schauerlichen Feuerprobe, die am 28. Februar 1649 in jener Gegend stattfand, wissen wir aus dem Tagebuche der dabei anwesenden Holländer. Dabei hatten mehr als 300 Menschen von beiden Geschlechtern, die beschuldigt waren, die Königstochter vergiftet zu haben, ohne Schaden – d. h. ohne die beweisenden Blasen – die Feuerprobe bestanden. Nur die eine, die das Verbrechen begangen hatte, hatte die Brandblasen gezeigt.«

Eine ähnliche Feuerprobe fand Kaempfer später auch bei den Japanern.

Über die Fahrt Kaempfers nach JAVA gibt die Einleitung zu den »Amoenitates exoticae« nur spärliche Auskunft. Er sei, heißt es dort, »von Persien und Arabien in die Länder des Großmoguls, die malabarischen Reiche, nach Ceylon und in die Gegend des Gangesbusens gefahren, darauf die Küste Sumatras entlang nach Java«, also wahrscheinlich über Bengalen, wo die Holländer in Hugli eine Niederlassung hatten, zur Küste Hinterindiens hinüber. Für die Strecke von ATSCHIN an der Nordspitze Sumatras bis BATAVIA brauchten die Seefahrer »zu ihrem großen Verdruß« sehr lange Zeit.

Im Oktober 1689 betrat Kaempfer den Boden der Insel, die von jeher als das Paradies der Botaniker galt.

V. JAVA

Die Holländisch-Ostindische Kompanie schien um die Zeit, da Kaempfer ihr diente, auf dem Gipfel ihrer Macht zu stehen. In Wirklichkeit hatte sie ihn bereits überschritten. Zu Anfang des Jahrhunderts gegründet, hatte sie in wenigen Jahrzehnten die Portugiesen und Spanier, die Herren des Indischen Ozeans, der Reihe nach aus fast allen Stellungen geworfen, die seit Vasco da Gama in ihren Besitz gekommen waren. Sie hatte 1605 die Molukken mit Amboina geraubt, 1641 Malakka, 1658 Koromandel und Ceylon, 1663 die wichtigsten Plätze der Malabarküste besetzt. Sie hatte 1666 unter Vertragsbruch den Portugiesen den Hafen Makassar weggenommen und war so die Herrin von Celebes geworden. Sie saß in Borneo, Sumatra, Tonkin, Siam, Japan und hatte auch in Afrika am Kap festen Fuß gefaßt. Und in allen Meeren jenseits des Kaps ward keine Flagge häufiger gesehen und mehr gefürchtet als die holländische. Nur die Engländer behaupteten einige ihrer indischen Stellungen und warteten auf die Gelegenheit, es mit den Holländern ebenso zu machen, wie diese es mit den Portugiesen gemacht hatten.

Als Kaempfer in die Hauptstadt des holländischen Handelsreichs kam, hatte Batavia bereits das Gepräge einer holländischen Stadt. Hier liefen die Fäden des Spinnennetzes zusammen, mit dem die Kompanie die Küsten der fernöstlichen Meere überzogen hatte. Hier herrschte der Rat von Indien, hier herrschte über den Rat mit fürstlicher Macht und Pracht der Generalgouverneur Joan Camphuys. Ihm folgte im höchsten Amte 1691 Willem van Outhoorn, der bis dahin Generaldirektor des Handels gewesen war.

Handelsgewinn um jeden Preis war das höchste, ja das einzige Ziel dieser Sozietät. Schillers hohes Wort von dem Kaufmann, der den Göttern gehöre – »Güter zu suchen geht er, doch an sein Schiff knüpfet das Gute sich an« –, gilt für jene Krämerseelen nicht. Die wunderreiche indische Welt mit ihren seltsamen Geschöpfen war für sie einzig und allein zur Ausbeutung da. Aber der ungeheure Gewinn der Kompanie, der in manchen Jahren den vierfachen Betrag der Anteile überstiegen hatte, verminderte sich gegen Ende des Jahrhunderts in bedrohlicher Weise, und das erste in der langen Reihe der Defizitjahre war nahe. Die Verwaltung des weitverstreuten Handelsreichs war kostspielig. Viel Geld verschlangen die Zwingburgen, die man anzulegen genötigt war, und die beständigen Fehden mit den Eingeborenen, die sich gegen die Eroberer zur Wehr setzten. Schlimmer noch war die Aushöhlung von innen, die Korruption der Beamten, die lieber Geschäfte in die eigene Tasche machten, als in die der Kompanie, von der sie allerdings auch schlecht bezahlt wurden.

Der einfache deutsche Chirurg wäre von den hochmögenden Mijnheers von Batavia kaum beachtet worden, hätte er nicht zu mehreren von ihnen bereits in Beziehungen gestanden. Mit Herbert de Jager war er in Isfahan bekannt geworden. Jagers Abhandlungen über Indigo und Katechu (Acacia Catechu, zum Betelkauen gebraucht) erschienen in den Akten der Leopold.-Carolinischen Akademie der Naturforscher. Damals stellte er Kaempfer seinen gelehrten Briefwechsel mit Rumphius neidlos zur Verfügung, wie er schon Chardin wichtige Beiträge zur Reisebeschreibung zur Verfügung gestellt hatte.

Namhafter Botaniker war auch Dr. Andreas Cleyer, ein geborener Kasseler. Er war zweimal, 1682 und 1685, »Opperhoofd« der japanischen Faktorei gewesen und hatte schon von seiner ersten Amtsperiode so viel im Privathandel erworbenes Geld heimgebracht, daß er sich ein Haus für 50 000 Gulden bauen konnte. Die wissenschaftliche Ausbeute seiner Reise veröffentlichte der Gießener Professor Valentini, auch er ein Bekannter von Kaempfer, in den Akten der genannten Akademie. Kaempfer war ihm empfohlen worden von Nikolas Witsen, was ihn, schreibt Kaempfer einmal an Cleyer, wegen der Überschätzung seiner Person zwar »schamrot mache, aber doch zum höchsten erfreue, weil es ihm Hoffnung mache, dadurch in des Herrn unverdienter Gewogenheit gestabiliert zu sein«.

Wenn irgend etwas unser Urteil über die kraß materielle Gesinnung der Holländischen Kompanie mildern kann, so die Tatsache, daß unter ihren Leuten eine so stattliche Reihe ausgezeichneter Botaniker war. Mögen immer auch hier Nützlichkeitserwägungen mitgesprochen haben – man wollte mit der indischen Flora Geschäfte machen –, so hat man doch auch die Wissenschaft kräftig gefördert.

Drei Männern gebührt vor andern das Verdienst, die Pflanzenwelt Süd- und Ostasiens erforscht und dem Abendland bekanntgemacht zu haben: Georg Eberhard Rumpf (Rumphius) aus der Grafschaft Solms, van Reede und Kaempfer.

Kaempfer ist dem damals zweiundsechzigjährigen Rumphius (1621 – 1702), dem »indischen Plinius«, wohl nie begegnet.

Adriaen van Reede tot Drakensteen (1635 – 1691) war Verwaltungsbeamter und Forscher zugleich. Er hat sein berühmtes Buch über die Flora Vorderindiens, den »Hortus Malabaricus«, geschaffen als Statthalter an der Malabarküste. Das Werk erschien in zwölf Folianten zwischen 1676 und 1703. Kaempfer hatte ihm von der Koromandelküste aus seine in Persien vollendete Abhandlung über die Dattelpalme mit Worten tiefster Verehrung zugesandt und ihn dabei mit »Magne Asclepiadum Maecenas« – »Hoher Schirmherr der Äskulapjünger« – angeredet. Es hat nicht den Anschein, als seien die beiden Männer sich auf Java nähergetreten. Unter Kaempfers Briefen ist, mit Ausnahme jenes einen, keiner an Reede gerichtet, der übrigens bald darauf starb.

Von dem Botaniker Kaempfer war schon die Rede und wird noch weiter zu reden sein. Seine besondere Leistung, um derentwillen ihm in der Geschichte

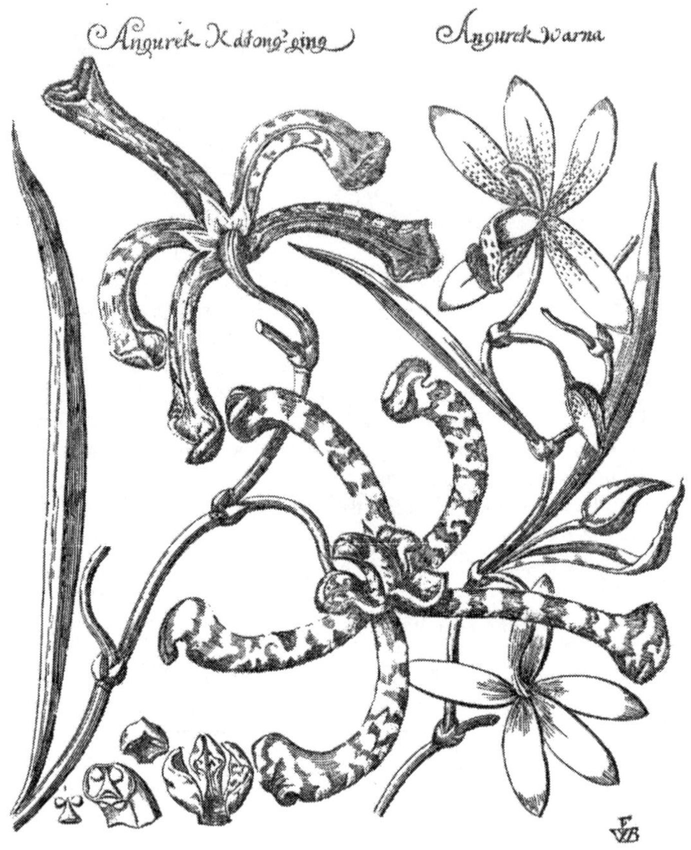

2 Orchideen aus der Flora Javas

der Botanik der Platz neben jenen beiden gebührt, ist die Erschließung der wundervollen Flora Japans.

Mehr als jene Männer bedeutete für Kaempfer der eine, dem er schon in Persien so viel zu verdanken hatte, WIBRAND LYKOCHTHON, der mit seiner Familie als außerordentlicher Rat in Batavia lebte. Nach manchen in Junggeselleneinsamkeit verbrachten Jahren durfte sich Kaempfer einmal wieder im Kreise einer europäischen Familie wohlfühlen. Auch ANTONIUS PARVES, des Generalschatzmeisters Haus öffnete sich ihm. Parve war Lykochthons Schwager und der Oheim jenes Daniel Parve, mit dem Kaempfer später in Holland den innigsten Freundschaftsbund schloß.

Auch mit dem Außensekretär JAKOB VAN DAM war er, scheint es, nicht allein durch gemeinsames botanisches Interesse, sondern in enger Herzensfreundschaft verbunden, wie seine vertrauten Briefe aus Japan dartun.

Aber neben den neuen vergaß er auch die alten Freunde nicht, unter denen der greise Kapuzinerpater Raphael den ersten Platz behauptete. Man spürt es an Kaempfers überschwenglichen Worten – sein Latein kann in solchen Briefen beinah zärtlich klingen –, wie er geradezu darunter leidet, dem gütigen alten Herrn seine Dankbarkeit nicht durch die Tat beweisen zu können. »Wie soll ich Euch danken für alle Verdienste, Gelehrsamkeit, Mahnungen, Ratschläge, Euch, dem unerschöpflichen Quell der Güte...!« Und dann plaudert er von den gemeinsamen Bekannten. »Herr de Jager lebt in seiner fleißigen Einsamkeit gewaltig und geruhig dahin. Herr Tudert hat im ersten Monat, weiterer Reise überdrüssig, seinen Anker im Hafen der Ehe geworfen und macht mit seiner Kunst gute Geschäfte. Herr van Heuvel, unser einstiger Direktor, hat sich aus Schuldbewußtsein oder Angst vor Strafe so sehr aufgerieben, daß er am Leben verzweifelnd darniederliegt von allen Freunden und selbst von den alten Weibern verlassen, von denen er bedient wurde. Das ist die Vergeltung für seine frühere Roheit... Lebe wohl mit den verehrten Genossen des Kollegiums und tausend Grüße von Eurem Ew. Hochwürden bis in den Tod verpflichteten, tief ergebenen und untertänigen Diener...«

Es war der letzte Brief an den väterlichen Freund.

Bei der großen Zahl einflußreicher Persönlichkeiten, die dem klugen und liebenswerten deutschen Arzte und Forscher ihr Wohlwollen schenkten, müsse ihm, sollte man meinen, das Los aufs lieblichste gefallen sein –, was denn auch bisher von allen Biographen Kaempfers angenommen wird.

Und doch war das Gegenteil der Fall.

Kaempfer hatte auf eine Anstellung in Batavia gehofft, die ihm erlaubt haben würde, sich neben seinem Dienst umfassenden Forschungen zu widmen. Diese Hoffnung schien um so begründeter, da eben damals am Hospital zwei Stellen unbesetzt waren. Aber er bekam keine von beiden. Zwei Jahre später schreibt er aus Japan an Witsen, er habe gern in Java bleiben wollen. »Aber das Schicksal wollte es anders. Dem Generalarzt war es ein leichtes, mit dem Lichte seiner Autorität die fremden Fünklein zu verdunkeln, und er lenkte es so, daß ich von beiden am Hospital offenen Stellen, des ersten Arztes und des Apothekers, keine bekam. Und ohne Anwalt meiner Sache, ein Fremdling mit unbewehrter Stirne, mußte ich die Erfahrung machen, daß doch recht viel darauf ankommt, in welche Zeit und unter welche Menschen ein tüchtiger Mensch gerät. Der Mann ist sonst nicht übel, gehört aber zu denen, die über wissenschaftliche Arbeit ebenso denken wie der Fuchs, der nach Verlust seines

Schwanzes seine Genossen davon überzeugen wollte, dies sei ein Vorteil. So ist es für Menschen mit höherer Geistesbildung unmöglich, unter diesem Schutzgott weiterzukommen...«

Man wird annehmen dürfen, daß Kaempfers Gönner sich nach Kräften für ihn bemühten. Aber die Gegenwirkungen waren stärker, wie es denn in einem Briefe an Cleyer heißt, daß »alle Patronen keine von beiden am Hospital gewesenen vacantium noch andre von schlechteren Belangen auswirken mögen«. An Landsleute schrieb Kaempfer stets in deutscher Sprache.

Von welcher Art nun sein Dienst in Batavia war, ist nicht ersichtlich. Jedenfalls blieb ihm Muße genug zu botanischen Studien, für die ihm besonders der Garten des Generaldirektors Willem van Outhoorn und der einer Witwe Moeller zur Verfügung stand. Seine Aufzeichnungen aus diesen beiden Gärten, vom 20. und 22. Oktober 1689, finden sich unter seinen Handschriften. Einmal schickt er an Jager etwas Gezeichnetes von der kleinen, nah bei Batavia gelegenen Insel Onrust, wo das Hospital der Kompanie stand – an dem er also doch wohl irgendwie tätig war. Der Begleitbrief zeigt den Schreiber in übelster Stimmung. »Es ist hier dunkel, der Tisch ist immer mein Knie, ich sitze hier zwischen Arbeitsochsen. Unter Ochsen, sage ich, mit denen ich mißratener Mensch (vappa hominum) dies mein Leben, das doch unwiederbringliche, verliere. Ich muß annehmen, dies sei mir von einem erzürnten Schicksal auferlegt – es sei denn, daß ich mit Deiner und Herrn Lykochthons Hilfe, auf die ich allein noch meine Hoffnung setze, wieder hochkommen werde...«

Noch im Oktober machte er eine Fahrt zu der floristisch noch nicht durchforschten Insel Eidam (Edam). Er muß hier einige Zeit zugebracht haben, denn seine in Handschrift vorhandenen Pflanzenbeschreibungen sind recht umfangreich und von Hunderten von genauen und großen Zeichnungen begleitet. Auch diese botanische Arbeit Kaempfers gehört zu den nie veröffentlichten. Über das »Palmen-Drachenblut« – ein aus den Früchten von Calamus draco austretendes Harz – schrieb er später eine kleine Abhandlung.

Hochbeglückt war der so bitter Enttäuschte über eine im Dezember eintreffende Sendung aus der Heimat – »nach drei Jahren die erste Briefernte«. Der gelehrte Frankfurter Stadtarzt M. B. Valentini (geboren 1657), erkundigt sich bei ihm nach botanischen Dingen, nach China, nach der Moxa, über die er bereits eine Abhandlung geschrieben hatte. Er veröffentlichte Kaempfers Abhandlung über den »Phoenix Persicus« (die Dattelpalme) im Museum Musaeorum, Frankfurt 1716. Der Naturforscher und kaiserliche Leibarzt Joh. G. Volckamer zu Nürnberg (geb. 1616) sendet ihm einen Jahrgang der Ephemeriden, dem Organ der Leop. Carol. Akademie der Naturforscher, deren Präses Volckamer war, und hatte Amarathensamen beigelegt, der aber, antwortet Kaempfer, wenn er ankomme, nicht mehr zu brauchen sei. »Im übrigen«, heißt es in Kaempfers Antwortschreiben, »sammle und beschreibe ich die javanischen Pflanzen und gedenke die Aufzeichnungen nach dort zu schicken, wenn das Geschick mir Leben vergönnt und mein amtlicher Dienst mir Zeit läßt.«

Er beabsichtigte demnach auch eine Flora Javas zu liefern, wie er denn 1712 im Vorwort seiner »Amoenitates« den Verlegern u. a. ein großes botanisches Werk »Herbarium Trans-Gangeticum« anbot mit etwa 500 Abbildungen, die er demnach in seinen Mappen aufbewahrte – leider vergebens.

Während seines siebenmonatigen Aufenthalts in und um Java hat Kaempfer mit dem Bienenfleiß, der ihm eigen war, botanisiert, aber nach seiner Weise auch die Eingeborenen und ihre seltsamen Bräuche beobachtet. Dabei konnte er an der Magie und Mystik, mit denen asiatisches Menschentum so innig durchtränkt ist, nicht vorbeigehen. Ein Kapitel seiner »Amoenitates« trägt die Überschrift: *»Magischer Bann bei den Makassaren, den Bewohnern der Insel Celebes.«* Die Abhandlung sei »zur angenehmen Abwechslung beim Lesen, aber nicht für schamhafte Ohren« bestimmt.

Es handelt sich dabei um Zaubermittel, die bewirken sollen, daß jeglicher Versuch ehelicher Untreue durch Impotenz zum Scheitern verurteilt ist. Mit Staunen vernahm Kaempfer, daß solcher Aberglaube auch von manchen Europäern da draußen nicht ohne weiteres abgelehnt wurde.

Eine andre Abhandlung ist den *»Asiatischen Giften und Gegengiften«* gewidmet.

»Wie die Tropensonne die heilsamen Kräfte der Natur steigert, so auch die vernichtende Kraft der Gifte. Wem graute nicht vor der furchtbar schnellen Wirkung jenes Baumsafts der Makassaren, mit dem sie ihre Pfeile bestreichen! Wer denkt nicht mit Schaudern an den Geifer der Kobra, der auch die nur leicht Gebissenen hinrafft! Wie diese beiden Gifte vor allen anderen gefürchtet werden, so werden die Gegengifte aufs höchste geschätzt. Das erste ist eine Pflanzenwurzel, malayisch Hampaddu Tanah d. i. Erdgalle genannt. Die Portugiesen nennen sie Raje oder Mungowurzel. Dieser *Mungo*, ein wieselartiges Tier, verfolgt die Kobra mit angeborenem Haß und greift sie an, wie die Katze die Maus. Wird er gebissen, läßt er ab von der Schlange und sucht sofort nach jener Wurzel als Gegengift, worauf er gestärkt den Kampf von neuem aufnimmt. Daran ist so viel richtig, daß der Mungo, gebissen oder vom Kampfe ermattet, Würzelchen von Gräsern abbeißt und durch diese Nahrung gestärkt, wie ich annehme, sich sofort wieder auf den Feind stürzt.

Der Mungo wird auch als Haustier gehalten und leicht zahm. Ich habe einen besessen, der neben mir schlief und mir wie ein Hündchen durch Straßen und Felder folgte.

Jene Wurzel wird in Sumatra und Java besonders gerühmt als Mittel gegen das durch nichts sonst zu bekämpfende makassarische Gift.

Das ist der milchige Saft eines Baums, der von den Eingeborenen Ipu, von den Malaien und Japanern Upa genannt wird. (Es ist Upas Antjar aus der Rinde von Antiaris toxicaria.) Er wächst vornehmlich an abgelegenen waldigen Stellen der Insel CELEBES. Es gibt drei Arten. Der echte, der nur in Makassar wächst, ist nur mit äußerster Lebensgefahr zu sammeln. Denn man muß in Gebiete vordringen, wo das Urwalddickicht von wilden Tieren wimmelt. Wenn dann der gefundene Baum nicht aus einer gewissen Entfernung angeschnitten wird oder der Wind dem Angreifer entgegenweht, wird allein dieser Gifthauch den Menschen töten.

Das Einsammeln des tödlichen Gifts wird Leuten aufgetragen, die um irgendwelcher Verbrechen willen ihr Leben verwirkt haben. Falls sie den Saft herbeischaffen, wird ihnen die Strafe erlassen. Sie betreten den Wald ausgerüstet mit einem zugespitzten Bambusrohr, nähern sich dem Baume vor dem Winde, stoßen aus möglichst großer Entfernung die Spitze in den Baum und lassen von dem hervorquellenden Saft so viel in das Rohr hinabfließen, wie der Raum bis zum nächsten Knoten faßt. Dann gießen sie den Saft behutsam in ein Tongefäß, bringen es dem Könige und sind nun frei.

Das Geschoß, das mit dem Gifte bestrichen wird, ist ein kleiner Rohrpfeil mit feiner Spitze. Diese Pfeile werden nicht mit einem Bogen, sondern aus Schilfrohren geschossen, so wie unsre Knaben es beim Spatzenschießen mit ihren Blasrohren machen. Für die nackten Inder ist das Geschoß furchtbar, für die bekleideten Europäer weit weniger.

Bevor die Europäer, die Gäste oder vielmehr die Feinde der Inder, die Mungowurzel kennenlernten, wurde ihnen von Eingeborenen kein andres Gegenmittel angegeben, als getrockneter Menschenkot, der sogleich nach der Verwundung herunterzuschlucken war, damit ein ungeheures Erbrechen eintrete, wodurch die Kraft des Gifts gebrochen werden sollte.

Ein weiteres Gegengift ist der *Schlangenstein.* Auf die Giftwunde gebracht, saugt er sich fest – sagen die Eingeborenen – und fällt dann von selbst ab. Zur Sicherheit muß ein zweiter Stein vorhanden sein. Mir erzählte, als ich Zweifel an der Wirkung äußerte, Herr de Pavillon folgenden Fall, der sich in seinem Hause ereignet habe. Eine der Mägde wurde von einer Kobra gebissen und jammerte über die furchtbaren Schmerzen. Sofort wurde ein Schlangenstein herbeigeholt und auf die Wunde gelegt. Als er abfiel und kein zweiter zur Stelle war, auch keine frische Milch zum Abspülen des Steins, spülte eine stillende Frau den Stein mit ihrer eigenen Milch, indem sie den Stein auf ihre Brust legte. Sogleich aber begann die Brust zu schmerzen, anzuschwellen und sich zu entzünden. Das dauerte unter Lebensgefahr drei Tage lang, und die Verhärtung der Brust wurde sie erst am zehnten Tage los. Ihre Brustwarze war durch das Kind, das sie stillte, ein wenig verletzt gewesen, hatte also dem Gift einen winzigen Zugang eröffnet.

Ich selber habe trotz aller Lobpreisung des Steins nicht gewagt, seine Wirksamkeit im Ernstfalle zu erproben, da ich nicht begriff, wenn wirklich die Wirkung des Gifts eine so rasche ist, wie alle Welt sagt, wie dann nur durch Auflegen eines porösen Steins jenes Gift aus der ganzen Menge der Feuchtigkeit herausgezogen werden konnte. Ich habe stets zu meinem Rettungsanker, dem Theriak, meine Zuflucht genommen und habe, nachdem ich oberhalb der Wunde das Glied abgebunden hatte, das Blut laufen lassen, dann das Mittel auf die Wunde gebracht und für Schwitzen gesorgt. So gelang auch ohne den Stein die Heilung ziemlich schnell und zwar ohne Ausnahme bei frischen Verwundungen.«

Kaempfer beschreibt dann den »Schlangenstein«, der natürlich keineswegs, wie das Volk glaubt, im Gehirn einer Schlange sich bilde, sondern aus Hirschhorn zu bestehen scheine, das im Dampf aufgeweicht sei. Kaempfer hat richtig gesehen. Es handelt sich um gebrannte Knochen, die wie Schröpfköpfe wirken.

Kaempfer hatte eine bittere Erfahrung machen müssen. Wir lasen seine Klage. Trotz seinem Wahlspruch »Virtuti nihil invium« ist er keineswegs ein forscher Draufgänger. Leicht angeregt, ja aufgewühlt, greift er leidenschaftlich zu, wo immer sich eine Gelegenheit zur Gewinnung neuer Erkenntnisse zu bieten scheint. Aber frisches Wagen wird zum Zagen und Klagen, wenn Schicksals- oder Menschentücke ihm Hindernisse in den Weg wirft. Überschwängliche Hoffnungen – man erinnere sich an seine Bemühungen um Indien! – schlagen in tiefe Enttäuschungen um. Lykochthon, sein reiferer Freund, wußte das, da er ihm das beruhigende Wort ins Stammbuch schrieb »Non semper feriet, quodcumque minabitur arcus«, »Nicht jeder drohende Pfeil wird sein Ziel erreichen«.

Ganz zufrieden mit seiner Lage erscheint der Forscher im Verlauf seiner nun schon siebenjährigen Reise nur als Sekretär der Schweden in Isfahan bei seinen Freunden Pristaf und Klingenstern – dieser nennt ihn Damon und unterschreibt sich Phintias – und beim Pater Rafael, der ihn mit der Fülle seines Wissens und seiner Güte überschüttete. Bender-Abbas war furchtbar gewesen, bis auf das Idyll in Bugun, Vorderindien hatte ihn nicht halten können, weil er nur einige Randstellen zu sehen bekam. Und nun war auch in Java kein Platz für ihn.

Er kann nirgends, wie er möchte. Sein Spielraum reicht nicht weiter als die Kette, die ihn an seinen Dienst fesselt. Er bleibt eben ein kleiner, schlecht bezahlter Angestellter einer privaten Handelsgesellschaft.

Wie anders standen die wohlbestallten Fachkollegen Cleyer, Jager, Reede da, die alle ihr Schäfchen im trocknen hatten! Wie anders auch etwa der Franzose Chardin, der ganz auf sich und seine Klugheit gestellt als Juwelenhändler von einem asiatischen Hof zum andern zog, glänzende Geschäfte machte und nebenher Muße fand zu gründlichen Studien von Land und Leuten! Oder

Tournefort, der für seine botanischen Studien, die er – bald nach Kaempfer – in Persien unternahm, sich der Unterstützung eines Königs, Ludwigs XIV., zu erfreuen hatte.

Was bedeuten dagegen alle die »Patrone«, auf die Kaempfer seine Hoffnungen setzte, um deren Gunst er warb! In seinen Briefen an die hochmögenden Mijnheers mag uns die phrasenreiche Schmeichelei und Unterwürfigkeit des Schreibers mit echter Manneswürde oft schwer vereinbar dünken. Aber ein gut Teil fällt zu Lasten des schwülstigen Zeitstils – auch seinen Bruder redet Kaempfer mit »Hochgeehrtester, hertzwehrtester Herr Bruder« an. Und außerdem – er brauchte diese Leute. Nicht überall bezahlte man seine ärztliche Kunst so gut wie in Schirwan, wo er »ein weises Pferd geschonken« bekam, dazu hundert Taler, und »in guter Courage« weiterreisen konnte. Damals war er Legationssekretär gewesen, also höherer diplomatischer Beamter, und hatte nebenher eine einträgliche ärztliche Privatpraxis betrieben. Jetzt hatte er »unter einem schlechteren Titel«, wie er schreibt, als Schiffschirurg Dienst zu tun, ohne erhebliche Nebeneinnahmen. Ohne wohlwollende Gönner war er für die Forschung verloren und konnte seine hohen Pläne und seinen berechtigten Forscherehrgeiz begraben. So stempelt er denn alle irgendwie einflußreichen Bekannten ohne weiteres zu »Patronen«. Aber das Mittel war unsicher. Ein böswilliger Fachkollege genügte, ihm alle Pläne zu zerschlagen und das »Paradies der Botaniker« gründlich zu verleiden. Aber der Mann war am Ende auch »ein Teil von jener Kraft, die stets das Böse will und stets das Gute schafft«. Das Gute war in diesem Fall Kaempfers Überdruß an Java und das daraus entspringende Verlangen nach einem neuen Wirkungsfeld.

Dieses Wirkungsfeld war – Japan!

VI. SIAM

Nichts weist darauf hin, daß Kaempfer bereits vor seinem Aufenthalt in Batavia an Japan als aussichtsreiches Forschungsgebiet gedacht habe. Da ihm aber jetzt die Stelle des Kompaniearztes für die Faktorei in Nagasaki angeboten wurde, griff er sofort zu. Seine Gründe haben wir angedeutet: Unbefriedigung mit seiner Tätigkeit in Java, wohl auch die Erkenntnis, daß er hier neben den Rumpf, Reede, Cleyer, Jager schwerlich viel Neues werde leisten können, und anderseits die Aussicht, in Japan der Wissenschaft als erster ein ganz neues Gebiet zu erobern.

»Nachdem ich mich«, so leitet Kaempfer seine Tagebuchaufzeichnungen ein, »eine Zeitlang in Batavia auf der großen Insel Java – der Hauptstadt der Holländisch-Ostindischen Kompanie in Indien und der Residenz ihres Generalgouverneurs – aufgehalten hatte, fand ich Gelegenheit, mit einem im Hafen segelfertig liegenden Schiffe, genannt ›Waelstrohm‹, die Reise nach Japan zu machen, da mir die Stelle eines Arztes bei der holländischen Gesandtschaft angetragen wurde, die jährlich an den japanischen Hof geschickt werden muß. Ein Europäer, welcher wünscht, das japanische Reich zu betreten, die Pracht des kaiserlichen Hofes zu sehen, und vor dem Kaiser selbst zu erscheinen, kann jetzt auf keine andere Weise diesen Wunsch befriedigen, als daß er sich in den Dienst dieser ostindischen Gesellschaft gibt. Denn nun schon beinahe hundert Jahre ist dieses Reich allen europäischen Nationen verschlossen, außer den Holländern, welche die Japaner für die aufrichtigsten aller Europäer oder vielmehr aller Fremden überhaupt halten, und deswegen, obwohl unter sehr strenger Aufsicht, dulden und ihnen erlauben oder vielmehr als eine Pflicht von ihnen fordern, daß sie jährlich durch einen Residenten dem Kaiser ihre Ehrerbietung bezeugen.

Unser Schiff war bestimmt, zuerst nach Siam zu gehen, daselbst einen Teil seiner Ladung zu verhandeln, und dagegen siamesische Waren einzutauschen. Ich hatte also Gelegenheit, auch dieses in ganz Asien berühmte und mächtige Reich zu sehen.«

Am 7. Mai 1690, an einem Sonntag, frühmorgens um sechs Uhr, ging Kaempfer an Bord. Die Fahrt von Batavia nach Siam war wegen der vielen Inseln, Sandbänke und verborgenen Klippen mühsam und gefährlich, besonders in der Straße von Banka. Man kam aber glücklich durch und warf am 20. morgens um acht Uhr Anker bei der Insel Pauli Timon (Pulo Tioman) unweit der Küste von Malakka.

Die Einwohner – Kaempfer schätzt sie auf etwa tausend – waren »eine Art Banditen, ziemlich lebhaft und nicht häßlich, nur ziehen sie sich, wie auch die Einwohner von Malakka und Siam, die Barthaare aus, so daß sie wie alte Weiber aussehen«. Ihre Kleidung bestand bloß aus einem Lendenschurz aus Baumrinde. Sie kamen mit Paddelbooten, Einsitzern an Bord und brachten

Mangofrüchte – so groß, wie Kaempfer sie noch nie gesehen –, Pisangs, Limonen, Ananas, Hühner und eine besondere Art von Steinböcken mit langen, rötlichen Haaren und vorstehendem Eckzahn, also Moschustiere (Moschus moschiferus). An eigenen Arbeiten boten sie nichts an als Säcke und kleine, sehr fein geflochtene Matten aus Pisang oder Gabbe-Gabbe-Blättern. Sie wollten kein Geld dafür, sondern Reis, Eisen, Hemden oder Leinwand.

Kaempfer ging von Bord und stellte sofort die ihm zum Teil unbekannten Pflanzen des Eilands fest.

Um sechs Uhr abends ging man wieder unter Segel. Am nächsten Morgen waren die hohen Gebirge von Malakka in Sicht. Von einem kleinen Küstenplatze kamen drei Fischer an Bord und boten den Holländern für ein schlechtes Tischtuch und einen halben Eimer Reis so viel Fische, »daß wohl zwanzig ausgehungerte Menschen sich daran hätten sättigen können«.

Unter den Mitfahrenden des »Waelstrohm« war ein Japaner namens Hanjemon, dessen seltsame Schicksale Kaempfer von ihm selber erfuhr und der Mitteilung für wert hält. Mit Recht – es ist eine abenteuerliche Robinsonade.

»Der aus Firando (Hirado) gebürtige Japaner war ein sehr aufrichtiger, verständiger Mann. Er verstand fünf asiatische Sprachen. Im Jahre 1682 machte er auf einer großen siamesischen Dschunke eine Reise von Siam nach Manila auf den Philippinen. Der Steuermann war Portugiese, die Besatzung vierundsechzig Mann stark. Ungefähr zwei Meilen von einer sehr flachen Insel, von den Portugiesen Visia grande genannt, hatten sie das Unglück, auf einer verborgenen Klippe zu stranden. Es war gutes Wetter. Der Steuermann konnte sich mit neun andern in dem gewöhnlichen kleinen Boote retten. Sie kamen nach sechs Tagen in Tonkin an und reisten von da nach Siam zurück. Viele andere wurden auf Schiffstrümmern seewärts abgetrieben und kamen vermutlich elend um. Hanjemon und dreizehn andere kamen glücklich auf die erwähnte Insel. Das Eiland gehört zu den Philippinen und liegt nicht weit von der großen Insel Luzon oder Manila entfernt, ist sehr flach, ohne Gebirge und Holz, nur mit Kräutern und Bambus bewachsen. Es ist etwas über einen halben Kilometer breit und ebenso lang. Hanjemon und seine Gefährten fanden hier eine große Menge Vögel, die so zahm waren, daß sie sich mit Händen greifen ließen. Es waren vier verschiedene Gattungen, alle aber hatten große Schnäbel. Die eine Gattung tat ihnen besonders gute Dienste mit ihren Eiern, die so groß waren wie Hühner- oder Enteneier und die sie das ganze Jahr hindurch genießen konnten. Am Strande fingen sie große Schildkröten, die ihnen sechs Monate im Jahr neben den Vögeln als Nahrung dienten. Unter den Pflanzen fanden sie die große Wurzel Drakontium, die man nach Auspressung des scharfen Safts in Indien ißt. Hernach fingen sie auch Fische, nachdem sie sich von Treibholz ein Floß angefertigt hatten. Mit diesem holten sie auch bei stillem Wetter von dem Wrack ihres verunglückten Schiffes Holz, Eisen und Werkzeuge zum Fischfang. Durch Reiben von Bambusstäben machten sie Feuer, und den Abgang ihrer Kleider ersetzten sie durch die Häute und Federn der Vögel, die sie, so gut sie konnten, zusammenfügten. Anstatt der Töpfe dienten ihnen die großen indischen Muscheln, die die Holländer ›Vader Noahs Schulpen‹ nennen. Unangenehm war nur, daß die Muscheln nicht lange aushielten. Auf solche Art mangelte den Verschlagenen bald nichts zu ihrem Lebensunterhalt als Wasser, das sie auf der Insel gar nicht fanden. Sie gruben daher Löcher in die Erde, worin sie das Regenwasser sammelten, das sie dann in ihren Töpfen, den erwähnten Muscheln, verwahrten. Ebenso sorgfältig sammelten sie alles Holz, das an die Insel getrieben wurde, um es bei Gelegenheit zu brauchen.

Auf diese Art lebten sie auf der Insel acht Jahre. Und sie waren gewiß, ihr Leben auf ihr beschließen zu müssen. Endlich aber wurden sie des Lebens auf der öden Insel so überdrüssig, daß alle noch Lebenden einmütig beschlossen, aus dem gesammelten Holz ein Fahrzeug – sei es auch ein Monstrum von Fahrzeug – zu erbauen und sich mit ihm dem Meere zu überlassen. Sie wollten lieber ihr Leben verlieren, als es länger auf diese armselige Weise fristen. Drei von ihnen waren auf der Insel gestorben, und die elf übrigen übergaben sich mit ihrem Fahrzeug dem Meere und ließen es darauf ankommen, wohin ihr Glücksstern sie führen würde.

Nachdem sie einunddreißig Tage umhergetrieben waren, kamen sie endlich in den Meerbusen von Tongkin an die große Insel Hainan, und zwar zu ihrem guten Glück gegenüber der Küste von Kanton, die von Chinesen bewohnt wird, während auf der andern Seite, Cochin-China gegenüber, wilde Volksstämme wohnen, die man sogar für Menschenfresser hält. Der chinesische Statthalter der Insel nahm die Unglücklichen sehr gütig auf, versah sie mit Kleidern und schickte sie nach dem portugiesischen Makao, gegenüber Hongkong. Von hier kamen drei von ihnen auf einem portugiesischen Schiff nach Batavia. Hanjemon, der Japaner, reiste nun mit uns nach Siam, erfuhr aber zu seinem großen Verdruß, daß seine Frau, seiner langen Abwesenheit überdrüssig, sich an einen Portugiesen wieder verheiratet und ihm schon einen Sohn geboren habe.«

Am 31. Mai in der Frühe wurde die »Waelstrohm« von einem starken Sturm so plötzlich überfallen, daß man kaum die Segel einholen und die Anker fallen lassen konnte. Vorher schon wurde die Vorbramstenge zersplittert und fiel über Bord samt zwei Mann, die daraufstanden. Der eine, der nah am Boote niederfiel, wurde mit Stangen und Seilen gerettet. Der andere ergriff das Seil zwischen Boot und Schiff und hielt sich so lange an ihm fest – obgleich das Schiff wie ein Pfeil fortschoß –, bis auch er von zwei Leuten im Boot mit großer Mühe und Gefahr gerettet wurde. Beide waren äußerlich unverletzt, doch klagte der eine über heftige Schmerzen in der Brust. Kaum waren die

Segel eingeholt und die Anker geworfen, legte sich der Sturm. Den ganzen Rest des Tages brachte man mit Anfertigung einer neuen Stenge zu.

Am 6. Juni kamen die Holländer glücklich auf der Reede von Siam an und ließen gegen Abend, nachdem fünf Kanonenschüsse gelöst waren, gegenüber der Menam-Mündung die Anker fallen. Am 7. fuhren sie in die Flußmündung ein und erreichten gegen Mittag ihre »Faktorei Amsterdam« in der Nähe des heutigen Paklat, »die eine Meile von der Mündung lag«. Sie wurden von dem dort residierenden Kommandanten, der CORE hieß und von Geburt Schwede war, sehr höflich empfangen.

Am nächsten Tage versuchte Kaempfer nach seiner Gewohnheit im Walde zu botanisieren, konnte aber seine Wißbegierde nicht recht befriedigen, weil ein großer Teil des Waldes unter Wasser stand und der übrige durch Tiger und andre wilde Tiere unsicher gemacht wurde. Er stellte immerhin verschiedene Gattungen Farnkraut fest, fand auch Gelegenheit, einen alten, kräuterkundigen Mann gründlich auszufragen.

Am 9. Juni fuhr man mit der Schaluppe den Fluß hinauf und belustigte sich mit Schießen der Affen, die sich in Menge am Ufer und auf den Bäumen tummelten. »Es findet sich dort eine unglaubliche Menge Affen, schwärzliche, sehr große, auch kleine, graue, die auf den Bäumen und auch auf dem trocknen Ufer müßig und als völlig zahm herumspazieren, gegen Abend aber die höchsten Bäume am Ufer beziehen. Sie sind alsdann hier in so erstaunlicher Menge, daß die Bäume aussehen, als wären sie mit Raben besetzt. Die Weiblein halten ihre Jungen an den Brüsten fest, und sie ließen dieselben nicht, wenn sie auch heruntergeschossen würden.« Die Holländer schossen also diese Affenmütter herunter. Und an diesem rohen Spaß nahm der Naturforscher Kaempfer nicht allein keinen Anstoß, er machte sogar selbst mit – »wir belustigten uns«, schreibt er – und bezeugt damit, daß er sich in der Wertung des Tiers nicht – wie doch in so manchem andern – über seine Zeit erhebt. Abends spät kam man an der Festung BANGKOK vorbei, wo die vor einigen Jahren von den Franzosen aufgeführte Schanze nunmehr zerstört war. Bei der Weiterfahrt am nächsten Tage fertigte Kaempfer eine topographische Karte an, die er hernach auf der Rückfahrt verbesserte.

Zwischen lustigen grünen Ufern des MENAM hinauffahrend gelangte man mit Einbruch der Nacht in die Gegend der Hauptstadt, warf Anker und erreichte am nächsten Morgen noch vor neun Uhr, der Zeit des Gottesdienstes – es war ein Sonntag –, die unterhalb der Stadt gelegene Faktorei.

Am Abend wurde dem holländischen Residenten mitgeteilt, er habe sich am nächsten Tage zu Hause zu halten, da der König ausfahren wolle.

»In diesem Fall«, sagt Kaempfer, »muß in Siam jedermann sich verkriechen. In Persien doch nur, wenn das königliche Frauenzimmer ausfährt. Es herrscht alsdann die größte Stille, und alle Fenster sind verschlossen. Wenn der König oder seine Weiber einem von ungefähr auf dem Felde begegnen, so muß man mit dem Gesicht sich sogleich zur Erde niederwerfen und diesen erhabenen Personen aus Ehrerbietung den Hintern zeigen, bis sie mit ihrem ganzen Gefolge vorüber sind.«

Ajudhja – Kaempfer schreibt Juthia – ist die alte Hauptstadt im Reiche »des weißen Elefanten«. Nach ihrer Eroberung und Plünderung durch die Birmanen 1767 ließ man sie verfallen, und Bangkok wurde Residenz.

Kaempfer schildert unter Beifügung eines Plans die alte, auf einer Insel liegende, von zahlreichen Kanälen durchschnittene Hauptstadt. Alles, was er damals sah, zeichnete und beschrieb, die schwimmenden Wohnungen, die Gassen der Handwerker, die drei königlichen Paläste, in deren einem der Führer des königlichen Elefanten, »stets ein Prinz von Geblüt«, wohnte, die zahlreichen Tempel mit geschweiften und reich vergoldeten Dächern, die Buddhafiguren und greulichen Teufelsfratzen, die vor der Stadt liegende kirchturmhohe »Pyramide« Pukathon (richtiger Pagode, wie sie in der gleichen Form bis heute für Siam charakteristisch ist; gemeint ist die Pagode Phu Khao tong), das stolze Denkmal eines Sieges über den König von Pegu – Kaempfer gibt es in genauem Aufriß und Grundriß –, alles dies ist heute verschwunden, zerfallen in Trümmer, über denen die üppige Tropennatur ihren grünen Teppich immer dichter webt.

Erstaunlich ist die Fülle dessen, was Kaempfer auf Grund eines nur etwa vierwöchigen Aufenthalts zu sagen weiß über die Topographie des Landes und der Hauptstadt – das Britische Museum bewahrt eine meterlange, sauber gemalte Karte von seiner Hand –, über eine Menge von Einzelbauwerken, über die Natur des Landes, wie über seine Kultur, Religion, Zeitrechnung. C. Ritter hebt in seinem Asienwerk hervor, die besten Nachrichten über Ajudhja gebe E. Kaempfer, dessen Forschungen er auch sonst größten Wert beimißt. Nicht geringer schätzt die neuere Forschung seine Leistung ein. Vgl. »Journal of the Siam Society«, Vol. VI, Bangkok 1909, »Some Remarks on Kaempfer's Description of Siam, 1690.«

Historisch wichtig ist besonders sein zuverlässiger Bericht über die blutige Verschwörung des Constantin Phaulkon, jenes verwegenen Griechen, der, obwohl Europäer, zum allmächtigen Minister des schwachen Königs emporgestiegen war und im Jahre 1688 – Kaempfer schreibt irrtümlich 1689 – mit Hilfe der in Bangkok sitzenden Franzosen unter General de Fargues, alle Thronanwärter – in Siam vornehmlich die Brüder des Königs – zu beseitigen unternahm, um dann einem schwächlichen, ganz von Phaulkon abhängigen Schwiegersohn des todkranken Königs die Krone zu sichern und so in Wahrheit selber das Land zu beherrschen. Der Plan wurde aber von dem Bruder des Königs, Phra Phetraxa – Kaempfer nennt ihn Petratja –, entdeckt und vereitelt. Phaulkon wurde zu Tode gemartert. De Fargues mußte mit seinen Truppen fliehen. Es war endgültig vorbei mit der Herrlichkeit der

Franzosen, die, wäre der Anschlag gelungen, vielleicht vermocht hätten, neben dem britischen Vorderindien ein französisches Hinterindien zu gründen.

Die französischen Jesuitenväter mit ihrem Bischof Louis mußten den mißlungenen Staatsstreich ihrer Landsleute hart büßen. Sie wurden als Gefangene im Lande zurückbehalten. Kaempfer besuchte sie und unterhielt sich mit ihnen. Sie wohnten in elenden Schilfhütten, ertrugen aber ihr Los mit Gelassenheit. Besonders der Bischof machte auf Kaempfer den Eindruck eines trefflichen, gelehrten und gottesfürchtigen Mannes, der auch in der Religion des Landes sehr bewandert war. »Er hatte auch durch seine christlichen Lehren und sein Betragen, wie ein anderer Paulus, seine heidnischen Wächter so eingenommen, daß sie ihn als einen heiligen Mann Gottes verehrten.« In Kaempfers Stammbuch trug er die Worte ein: »Brevis ad coelum via et unica« – »der Weg zum Himmel ist kurz und es gibt nur einen einzigen« – *»Ludovicus Episcopus Metellopolitanus vicarius captivus Siami«*, d. h. Bischof von Middelburg. M. war ein Bistum in Holland. Drei andere Jesuiten hatten es allerdings vorgezogen, sich den Kopf scheren zu lassen und sich auch sonst völlig in »Talapoins« – Geistliche des Landes – zu verwandeln.

Wie die Franzosen und Portugiesen hatten auch die Engländer ihre Faktorei in Ajudhja aufgeben müssen. Nur die anpassungsfähigen Holländer durften bleiben. Aber was alles mußten sie sich dafür gefallen lassen!

Davon berichtet eine Geschichte in Kaempfers Handschriften, die er freilich nicht für sein Buch bestimmte. Mit gutem Grunde – sie ist gar zu beschämend für die Holländer. Wir geben sie wortgetreu wieder, ob sie gleich wenig appetitlich ist.

»Lebendig spießen ließ der König alle drei Tage den gegenwärtigen Dolmetsch Trumpenet, weil er einen seiner Leute, einen trunkenen holländischen Freyman, Dirk der Schlachter geheißen, der wider Befehl gezogen hatte, nicht gemeldet hatte. Die Strafe wurde nicht weit von seinem Hause beim hohen Tempel des großen Idols vollzogen. Er stand mit bloßen Füßen auf einem wenig erhöhten Bambus-*subsellium.* Vor ihm war eine Stütze oder bambusen Lehnsel gemacht, worauf er lehnte, und hinten wurde ihm eine gespitzte bambusen Stange in den Ars gesteckt. Das mußte er an drei Tagen eine Stunde lang erdulden. Doch waren *executores* von ihm reichlich *corrumpiert,* daß ihm der Prickel nur ein halb Finger lang zwischen Fleisch und Fell, so vorher *insensibel* gekniffen, eingedrückt wurde, und war über sein Haupt ein Schatte gemacht und zärtelten ihn seine Weiber. Er selbst verteilte an unsre Leute Pisang (Bananen) von seiner Marterstelle aus ...«

Am Tage nach der Ankunft der Holländer fand das prächtige Leichenbegängnis der gleich einer Mutter verehrten Amme des Berklams, d. i. Reichskanzlers, statt. Dieser empfing auch einige Tage darauf die Holländer in feierlicher Audienz. Es waren der Resident van Hoorn, die Herren Daniels und Moses

Brokborde, die beide die siamesische und andre asiatische Sprachen beherrschten, der Kapitän des Schiffes und Kaempfer. Zweck der Audienz war die Überreichung von Briefen und Geschenken für den König und den Berklam. Eine besondre Prunkbarke, die Kaempfer sofort zeichnete, hatte die Sachen zu befördern. Die Holländer folgten auf einem kleineren Fahrzeug und durchfuhren die Stadt der Länge nach bis zur Wohnung des Kanzlers. Kaempfer bemerkte zur Rechten des sehr kotigen Hofes in einem Stall einen großen aufgeputzten Elefanten. Der Audienzsaal mußte ohne Schuhe betreten werden. Es war nur ein einziger Raum, der mit den Bildnissen der französischen Königsfamilie und mit europäischen Landkarten reichlich behängt war. »Die übrige Auszierung aber machten bloß Staub und Spinnwebe.«

Der Berklam saß, den König vertretend, hinter einem Vorhang, so daß nur der Oberkörper sichtbar war. »Es war«, sagt Kaempfer, »ein sehr wohlgebildeter, ansehnlicher Mann, dessen gleichen ich unter dieser schwarzen Art Menschen – die alle sehr klein sind und wie halbe Meerkatzen aussehen – nicht mehr gefunden habe. Er bewies auch einen sehr geschwinden Verstand und eine lebhafte Munterkeit in allen seinen Handlungen. Er war vor wenigen Jahren als Gesandter in Frankreich gewesen und wußte uns von der Verfassung dieses Landes, den Gegenden, Festungen usw., die er gesehen hatte, viel zu erzählen.«

Den König Phetraxa bekam Kaempfer nicht zu Gesicht.

Am Abend des 4. Juli fuhren die Holländer mit ihrer Schaluppe flußabwärts und langten erst am Morgen des 6. Juli bei ihrem Schiffe vor Bangkok wieder an. Sie fanden die alte, auf einer Insel gelegene Festung in gutem Stande, die neue von den Franzosen am östlichen Ufer angelegte Schanze dagegen völlig zerstört. Noch vor Abend erreichten sie ihr Wohn- und Packhaus »Amsterdam«, das nach Landessitte auf Bambuspfählen erbaut war.

Den Ortskommandanten Core fand Kaempfer sehr betrübt über den Tod seiner Katze Suri, die er im Bauche einer getöteten Schlange wiedergefunden hatte. Er klagte auch, daß ihm dieser Räuber unter seinen Hühnern großen Schaden getan habe.

»Ich muß bei dieser Gelegenheit«, schreibt er, »noch eines andern Räubers gedenken, welcher sich bei meinem Aufenthalt des Nachts unter diesem Hause eingefunden hat, in dem sieben von unserer Gesellschaft schliefen. Es war ein Tiger, welcher den Zipfel einer durch die Ritze des Bambusestrichs niederhängenden Weste erwischte und ziemlich behende an sich zog. Der Schreiber, dem die Weste gehörte, vermutete einen Dieb, rief die Schlafenden zu Hilfe und suchte seinen Zipfel wieder loszureißen. Der Tiger wollte aber seine Beute nicht fahren lassen. Und so hielt und zog einer gegen den andern, bis Core, der solcher Diebe schon gewohnt war, durch einen Schuß den Tiger zur Flucht brachte.«

Am 7. Juli fuhr man bei Tagesanbruch mit gutem Nordwinde ab. Schlimm dagegen war es mit der Disziplin an Bord.

»Wir fanden heute alle unsre Leute, Offiziere wie Gemeine, aus Eifersucht und allerlei Zänkerei gegeneinander sehr aufgebracht und in der größten Verwirrung, die besonders dadurch vermehrt wurde, daß diese Leute aus Bosheit sich im Lau, dem Branntewein dieses Landes, ganz toll und voll gesoffen hatten. Sie wieder in Ordnung zu bringen, war nicht meine Sache. Ich überließ es unserm Schiffer. Dieser war sonst ein sehr höflicher, leutseliger Mann – gewiß eine Seltenheit unter holländischen Schiffern –, fand aber doch für gut, hier die Versöhnung damit anzufangen, daß er einige der Europäer in eiserne Fesseln legte, womit er auch den folgenden Tag fortfuhr.«

Nachdem in den nächsten Tagen die Ladung – Sappanholz, das zum Färben diente, und Felle – gepackt, und das Schiffsvolk gemustert war, suchte die »Waelstrohm« bei südwestlichem Winde die offene See zu erreichen, um dann mit dem Südwestpassat neben den Küsten Cambodjas, Cochin-Chinas und Chinas nach Nordnordost zu fahren.

Kaempfers Tagebuch in seinem Japanwerk berichtet über die schlimme Fahrt von Siam nach Japan – mit einigen Auslassungen – wie folgt.

»Man hat zwischen Malakka und Japan vier Monate im Jahr beständigen Wind aus Süden oder Südwesten, den sogenannten Südwestmonsun. Dann wieder vier Monate Nord- oder Nordostwind, den Nordostmonsun. Zwischen beiden Zeiträumen liegen etwa zwei Monate, in denen der Wind beständig wechselt, bis er sich aus seiner vorigen in die gerade entgegengesetzte Richtung gewendet und darin festgesetzt hat. Zuweilen geschieht es, daß diese sogenannten Passatwinde sich einige Wochen früher oder später einstellen als gewöhnlich. Davon hat die Schiffahrt dann allemal Nachteil. In ganz Indien und Ostasien müssen alle Schiffsfahrten nach diesen Winden berechnet und eingerichtet werden.

Es war bei unserer Abreise eben Südwestmonsun, der unsere Fahrt begünstigte. Wir wanden daher mit frischem Mut unsere beiden Anker aus dem Grunde. Aber vergebens, denn der Wind kam bald wieder aus Süden, unserer Fahrt entgegen. Wir mußten also mit Kreuzen, Stilliegen, Ankerwinden und -werfen bei veränderlichem und bisweilen rauhem Wetter viele Tage zubringen und kamen wenig weiter.

Den 23. Juli, sonntags, verließen wir die Küsten von Siam und zugleich den Meerbusen. Wir fuhren dann um das Kap Cambodja und kamen bei gutem und gelindem Wetter gut vorwärts. Den 5. August setzten wir unsern Lauf nach Nordnordost fort, um über die Bucht von Tonkin zu gelangen. Am 11. bemerkten wir einige Gebiete von Fukien, einer Provinz von China. Den 12. August, frühmorgens, waren wir nur zwei Meilen vom chinesischen Ufer entfernt und des Mittags an einer berühmten Sandbank, von der die aus

China und Japan kommenden Schiffe nach Batavia abgehen. Diesen Abend veränderten wir unsern Kurs, um den SÜDERLAMOS aus dem Wege zu gehen, die wir hier nicht mehr fern glaubten. Das sind drei oder vier niedrige Klippen, die auf Karten unter dreiundzwanzig Grad zehn Minuten verzeichnet sind (also wohl die Formosa-Bänke). Am 31. August, sonntags, sahen wir sie zur Linken eine kleine Meile von uns entfernt und trieben bei stiller Luft an ihnen vorbei.

Am 16. August verließen wir die chinesische Küste gänzlich und richteten unsere Fahrt in die offene See nach Japan. Bald aber wurde der Wind sehr veränderlich, bald hart, bald gelinde, bald ganz still, immer aber unsrer Fahrt entgegen. Wir vermuteten daher, daß der Nordostmonsun diesmal früher als gewöhnlich eintrete. Die Not zwang uns, den Mantel nach dem Winde zu hängen und fast dauernd zu kreuzen. Hierbei gibt es Mühe und Arbeit genug, aber schlechten Fortgang. Man pflegt den einen Tag zu verlieren, was man den vorigen gewonnen hat.

Den 25. August war die Luft todstille und die Hitze ganz unerträglich. Gegen Abend aber erhob sich ein heftiger Nordost, der am nächsten Tage zum Sturme ward, mit Blitz und Donner. Eine chinesische Dschunke floh mit vollen Segeln vor dem Winde an uns vorbei und suchte einen Hafen. Man hatte uns Cajan, eine Art indischer Wicken, und Reis, in Wasser gesotten, als Mahl hingesetzt, aber das Schiff war beständig in so heftiger Bewegung, daß nur zwei Steuerleute, die die Schüssel festhielten, in größter Eile etwas zu sich nehmen konnten. Wir andern mußten auf allen vieren davonkriechen, um uns zu retten.

Man war indes genötigt, da man einen gefährlichen Sturm voraussah, das Steuerruder festzubinden und das Schiff mit angezogenem großem Segel und Fockmast treiben zu lassen.

Der Wind war während der Nacht ein wütender Sturm geworden. Die Bewegung des Schiffes war am 29. unerträglich, und man konnte sich schlechterdings nicht mehr aufrechthalten. Die Wellen wuchsen beständig. Die Krampen, mit denen die Kisten befestigt waren, sprangen aus, die Stricke zerrissen, alles Gerät wurde von einer Seite des Schiffes auf die andere geschleudert. Man beschloß, das Focksegel beizubringen, aber noch in den Händen der Matrosen faßte es der Wind und zerriß es in Stücke. Die Luft war dunkel und voll Wasser, ich weiß nicht, ob allein vom Regen oder von den gebrochenen Wogen, die der Wind mit der Luft vermischte. Man konnte nicht weiter als eine halbe Schiffslänge sehen und bei dem Toben der See und des Sturms kein Wort verstehen. Die Wogen stürzten wie Berge über uns und schlugen unaufhörlich die Türen auf und drangen durch die Galerie in die Kajüte, wo alles voll Wasser stand.

Auch wurde das Schiff dermaßen leck, daß man das Wasser mit Eimern heraustragen und die beständig gehende Pumpe durch eine zweite unterstützen mußte. Zwischen dem Lärm vernahmen wir vom Hinterschiff her unaufhörlich furchtbare Stöße, als sollte alles zerschmettert werden. Erst am Nachmittag, als sich der Sturm nach Osten wandte, fanden wir Zeit nachzusehen. Wir fanden die Angeln des Steuerruders abgebrochen, die Klammern ausgerissen. Das Steuer schleppte nach – ein neues, gefahrvolles Unglück! Die Ruderketten wurden zwar nach Möglichkeit angezogen, doch währte das Stoßen immer fort, und zwar so arg, daß wir fürchteten, das Schiff werde in wenigen Stunden zugrunde gehen.

Inzwischen trieben wir immer weiter nach Südwest zurück, auf die der chinesischen Küste vorgelagerten Inseln zu. Bei dieser Lage, da man an allen Enden so viel zu raten und zu helfen hatte, war noch besonders traurig, daß sich die Befehlshaber bei den Leuten keinen Gehorsam verschaffen konnten. Beide waren nämlich mit starkem Getränk ganz überladen. Da kein Trinkwasser aus dem Innenraum zu bekommen war und die einzige Speise in abgesottenem Reis bestand, so mußte man die Kräfte mit Arrak und Branntwein unterhalten, was große Unordnung hervorbrachte und den Jammer für den nüchternen Zuschauer sehr vermehrte.

Nun brach die schreckenvolle Nacht an, die freilich dem Tage darin vorzuziehen war, daß sie uns dem Anblick des bevorstehenden Untergangs entzog. Das Furchtbarste waren die Stöße, die das Schiff von dem Steuerruder auszustehen hatte. Man wollte versuchen, diesem Übel durch Aufziehen des Steuers oder sonstwie abzuhelfen. Zimmerleute, mit Hebebäumen, Äxten, Stricken und allerlei Werkzeug versehen, banden in der Kajüte Tisch und Bänke los, brachen durch ein Loch im Boden in die untere Kammer, ließen sich angebunden aus dem Kajütenfenster hinaus und gaben sich alle Mühe, dem Steuerruder zu helfen. Aber das wütende Meer warf ihnen so hohe Wellen entgegen, daß sie ihr Unternehmen aufgeben mußten. Naß und verwirrt machten sie sich davon, ohne sich umzusehen. Da sie nun die losgebundenen Tische, Bänke und ihre Werkzeuge auf dem Boden liegen ließen, gerieten diese dermaßen durcheinander, daß alles in dem Raume zerbrochen wurde. Meine zwei mit Wein und Branntwein gefüllten Flaschenkeller nebst Teekessel und anderen Geräten hatten dabei das gleiche Schicksal. Ich selber hatte mitten in dem entsetzlichen Lärm und Durcheinanderwerfen genug zu tun, mit meinem schwarzen Jungen herauszukriechen und mich zu retten.

Draußen war man unterdessen beschäftigt, eine neue Basan (Besanmast = der hinterste Mast des Segelschiffes. Daran war das Besansegel angebracht) beizubringen, woran man den ganzen Tag gebessert und gearbeitet hatte. Hierbei mußte schon etwas gewagt werden, wenn man nicht in der Nacht bei dem zunehmenden Schlingern alle Masten verlieren wollte. Glücklicherweise und wider alles Vermuten wurde die Sache im Handumdrehen zustande gebracht. Die Sonne war nun schon drei Stunden untergegangen. Es blieb also nichts weiter bei der Sache zu tun, als fleißig zu pumpen und zu hoffen.

Am andern Morgen brachen sich allmählich der Sturm und die wütende See. Man fuhr südwärts unter dem Winde weg. Der Zimmermeister wurde festgebunden und hinuntergelassen, und ein neuer Balken für das Steuerruder wurde angesetzt. Bis Mittag war dies Werk vollbracht. Der Himmel klärte sich auf und erlaubte dem Koch, wieder Feuer anzulegen.

Wir zogen nun in Gottes Namen die Segel wieder auf und legten mit gutem Winde nach Nordost an. Der 31. August brach mit lieblichem Sonnenschein an, wenn auch der harte Wind noch anhielt. Nach dem fünftägigen Fasten und Ungemach fühlten wir uns völlig entkräftet, und es wäre uns mit frischer Kost und einem guten Trunk sehr gedient gewesen. Aber dazu war hier kein Rat. Denn unser Schiffsbuchhalter, der gewohnt war, auf dem Lande selten und zu Wasser niemals nüchtern zu sein, hatte unsern Tafelwein bis auf den letzten Tropfen ausgetrunken. Unser Koch konnte uns also weiter nichts als gekochten Reis und alten Speck auftragen. Und wir mußten uns mit der Hoffnung trösten, daß wir bei der stillen See bald würden frische Fische fangen können. Wir brachten diesen und die beiden folgenden Tage mit dem Trocknen der Waren, Kleider und des Bettzeugs zu.

Am 1. September fanden wir ein Leck unter der Küche. Um es zu stopfen wurde das Schiff einige Stunden über die andre Seite gelegt. Andre Öffnungen, um derentwillen wir noch stündlich pumpen mußten, fand man noch nicht. Wir urteilten daher, daß sie nur unter dem Wasser sein konnten.

Am 6. September war die Polhöhe einunddreißig Grad dreißig Minuten. Diesen Nachmittag überfiel uns ganz unvermutet ein neues Unglück, wie wir es im vorigen Sturm nicht erlebt hatten. Wir segelten damals mit einem gelinden Ostsüdostwinde nach Süden, als wir plötzlich hinter uns im Norden einige Blitze und bald darauf himmelhohe Wogen erblickten, die in Eile übereinander auf unser Schiff zurollten und es in solche unordentliche und verwirrte Bewegung versetzten, daß wir darüber alle Besinnung verloren und nicht wußten, was wir tun und was wir lassen sollten. Denn da die südlichen Monsunwellen unserer Fahrt entgegenstanden, konnte das Schiff bei der gelinden und schwülen Luft nicht schnell genug vorwärts kommen. So mußte die anrollende See ihre Kraft ganz allein an unsrer Kajüte brechen. Und zwei Stunden nach Sonnenuntergang stürzten kurz aufeinander zwei himmelhohe Wellen von hinten her über das ganze Schiff und drückten es, samt allen auf dem Oberdeck und sogenannten Überlauf stehenden Leuten – unter denen auch ich war – tief unters Wasser. Wir glaubten bestimmt, wir würden nun im Augenblick in des Meeres Abgrund versinken. Der Überfall war auch in der Tat mit solchem Krachen und Gerase begleitet, als wenn das ganze Schiffshinterteil weggerissen und abgebrochen wäre. Unser alter Kapitän und Obersteuermann – die beide schon über sechzig Jahre alt waren – und auch andre, die von früher Jugend an zur See gedient hatten, bestätigten einmütig, daß sie dergleichen nie gesehen hätten. Man lief nun sogleich zum Steuerruder und fand es, nicht ohne Verwunderung, noch in den Angeln und ganz unbeschädigt. Nur Bretter und dergleichen waren abgerissen. Die Pumpe wurde in Bewegung gesetzt, aber man bemerkte keinerlei lecke Stellen.

In der Kajüte allerdings fand man alles in übelstem Zustande. Fenster, Rahmen, alles war eingeschlagen und völlig mit Seewasser getränkt, unsern betrunkenen Buchhalter nicht ausgenommen, obgleich dieser unter dem Söller an der allersichersten Stelle schlief. Auf dem Fußboden stand alles knietief unter Wasser. Und das Geräte trieb darauf herum. Man ließ zwar das schädliche Salzwasser bald durch die Tür abfließen, allein es war in der kurzen Zeit schon ins Innere vieler Sachen eingedrungen, wie ich zu meinem großen Kummer und Schaden an meinen eigenen Papieren und Handschriften habe erfahren müssen. Noch einige hohe Wellen drückten nun mit voller Macht gegen das Schiff. Da kam ein starker Wind aus Norden mit Regen und Ungewitter hinter uns und trieb das Schiff nach Südwest an, aber mit entsetzlichem Schlingern, das die ganze Nacht und den folgenden Tag, den 7. September, fortdauerte, wenn auch ohne Sturm und bei leidlichem Wetter, so daß wir nunmehr auch diese Gefahr mit göttlicher Hilfe überstanden hatten.

Am 10. September überfiel uns abermals ein gewaltiger Sturm aus Norden. Wir waren genötigt zu wenden und, um das verderbliche Schlingern zu mäßigen, die Untersegel bei- und das Steuerruder festzubinden. Im übrigen mußten wir das Schiff unter Gottes Fürsorge forttreiben lassen.

Am nächsten Tage überfiel uns der dritte Sturm, den wir zwischen China und Japan erleben sollten. Und wieder wurde durch die schlingernde Bewegung des Schiffs viel Gerät verdorben.

Infolge der vielfältigen Beschwerden und Gefahren der letzten Zeit hatte sich bei der ganzen Schiffsgesellschaft ein entschiedener Widerwille gegen die Fortsetzung der Fahrt eingestellt. Es kam hinzu, daß bei dem anhaltenden Nordwinde die Aussicht, das Schiff jemals nach Japan zu bringen, in der Tat immer geringer wurde. Überdies bemerkte man am 13. September beim Kalfatern des Schiffs, daß die Rippen des Schiffskörpers sich bedenklich gelockert hatten. So verloren Offiziere wie Mannschaft alle Lust am weiteren Hin und Her. Man hielt es vielmehr für ratsam, einen chinesischen Hafen anzulaufen, für einen Monat Wasser einzunehmen und dann die Rückreise nach Batavia anzutreten. Wahrscheinlich wäre dieser Vorschlag durchgedrungen, obwohl der im Bette und in Trunkenheit begrabene Buchhalter seine Zustimmung nicht geben konnte, hätte nicht doch schließlich der Obersteuermann einige Bedenken vorgebracht.

Ich tat alles, diese zu verstärken. Denn ich hatte mittlerweile in einem mir von guter Hand mitgeteilten Tagebuch einer Reise nach Japan nachgesucht und gefunden, daß vor wenigen Jahren noch in den letzten Tagen des September ein holländisches Schiff glücklich in Japan angekommen sei. Ich ging also insgeheim zu dem Schiffer und stellte ihm vor, daß die nassen Felle in der heißen Luft zu Batavia kein Jahr würden liegen können, ohne zu verderben. Diesen Schaden würde man dann ihm wegen seiner vorzeitigen Umkehr und Kleinmütigkeit zurechnen. Dabei zeigte ich ihm die Stelle des Tagebuchs, die er stutzend dreimal las. Daraufhin beschloß er, den Plan zur Rückkehr fahren zu lassen und keinen weiteren Widerspruch anzuhören.

Nach weiteren acht Tagen glücklicher Fahrt bekamen wir das lang ersehnte Ziel unsrer Reise, die Bucht von Nagasaki auf der japanischen Insel Kiuschu, in Sicht. Von hohen Bergen, Klippen und Inseln umschlossen ist dieser Hafen gegen alle Stürme und Meereswogen durch die Natur selbst gesichert. Bei plötzlich eingetretener Windstille fuhren wir langsam ein und ließen eine halbe Meile vor der Stadt abends zehn Uhr unsern Nachtanker fallen und dankten Gott demütigst für den bisher geleisteten gnädigen Schutz.

Wir hatten bis zu diesem Zeitpunkte auf unserm Schiffe weder Tote noch Kranke gehabt. Nur der öfters erwähnte Buchhalter wurde, weil man ihm keinen Arrak und Branntwein mehr geben wollte, am Abend vor unserer Landung vom Schlage gerührt, der ihm plötzlich Sprache und Verstand nahm, bis er nach einigen Stunden unter schrecklichen Krämpfen starb. Dieser Mann hatte sonst viel Geschick und war der Sohn eines berühmten Gottesgelehrten im Haag. Aber infolge allzu nachsichtiger Erziehung war er schon früh in Ausschweifungen und wüstes Leben verfallen.

Kaum hatten wir Anker geworfen, waren auch schon zwei japanische Wachtschiffe uns zur Seite und umkreisten die ganze Nacht hindurch unser Schiff. Nicht weit von uns legte sich die Flotte eines mit der hier üblichen Pracht ausreisenden Hohen Herrn vor Anker. Sie bestand aus vierzig kleinen Lustschiffen und fiel in der Nacht mit ihren zahlreichen brennenden Laternen sehr schön ins Auge, ebenso am andern Morgen, als sie abfuhr, mit ihren halb weißen und halb schwarzen Segeln, die zugleich aufgezogen wurden.

Am nächsten Tage frühmorgens wurden wir von zwanzig japanischen Kähnen, die sich an einem vom Vordersteven herabhängenden Tau festmachten, bis auf dreihundert Schritt an die Stadt herangeschleppt. Darauf erschienen bei uns zwei Beamte der Gouverneure mit zahlreichen Soldaten, Schreibern und Dolmetschern und ließen alle Angekommenen nach der Reihenfolge der Schiffsrolle passieren, musterten jeden von Kopf zu Fuß und schrieben mit einem Pinsel Namen, Alter und Beruf auf. Außerdem fragte man, woher und wann die Reise angetreten sei und ob man unterwegs gelandet sei. Wegen des verstorbenen Buchhalters wurde ebenfalls nicht wenig gefragt. Man nahm die Leiche mit, doch durfte niemand mitgehen und die Begräbnisstätte sehen.

Dann wurde das ganze Schiff mit Soldaten und Schreibern besetzt und von den Japanern gleichsam in Besitz genommen. Pistolen, Degen und alles andre Schießgewehr wurde uns weggenommen und von ihnen in Verwahrung genommen, auch das Pulver in Fässer gepackt und weggebracht. In der Tat, hätte ich dieses gewöhnliche Verfahren der Japaner nicht schon vorher gewußt, so hätte ich sicher geglaubt, wir wären in ein feindliches Land gekommen oder würden für Spione gehalten.

Schon vorher, sobald Japan in Sicht kam, hatte auf hohen Befehl und nach altem Brauch jeder seine Psalmen und geistlichen Bücher nebst aller europäischen Münze dem Kapitän übergeben, der alles das mit beigeschriebenen Namen in ein altes Faß packte und bis zur Abreise vor den Japanern verborgen hielt.

Am Abend unsrer Ankunft wurden uns aus der holländischen Faktorei allerlei Erfrischungen geschickt, Hühner, Eier, Rettiche, Zwiebeln, Weißbrot und ein Fäßchen Sake. Am andern Morgen kamen von DESHIMA die beiden Vorsteher der holländischen Handlung auf das Schiff, Herr SWERAS, der abgehende, und Herr BUTENHEIM, der antretende, der kürzlich mit drei beladenen Schiffen von Batavia angekommen war. Das ganze Schiffsvolk wurde zusammengerufen, und man las uns die Verhaltungsmaßregeln vor, die wir hier in Japan zu beachten hatten. Der Hauptinhalt war, daß jeder sich zurückhaltend und bescheiden gegen die Eingeborenen und ihren Gesetzen und Landesbräuchen gemäß verhalten sollte.

Dies Plakat wurde, nachdem es verlesen war, öffentlich im Schiffe angeheftet und so jedermann vor Augen geführt.

Nachmittags ließ ich mich auf DESHIMA – einer vor dem Ufer der Stadt Nagasaki aufgeführten kleinen Insel – an Land setzen. Hierzu muß man sich allemal auf dem Schiffe mit einem neuen Paß für die Wachtposten an Land versehen. Und kommt man wieder zurück, muß man vom Lande wieder einen Paß für die Schiffswachen mitbringen.

Die gestern abend genossenen rohen Gartenfrüchte verursachten mir so viel Beschwerden, daß ich bald wieder auf das Schiff zurückkehren mußte.

Den folgenden 25. September aber fuhr ich mit allen meinen Sachen nach Deshima hinüber und bezog daselbst das mir angebotene Haus.«

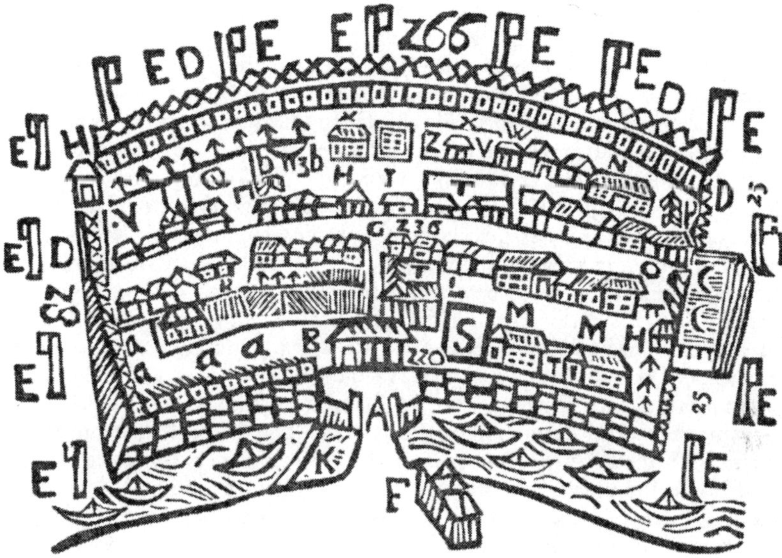

Deshima, Holzschnitt nach Kaempfers Zeichnung

VII. JAPAN

Der Wohnort der Holländer in Japan – Kaempfer nennt ihn »Gefängnis« – ist DESHIMA, zu deutsch Vor-Insel: eine künstliche Aufschüttung, zweihundertsechsunddreißig Schritt lang und zweiundachtzig breit, und von der Gestalt eines japanischen Fächers ohne Stiel. Nur dies winzige Stück japanischen Bodens dürfen die hochmögenden Mijnheers bewohnen. Aber keineswegs allein und ungestört. Das Spionagesystem, dem die Japaner im Zeitalter der Tokugawa-Shogune (1600 –1867) auch untereinander mit Hingebung huldigten, umlauert die Fremdlinge mit doppeltem Argwohn. Obendrein haben die Holländer die Schar von Beamten und Dienern, mit denen man sie, ohne sie zu fragen, umgeben hat, zu besolden. Für ihre Wohnungen müssen sie an die Besitzer, Bürger von Nagasaki, eine unverschämt hohe Miete zahlen. Dabei sind es »sehr schlechte Gebäude, die etwa das Ansehen von Schafställen haben, vom Lehm und Tannenholz aneinandergepappt«. Bei den Handelsgeschäften werden die geschäftstüchtigen, aber hier wehrlosen Holländer von den Dolmetschern – die man leider nicht entbehren kann – stets übers Ohr gehauen. Kaempfer bemerkt alles das mit Ingrimm.

»Wir müssen uns hier«, schreibt er, »viele beschimpfenden Einschränkungen von diesen stolzen Heiden gefallen lassen. Wir dürfen keine Sonn- und Festtage feiern, keine geistlichen Gesänge noch Gebete hören lassen, niemals den Namen Christi nennen, kein Bild des Kreuzes oder irgendein äußerliches Zeichen des Christentums bei uns führen. Dazu müssen wir noch mancherlei andre beschimpfende Zumutungen uns gefallen lassen, die einem edeldenkenden Herzen allemal sehr empfindlich sind. Und die einzige Ursache, welche die Holländer bewegt, alle diese Leiden so geduldig zu ertragen, ist bloß die Liebe des Gewinns und des kostbaren Marks der japanischen Gebirge. Auri sacra fames quid non mortalia pectora cogis! (Verfluchte Gier nach Geld, wozu zwingst du nicht das Menschenherz. Aus Vergil, Aen. 3).«

Man spürt die Verachtung, die der im Grunde seines Wesens stolze und seines Wertes wohl bewußte Deutsche für die damaligen Holländer empfindet, denen es ebensowenig ausmachte, in Java die Eingeborenen zu knechten, wie in Japan sich von den Eingeborenen knechten und schlecht behandeln zu lassen – wenn nur Geld damit zu verdienen war. Die Hohe Regierung in Batavia schärfte ihren »Opperhoofds« in Nagasaki immer wieder ein, »daß alles nach der Japaner Laune und Eigensinn geschehen müsse«.

Wie mag dem Forscher zumute gewesen sein, als er bei der Landung die Blicke über die lockenden Höhen rings um die herrliche Bucht wandern ließ, während die Japaner das Boot geradewegs auf die Klippeninsel zusteuerten, wo er interniert werden sollte! Seine seelische Verfassung wurde verschlimmert durch die schmerzhaften Beschwerden, welche ihn nach dem Genuß der frischen Gartenfrüchte vom Tage zuvor befallen hatten und die zu einer »furchtbaren Kolik« wurden, die ihn »unter schwersten Symptomen« tagelang peinigte. Noch vier Wochen später ging es ihm so schlecht, daß er bereits japanmüde war.

»Bei meiner schlechten Disposition«, heißt es in einem Briefe an Cleyer, »verlange, daß meine japanische Zeit schon möchte verflossen und ich wieder in Batavia sein, nicht zwar daselbst mit vergeblicher Hoffnung meine Zeit zu verlieren, als woselbst ich die schlechte influence meines Glücksterns ... genugsam befunden, sondern der Anheimreise nach dem Vaterlande desto näher zu sein, besonders da ich mir Hoffnung mache, das Glück zu haben, unter der gütigen Protektion meines Patrons Lykochthon abzureisen.«

Die holländischen Schiffe durften nur einmal im Jahre die japanische Faktorei anlaufen. Sie pflegten im August oder September mit dem Südwestmonsun einzutreffen. Sogleich untersuchten dann die Japaner Schiffe und Menschen und löschten die Fracht – Rohseide, holländisches Tuch, indische Webwaren, siamesische Felle, javanische Gewürze. Dann wurden die Verkaufstage festgesetzt. Da wimmelte die See um Deshima von Hunderten von Barken, dreihundert japanische Arbeiter standen im täglichen Dienst der Kompanie. In der zweiten Hälfte des Oktobers pflegte die mit Silber, Gold, Kupfer, Kampfer, Tabak, Tee, Porzellan befrachtete Flotte mit dem Nordostmonsun wieder abzufahren, mit ihr der holländische »Opperhoofd«, der auf Anordnung der Japaner jährlich wechseln mußte. Die abgehende Flotte nahm natürlich jedesmal eine Menge Briefe mit, unter denen diesmal auch mehrere von Kaempfer waren, zumeist holländisch geschriebene an die Herren in Batavia, darunter ein besonders herzlicher an Lykochthon mit Worten heißen Danks für alles, was jener in Batavia und in Persien an ihm getan habe. »Ich kann das nicht mit tausend Worten sagen, noch viel weniger mit Worten vergelten.« Er hoffe auf das Glück, »unter seines Herrn Beschirmung zu repatriieren«.

Die Dankbarkeit gehört zu Kaempfers liebenswertesten Eigenschaften.

Auch an seinen Bruder Joachim, der damals in Leiden dozierte, schrieb er:

»Hochgeehrtester, hertzwehrtester Herr Bruder. Meinen Zustand und dessin wird Derselbe aus meinem Schreiben vom Monat Dezember verwichenen Jahres ersehen haben. Mein Vorhaben habe bis dahin erreicht. Bin nicht vorhabend außer der vorstehenden Landreise nach dem Kaiserlichen Hof Jedo einigen andern Ort im Orient mehr zu besehen, sondern deich (da ich) mich durch die Jahre und vielfältige travailles ziemlich geschwächt befinde, wünsche nunmehro nicht anders, quam in angulo alicuius oppiduli requiescere posse (als im Winkel irgendeines Städtchens ausruhen zu können) und daselbst das übrige meines Lebens Gott, der mich so wunderlich geführt und geschützt, und dem ich nichts anders als im stillen Herzen dienen können, zu Dienst und Dank aufzuopfern. Dahero ich, geliebt es Gott, künftiges Jahr mit denen retour Schiffen über zu kommen stehe. Es wäre denn, daß ein gefährlicher Zustand in Europa oder meines s. gel. H. Bruders im vorigen Briefe so serieux gebetener Rat oder ein gewaltsames Fatum mich anhielte.

Meine Reise von Batavia habe durch günstigen Zulaß meiner Herrn Patronen daselbst auf Siam genommen, und nachdem diesen Hof und des Landes Gelegenheit zur Genüge beäuget, die Reise anhero genommen, die aber wegen der contrairen Nordostsaison nicht nur sehr lange, sondern voller Gefahr und Inkommodite gewesen, daß wir zwischen China und Japan allein bey zwey Monat in Ungewitter und steter Gefahr zugebracht, woselbst Cajüt und Ruder zerschlagen, das Schiff lek etc. und ist mein particulierer Schade nicht der geringste gewesen, denn außerdem, daß ich durch schlechte kalte Schiffskost, durch Angst und Ungemach zu einer gefährlichen Krankheit gedisponiert worden, die, sobald in den 25sten September alhier angelandet, mit Veränderung der Speise in eine Colik, und schweren Intrige der Zufällen, wovon jetzt allererst genese, ausgebrochen, so sind auch meine wenigen Waaren, womit meine Depensen pflege gut zu machen, durchs Salzwasser verdorben, und durch diesen selben Liqueur (welches mich alleine zu Herzen geht), das größte Theil von meinen russischen und persischen Handschriften als ein ungeleimtes persianisches Papier, zu Pap und Brey vergangen, die ich anders in ein Werk sub Titulo: Hodoeporicum Russo-Tartarico-Persicum zu digerieren, als ein erster Teil meiner asiatischen Reisen, mir, wiewohl an keinen nie geoffenbaret, so fest vorgenommen hatte, wovon ich jetzo fast ganz destitut und unvermögend geworden. Meinen Phoenicem Persicum (d. i. die Abhandlung über die persische Palme), wovon dem Hrn. Bruder den ersten Bogen übersandt, habe keine Zeit gehabt abzuschreiben, mus bis zu meiner persönlichen Überkunft nachbleiben. Nach herzlichster Begrüßung meiner Gebrüder, Fr. Mutter und Schwestern verbleibe Mhhln Bruders schuldigster Diener Engelbert Kaempffer.«

Aus diesen Briefen spricht kein von einer neuen großen Aufgabe begeisterter Forscher, sondern ein kranker und müder Mann. War denn auch in diesem Gefängnis unter den lauernden Blicken der Spione irgendeine Möglichkeit zur Erforschung des Landes? Warteten nicht vielmehr, wie in Java, so auch hier Enttäuschungen, Widrigkeiten, Mißerfolge auf ihn? Nun, er hat, wie bekannt, über das verschlossene Japan immerhin so viel erforscht, daß er darüber später ein zweibändiges Werk von zusammen siebenhundertvierundachtzig Seiten schreiben konnte. Das erscheint unbegreiflich und wird immerdar eine der bewunderungswürdigsten Leistungen in der Geschichte der Forschung bleiben.

Wie er es fertigbrachte und wie sich auch hier Verdienst und Glück verketteten, darüber belehrt uns die Vorrede seines Japanbuchs.

»Daß ... ganz genaue und gründliche Nachrichten für einen Fremdling in allen Reichen nicht leicht und bei dem jetzigen Zustand in Japan besonders schwer zu erlangen sind, begreift man leicht. Denn nachdem man hier die römischen Christen ganz vertilgt, die holländischen und chinesischen Kaufleute eingesperrt, den Verkehr mit andern Völkern abgeschnitten und die Grenzen des Reichs geschlossen hat – seit dieser Zeit ist auch der Japaner Mund, Herz und Gemüt für uns fremde und eingesperrte Gäste gänzlich verschlossen. Insbesondere werden alle und jede, die mit uns zu tun haben, durch Eid und Blutverschreibung verpflichtet, von den Angelegenheiten ihres Vaterlandes, ihrer Religion, von geheimen Staatssachen und anderen ihnen genau angegebenen Dingen uns durchaus nichts mitzuteilen. Und diese Verpflichtung wird noch geschärft dadurch, daß jeder durch dieselbe Eidesformel verbunden ist, den andern zu verraten. Und dieser blutige Eid wird, um noch mehr Eindruck zu machen, jährlich von ihnen wiederholt. So sieht es in Japan mit dem Kredit der Fremden aus. Die Holländer, die sich hier des Handels wegen aufhalten, haben dies schon seit langer Zeit so befunden. Und sie halten es durchgehends für schlechterdings unmöglich, irgend etwas von der Verfassung dieses Landes zu erfahren, weil es hierzu durchaus an Gelegenheit und Freiheit fehlt. Selbsten der Herr Licentiat Cleyer, der hier ehemals Resident war, behauptet dies in seiner Epistola ad Schaefferum (A. Cleyer ist der bekannte Freund Kaempfers, B. Schaeffer zählt er unter seinen »Patronen« auf).

Aber nein, lieber Leser. So schwer, wie man es sich vorstellt, hält es denn doch nicht, Nachricht von der Verfassung Japans einzuziehen. Die Japaner sind nämlich ausnehmend beherzt, herrisch und klug und lassen sich durchaus nicht durch einen Eid binden, den sie zu Göttern und Geistern schwören, an die sie gar nicht glauben. Allein die obrigkeitliche Strafe des Eidbruches, wenn er verraten würde, kann sie zurückhalten.

Und nun ist diese Nation, ungeachtet ihres Stolzes und kriegerischen Geistes, doch ausnehmend freundlich, umgänglich und besonders so neugierig, wie nur irgendeine Nation auf der Welt sein kann. Besonders sind die Japaner sehr begierig, von den Geschichten, Verfassungen, Künsten und Wissenschaften fremder Völker etwas zu erfahren.

Da wir Holländer aber nur Kaufleute sind, die in Japan den untersten und verächtlichsten Rang haben, da wir überdies von ihnen als verdächtige Gäste angesehen werden und in beständiger Haft leben, so muß man notwendig sein ganzes Betragen so einrichten, daß man dem Stolz und Eigennutz der Japaner schmeichelt, daß man ihren Wünschen sich gefällig erweist, wenn man von dieser stolzen Menschenart etwas erreichen will. Diese Mittel habe ich angewandt und mir dadurch das Vertrauen unsrer Vorgesetzten und Dolmetscher erworben. Diese Leute besuchten den Wohnplatz unsres Volks, Deshima, und besonders mein Haus täglich. Und ich bin so glücklich gewesen, mit ihnen in eine so enge Verbindung zu kommen, deren, glaube ich, noch kein Europäer sich rühmen kann.

Ich bezeigte mich nämlich von Anfang an ungemein willfährig, diesen vornehmen Japanern mit meiner Profession, der Arzneiwissenschaft, und einem zwar geringen Unterricht in der Astronomie und Mathematik nach ihrem Wunsch und ohne Entgelt zu dienen, und – was nicht zu vergessen – teilte ihnen denn auch ganz kordial bei diesem Unterricht beliebte europäische Liqueurs mit. Dies machte sie mir so gewogen, daß ich mich mit aller möglichen Freiheit und ganz genau und umständlich nach ihrer natürlichen, geistlichen und weltlichen Geschichte und nach allem, was ich wollte, erkundigen konnte. Keiner weigerte sich, mir nach seinem besten Wissen Nachricht zu geben, selbst von den verbotensten Dingen – wenn ich nur mit ihm allein war.

Diese täglich von meinen Besuchern gesammelten Nachrichten haben mir nun zwar viel genützt, waren indes doch nur Bruchstücke und reichten also zu einer vollständigen und genauen Beschreibung des japanischen Reichs nicht hin.

Da war es denn ein ungemeines Glück, daß ich an einem sehr gelehrten Jüngling ein recht erwünschtes Werkzeug fand, zu meinem Zweck zu gelangen. Dieser in der japanischen und chinesischen Schrift sehr bewanderte, zugleich aber auch nach anderen Kenntnissen ungemein begierige Student von etwa vierundzwanzig Jahren wurde mir gleich bei meiner Ankunft als ein Diener beigegeben, um von mir in der Arzneikunst etwas zu lernen. Ich gebrauchte ihn auch bei den Krankheiten des Ottona, d. i. des Regenten unsrer Insel, als meinen Handlanger. Und jener wurde von ihm treulich bedient, hatte daher auch die besondere Gewogenheit, während meines zweijährigen Aufenthalts den jungen Menschen beständig bei mir zu lassen, auch zu erlauben, daß er zweimal mit mir an den Kaiserlichen Hof reiste. Ich hatte daher das Vergnügen, mit ihm beinah das ganze Reich der Länge nach viermal zu durchreisen, während doch sonst nie erlaubt wird, daß kundige und gescheite Leute so lange bei den Holländern bleiben.

Ich fing nun gleich an, diesem schlauen Kopfe die holländische Sprache – ohne die ich mit ihm nicht gut reden konnte – grammatisch beizubringen. Ich war auch hierin so glücklich, daß er schon am Ende des ersten Jahres diese Sprache schreiben und so gut reden konnte, wie noch nie ein japanischer Dolmetscher. Hernach unterrichtete ich ihn treulich in der Anatomie und übrigen Medizin und gab ihm auch noch einen – nach meinem wenigen Vermögen – ganz ansehnlichen jährlichen Lohn.

Dagegen mußte er mir denn auch über die Lage und Beschaffenheit des Landes, die Regierung und Verfassung, die Religion, Geschichte, das häusliche Leben usw. die genauesten Eröffnungen machen und allenthalben die besten Nachrichten aufsuchen. Dies tat er so willfährig, daß ich nie ein japanisches Buch verlangt habe, das er mir nicht verschafft und erklärt, auch in den wichtigsten Stücken übersetzt hätte. Und weil er nun vieles, was er nicht wußte, von andern erforschen, auch manche Bücher leihen oder ankaufen mußte, so habe ich ihn niemals, wenn er in dieser Absicht von mir ging, ohne silbernen Schlüssel gelassen – auch für so gefährliche Bemühungen noch besonders belohnt.

So teuer, schwer und oft gefährlich muß ein Liebhaber bei jetziger Verfassung die Nachrichten von diesem verschlossenen Reiche sammeln – die ich hier nun dem Leser ohne seine Gefahr und Kosten vorlege.«

Nichts drückt Wesen und Wert des Forschers Engelbert Kaempfer treffender aus, als diese Selbstdarstellung, die von Ruhmredigkeit ebensoweit entfernt ist wie von falscher Bescheidenheit. Es war gewiß eine freundliche Schickung, die ihm jenen gescheiten und wißbegierigen jungen Japaner zum Famulus gesellte, aber erst die Art, wie er dies Glück nutzte – überlegt, tatkräftig und methodisch –, machte das glänzende Ergebnis möglich.

Es war nicht einfach. Der junge Japaner riskierte geradezu sein Leben. Er war ja nicht der einzige Diener Kaempfers. Für die sieben Holländer, die nach der Abfahrt der Flotte zurückblieben, waren hundertdreiundzwanzig Dolmetscher da. »Von diesen Leuten bekommt jeder Holländer zwei bis sechs in seine Kammer unter dem Namen von Dolmetschern. Sie sind in der Tat wahre Spions und Beobachter aller unsrer Handlungen. Denn unter zehn versteht kaum einer ein Wort von unsrer Sprache« – was denn freilich für

Batavia, die Residenz der Holländer auf Java

Die Halbinsel Deshima, Aufenthaltsort der Holländer
Links Niederlassung der Chinesen

Stadt und Hafen Osakka

Kaempfer und seinen gescheiten Famulus ein Vorteil war. Zu den Kostbarkeiten, die K. sich zu verschaffen wußte, gehört auch jene Sammlung von 29 chinesischen Farbholzschnitten, die im Hirmer Verlag, München erschienen sind (Roger Goepper, Chinesischer Blütenreigen, 1959). Diese mit K.s Handschriften ins Britische Museum gelangten sogenannten »Kaempferdrucke« erwarb er mit Hilfe seines Famulus wahrscheinlich von den chinesischen Händlern, denen wie den Holländern ebenfalls ein Uferstreifen des Hafens von Nagasaki zu Kaufgeschäften eingeräumt war.

Fern war das Ziel und hoch hing der Kranz, nach dem bisher noch jeder – auch der gelehrte Cleyer – vergeblich gegriffen hatte. Aus einem Gefangenenlager heraus ein unbekanntes Land erforschen – seine Berge und Flüsse und Küsten, seine Tiere, Bäume und Pflanzen, seine Städte und Menschen und ihre Gesetze, Bräuche und Religionen – das war in der Tat ein Kunststück, das ihm nicht leicht einer nachmachen würde. Und einmal würde er ja auch hineinkommen in dies Land – auf der großen Reise an den Kaiserlichen Hof! Da würde er die Augen aufmachen und der Welt zeigen, daß er sehen und beobachten gelernt hatte!

Zwei Wochen nach jenen müden und verzagten Briefen schrieb er wieder an Jakob van Dam. Da heißt es nach allerlei botanischen Mitteilungen also:

»Durch die verschiedensten Wechselfälle des Lebens, durch Felsen und Meere zehn Jahre lang umhergeworfen, wie irgendeiner – bin ich da nicht endlich des unruhvollen Lebens gründlich satt? Man sollte es glauben. Und doch kann ich mich nicht davon überzeugen, daß – zumal nachdem meine Gönner gestorben sind – in meinem verödeten und von Waffenlärm durchtobten Vaterlande der Stern meines Lebens den Kulminationspunkt erreichen sollte, wie die Astrologen sagen. ›Entschlossenheit, nicht Verdienst ist die Leiter, an der man emporkommt‹, sagt Lipsius (Justus Lipsius, 1547–1606, Philologe in Leiden). So möchte ich die jetzt erlangte ruhige Lage nicht leicht aufgeben, in der ich Muße und Arbeit nützlich zu verteilen die mir vom Himmel gesandte Gelegenheit habe.« Er nennt als seine Gönner einmal Volckamer, Witsen, den Amsterdamer Bürgermeister, des Waldeckschen Grafen Kanzler, Schleiermacher, Leibarzt von Hessen-Darmstadt, und den Arzt und Naturforscher B. Schäffer in Frankfurt, gest. 1689. Wann er die Gunst dieser Männer gewonnen hat, ist wohl kaum mehr festzustellen.

Man spürt, wie seinem Geiste wieder Flügel wachsen. Man stellt ihn sich vor, wie er seine ganze Liebenswürdigkeit entfaltete und all seine Künste spielen ließ, in seinem Stübchen sitzend wie der Feldherr im Zelte. Er gab Sprachunterricht, ohne die Sprache seines Schülers zu verstehen. Und er schrieb und schrieb. Und wenn er müde war, spazierte er wohl die zweihundertsechsunddreißig Schritt lange Gasse auf und ab und am Ufer hin und blickte auf das Wasser und zu den Bergen, von denen dunkle Kiefernhaine und heitre Tempel ihn grüßten. Die Insel hatte auch einen Garten für »Küchengewächse«

und einen andern »zum Vergnügen«. Den hat er gewiß liebevoll gepflegt. Siebold legte hier einen botanischen Garten an, in dem ein Denkstein die Erinnerung an Kaempfer und Thunberg wach hält. Ein- oder zweimal im Jahre bekamen die Holländer auch die Erlaubnis, »sich außerhalb der Grenzen etwas die Beine zu vertreten und die Tempel zu besehen. Man gibt uns diese Erlaubnis unter dem Vorwande, daß wir medizinische Kräuter sammeln.«

»Es gibt hier«, so berichtet er in seinem Japanbuch, »im Vergleich mit andern Ländern ungewöhnlich vielerlei wilde Pflanzen mit wunderschönen Blumen und Blättern, womit sie zu gewissen Zeiten die wüsten Felder und Bergwälder zieren, und welche sie auch in die Gärten verpflanzt und durch die Kultur zu mehrerer Vollkommenheit gebracht haben.« Daß die reiche und eigenartige *Pflanzenwelt Japans* den Botaniker lebhaft anzog, versteht sich von selbst. Zu einem Teil konnte er sie schon auf Deshima studieren. Seine japanischen Freunde werden ihm an Gewächsen herangeschleppt haben, was immer er begehrte. Denn die Botanik gehörte nicht zu den verbotenen Dingen. Besonders ertragreich auf diesem Gebiet war seine erste Hofreise quer durch das Land. Das Ergebnis dieser Studien hat Kaempfer in seinen *»Amoenitates«* 1712 veröffentlicht: Zwei größere Abhandlungen über den *Teestrauch* und die Herstellung des Papiers aus der Rinde des »Papierbaums« (Morus papyrifera sativa), dazu auf hundertfünfundvierzig Seiten eine umfassende Darstellung der japanischen Pflanzenwelt. Sie enthält achthundertdreiundsechzig Arten und Namen. Neben jedem Namen steht das chinesische Schriftzeichen – eine achtungswerte buchtechnische Leistung der Lemgoer Druckerei, da jeder Schriftzug einzeln in Holz zu schneiden war. Aber nur achtundzwanzig Abbildungen sind beigefügt, auf schlechtem Papier gedruckt, sonst sauber gestochen. Und doch beklagt der Autor sich in der Vorrede über seinen elenden Kupferstecher. Man begreift das erst, wenn man Kaempfers Originalzeichnungen im Britischen Museum gesehen hat: zweihundertsiebzehn saubre Federzeichnungen auf Blättern in Foliogröße, die eine Faksimile-Wiedergabe mit den Mitteln der neuzeitlichen Technik lohnten! –

Was Kaempfer sonst an Architekturen, Tieren und Menschen gezeichnet hat, ist gewissenhaft und ordentlich gemacht, aber von einer gewissen trockenen Sachlichkeit. Auch hapert es hie und da mit der Perspektive. Seine japanischen Pflanzenzeichnungen aber sind meisterhaft in der Klarheit und Zartheit der Strichführung. Das Glatte und Rauhe, das Flaumige und Flockige der pflanzlichen Gebilde ist sicher und leicht zum Ausdruck gebracht. Neunundfünfzig von diesen Zeichnungen gab in sauberen, freilich trockenen Stichen in Originalgröße der englische Botaniker Jos. Banks heraus (Icones selectae Plantarum quas in Japonia collegit et delineavit Eng. Kaempffer. London, 1791). Viele Hunderte von strengen Arbeitsstunden stecken darin, wie er denn in einem Briefe an Cleyer einmal klagt: »Die Botanik hat mich bisher völlig in Anspruch genommen, und ich muß leider immerfort zeichnen.«

An die fünf Monate hatte der vielfach behinderte Forscher auf Deshima zugebracht. Da kam endlich der ersehnte Tag, der ihn für fast drei Monate aus der Haft, wenn auch nicht aus der Überwachung der Japaner entließ. Am 13. Februar 1691 wurde nach umständlichen Vorbereitungen die große Hofreise nach Jedo angetreten. Die Beschreibung dieser Reise und der des folgenden Jahres macht einen großen und zugleich den heute wertvollsten Teil von Kaempfers Japanbuch aus. Eine kritische Neuherausgabe dieses Buches muß natürlich den Reisewegen im einzelnen nachgehen. Wir dürfen uns hier mit einem Auszug seines Tagebuchs begnügen.

»Es ist in Japan Sitte, daß, wie alle übrigen höheren Beamten des Reiches, so auch die Gesandten der Holländisch-Ostindischen Gesellschaft jährlich einmal am Hofe erscheinen, um dem Kaiser ihre Ehrerbietung zu bezeugen und Geschenke zu überreichen. (Seitdem der Shogun, d. i. Kronfeldherr, YORITOMO 1192 den Kaiser, Tenno, auch Mikado oder Dairi genannt, aller Macht beraubt hatte, blieben die Shogune die unbeschränkten Herrscher, bis im Jahre 1868 der junge Mikado MITSUHITO die alte Kaiserherrschaft erneuerte.) Da nun der holländische Resident außer zwei Schreibern auch einen Arzt mitnehmen durfte, so habe ich zweimal das Vergnügen gehabt. Zum erstenmal 1691 mit dem Gesandten Heinrich von Butenheim.

Die Gesandtschaft wird von einer Schar Japaner verschiedenen Standes begleitet, die von dem Statthalter der Stadt Nagasaki dazu ernannt werden. Es soll dies zwar den Anschein haben, als ob hiermit denen, die den Kaiser zu sehen verlangen, eine Ehre erwiesen werde, in der Tat ist die Absicht, die man mit diesem Geleit verbindet, eine ganz andere. Die nämlich, die man bei der Überwachung von Spionen oder Gefangenen hat. Es soll verhütet werden, daß irgendwelche verdächtige Unterhandlung und Gemeinschaft mit den Einwohnern des Landes gepflogen werde, daß diesen nicht etwa Kreuze, Bilder, Reliquien, oder was sonst auf das Christentum Bezug hat, in die Hände gespielt werden.

Die Heerstraßen des Landes sind täglich mit einer unglaublichen Menge Menschen belebt, in einigen Jahreszeiten so stark wie die Straßen in einer volkreichen europäischen Stadt. Von dem Tō Kaidō, dem unstreitig vornehmsten der sieben Hauptwege, kann ich das aus Erfahrung bezeugen, weil ich ihn viermal gereist bin. Die Ursache ist einmal die dichte Bevölkerung des Reichs, dann auch die vielen Reisen, die von Japanern unternommen werden. Da sind die großen und kleinen Landesfürsten, die hohen und niederen Verwalter der kaiserlichen Städte und Landschaften, die alle den Weg zum Hofe jährlich einmal machen müssen, jedesmal von ihrem gesamten Hofstaat begleitet. Der Zug der großen Landesfürsten füllt den Weg auf etliche Tagereisen, wie es uns denn begegnet ist, daß ihr Vortrab, der aus Bedienten und Troßknechten besteht, allemal zwei Tage lang in verschiedenen Trupps an uns vorüberzog, ehe wir den Landesfürsten mit seinem Hofschwarm zu Gesicht bekamen.

Einen Zug der mächtigsten Daimyo oder Landesfürsten schätzt man auf beiläufig zweitausend, den eines kaiserlichen Statthalters auf einige hundert Köpfe.

Während wir die Insel KIUSCHU durchziehen, genießen wir auf Befehl der Beamten fast die Ehre, die man einem durchreisenden Landesfürsten erweist. Die Wege werden für uns mit dem Besen gekehrt und in Städten und Dörfern wider den Staub besprengt. Der Pöbel wird beiseite gejagt, und die Leute lassen uns, in ihrem Hauseingang kniend, in tiefer Stille vorüberziehen.

Das sonstige Benehmen gegen uns und die Bewirtung ist zwar, gegen reichliche Bezahlung übrigens, so gut, wie man nur wünschen kann, sie wird trotzdem verächtlich und schlecht, weil wir zu sehr eingeschränkt werden. Es wird uns beinahe keine andere Freiheit vergönnt, als daß wir mit den Augen von den Pferden und aus den Tragkörben sehen dürfen. Sobald ein Holländer vom Pferde steigt – was sehr ungern gesehen wird –, muß der ganze Zug halten und auch der Doshin (Offizier niederen Ranges) samt den beiden Häschern absteigen und sich neben den Holländer stellen. Diese bösen Geister umgeben und bewachen uns überhaupt auf der ganzen Reise dergestalt, daß sie auch da, wohin die Natur uns treibt, nicht von uns weichen.

Die Herbergen sind für uns dieselben, in denen auch die durchreisenden Landesfürsten einkehren. Das für uns bestimmte Gemach ist allemal das hinterste und angenehmste. Es liegt neben dem artigen Hausgarten und ist dem Straßenlärm am weitesten entrückt. Haben wir von unserer Kammer Besitz genommen, so erscheint alsbald der Wirt mit seinen nächsten männlichen Hausgenossen, jeder mit einer Schale Tee, die er mit tiefer Verbeugung herumreicht. Danach wird feingeschnittener Tabak gereicht, nebst langen Pfeifen, die kleine messingene Köpfe haben. Zu gleicher Zeit bringt man eine Platte mit Früchten, Feigen und Nüssen, Reiskuchen, Zuckerwerk und dergleichen mehr. Wenn unser Zug die Herberge verläßt, so wird der Wirt in Gegenwart beider Dolmetscher bezahlt und ihm das Geld in Gold auf einer kleinen Platte von unserem Gesandten zugereicht. Der Wirt kriecht auf Händen und Knien mit großer Ehrerbietung herbei und stattet, die Stirn zur Erde neigend, seinen Dank ab, unter vielem Ausstöhnen der Worte: »Ah!, ah!, ah!«, womit man hierzulande seine Unterwürfigkeit ausdrückt. Kein Volk in der Welt übertrifft die Japaner an Höflichkeit, wie wir das bei allen unseren Besuchen während der Reise gefunden haben. Ja, von dem geringsten Bauern bis zu dem größten Herrn ist ihre Lebensart so artig, daß man das ganze Reich eine hohe Schule aller Höflichkeit und guten Sitten nennen möchte. Und da sie als sinnige, neugierige Leute alles Ausländische hochachten, so ist anzunehmen, daß sie uns als Fremdlinge auf den Händen tragen würden, wenn es ihnen erlaubt wäre. Die bösen Gassenbuben, deren es überall gibt, kommen dabei freilich nicht in Betracht. Sie verfolgten uns in einigen Orten mit Schimpfreimen und Spottworten.

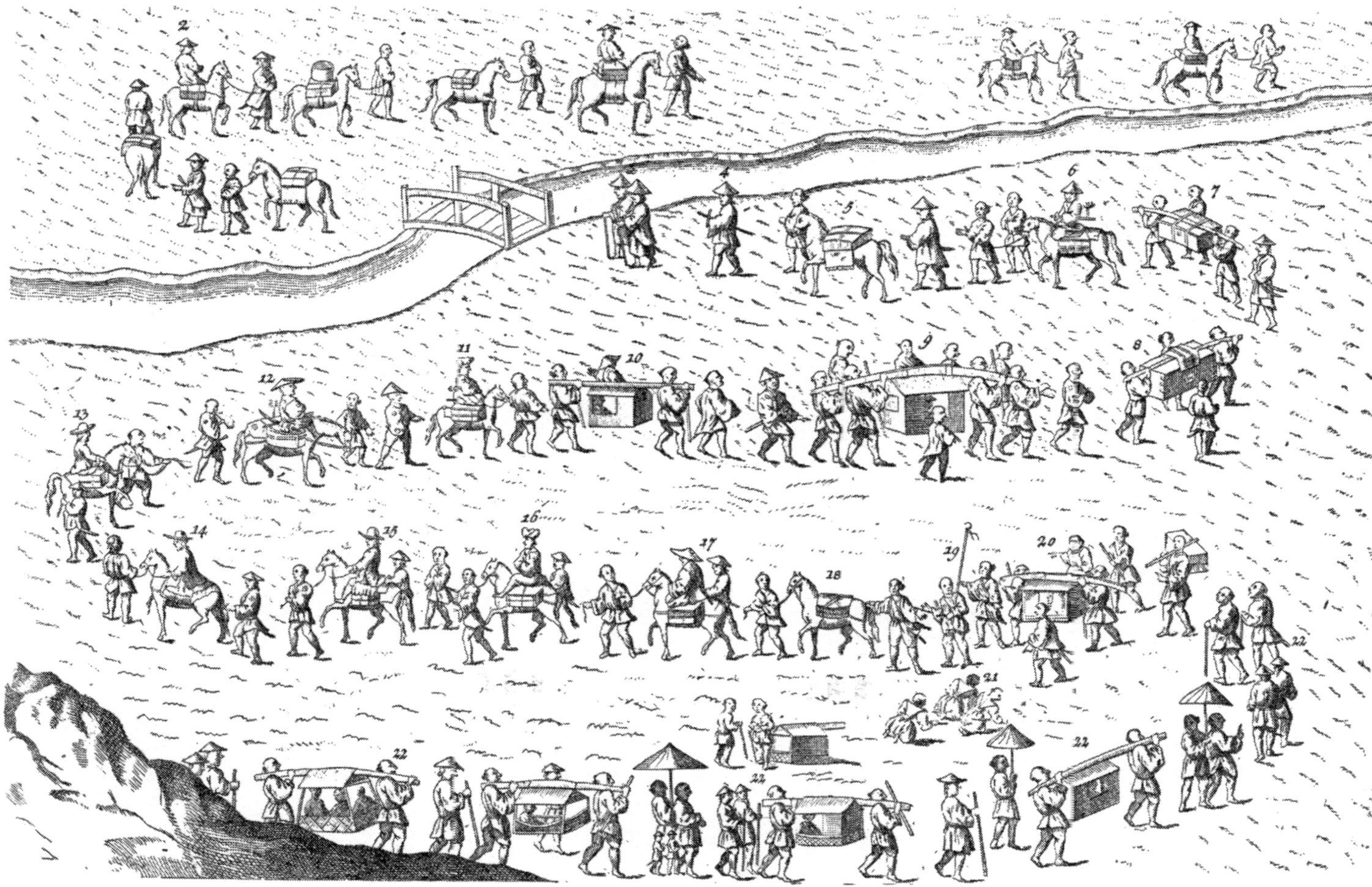

Die Hofreise nach Tokyo. Die vornehmen Holländer und Japaner in Sänften. Kaempfer (15) zu Pferde

Das »heimliche Gemach« ist zur Seite des Hinterhauses so angelegt, daß man durch zwei Türen hineingeht. Der Boden ist sauber und mit Matten belegt. Außerdem findet jeder ein Paar neue Binsen- oder Strohpantoffeln vor. Seine Notdurft verrichtet man auf asiatische Weise, im Niederhocken, durch eine schmale Öffnung des Fußbodens. Von außen wird ein Trog untergeschoben, der mit Spreu gefüllt ist, worin sich der üble Geruch sofort verliert. Bei Personen von Stande wird das kleine Brett über der Öffnung jedesmal mit einem frischen Bogen weißen Papiers beklebt. In der Nähe des Gemachs ist ein Wassergefäß zum Abspülen der Hände.

An die Rückseite des nie fehlenden zierlichen Hausgärtchens schließt sich fast stets ein Badehaus, das von Zypressenholz gebaut ist. Der Japaner badet täglich. Er hat es dabei mit dem Entkleiden recht bequem, denn sobald er den Gürtel gelöst und mit einem Wurfe alle seine Kleidungsstücke hat fallen lassen, steht er, bis auf das Schamband, mutternackend da. –

Sehr zu bewundern und zu rühmen ist die Ordnung bei den großen Reisezügen. Alles geht in schwarze Seide gekleidet. Es ist wirklich erstaunlich, in wie schöner Ordnung eine so große Menschenmenge einherzieht, ohne den geringsten Lärm, außer dem, der von dem Rauschen der Kleider und der Bewegung der Menschen und Pferde entstehen muß. Sehr lächerlich dagegen ist, daß die Piken- und Sänftenträger sich hinten so hoch aufgeschürzt haben, daß sie alles sehen lassen. Denn auch das Schamtuch leistet nur eine unzulängliche Bedeckung. Noch lächerlicher ist, daß die Leute, wenn sie über bewohnte Straßen gehen, einen ganz närrischen Gang annehmen. Sie ziehen nämlich bei jedem Schritt den Fuß beinah bis ans Kreuz hoch und werfen zugleich den einen Arm weit vor, so daß es scheint, als schwämmen sie durch die Luft. Die Träger der Sänften haben die Arme bloß und tragen bald auf der Schulter, bald auf der einen über den Kopf erhobenen Hand. Dabei recken sie den andern Arm mit flacher Hand waagrecht aus und betonen damit und mit ihren kurzen Schritten und steifen Knien eine lächerliche Ängstlichkeit und Vorsicht.

Hie und da bemerkt man zu zweien oder dreien die sogenannten Sjunre, d. h. Pilger, die die dreiunddreißig vornehmsten durch ganz Japan verstreuten Kwannontempel besuchen. Sie singen Haus bei Haus ein elendes Kwannonliedchen und spielen dabei, wie in Deutschland die Landstreicher, zuweilen auf einer Violine oder Zither, sprechen aber keinen Reisenden um Almosen an.

Zahlreich sind auch die Angehörigen männlicher oder auch weiblicher Bettlerorden. Sie fallen mit ihrem Singen, Blasen und Anflehen dem Reisenden sehr lästig, zumal da sie oft in Massen, wie ein Bienenschwarm, anrücken.

Die Reise begann am 13. Februar 1691. Sie wurde meist zu Pferde, stellenweise in Sänften und Tragkörben zurückgelegt. Der ganze Reisezug bestand mit Einschluß der Pferdeknechte zuerst aus hundert, später aus hundertfünfzig Köpfen.

Zuerst ging die Reise über die Insel Kiuschu, von NAGASAKI bis KOKURA. Wir kamen in diesen Tagen an heißen Heilquellen vorüber. Hin und wieder bewunderte ich gewaltig große und alte Kampferbäume. Überall breiteten sich weite Reisfelder aus. Man zählt in der Provinz Bisen zehn verschiedene Arten, darunter die beste mit Namen Omura, mit der die kaiserliche Küche beliefert wird.

Am 15. Februar sahen wir die ersten Frauen und Mädchen auf unsrer Reise. Sie waren, wie alle in dieser Provinz, von schöner Gestalt und artigen Gebärden, aber so geschminkt, daß man sie hätte für Puppen ansehen mögen. Und obgleich sie von kleinem Wuchs waren und so jugendlich erschienen, daß man sie für Kinder hielt, schleppten sie sich doch schon mit Säuglingen, was uns höchst verwunderlich war. Sobald sie verheiratet sind, rupfen sie ihre Augenbrauen aus.

Vor einem Dorfe hing ein Kerl am Kreuze, der einen jüngeren ums Leben gebracht hatte. Dieser hatte jenen wegen Holzdiebstahls gescholten. Darauf hatte der Mann ihm im Eifer mit einem Tuche die Gurgel zugeschnürt. Das Kreuz hatte oben ein Querholz zum Ausspannen der Arme, unten ein kürzeres für die Füße, in der Mitte einen vorstehenden Zapfen als Sitz. Die Befestigung geschieht mit einem Stricke.

Am 17. Februar gelangten wir zur Stadt Kokura unweit des Meeres. Noch am selben Tage setzten wir die Fahrt zu Schiff fort. In Shimonoseki bestiegen wir eine große Barke und fuhren die Südküste der großen Insel NIPON (jetzt Hondo genannt) entlang bis zu der großen Hafenstadt OSAKA.

Die Stadt Osaka treibt wegen ihrer vorteilhaften Lage den größten Handel zu Wasser und zu Lande. Die Japaner nennen sie Schau- und Sammelplatz aller Lustbarkeiten. Sowohl öffentlich als in den Häusern sieht man täglich Schauspiele: Marktschreier und Gaukler stehen zur Schau. Und wer nur irgend etwas an Seltsamkeiten, Mißgeburten, seltenen oder abgerichteten Tieren und dergleichen besitzt, der findet sich hier ein und läßt seine Künste und Seltenheiten für Geld sehen. Unter den Geschenken, die wir für den Kaiser bestimmt hatten, war anfangs auch ein Kasuar, ein großer indischer Vogel, der Steine und glühende Kohlen verschluckt. (?) Er wurde aber als Geschenk von unserm Statthalter abgelehnt und sollte nach Batavia zurückgeschickt werden. Da beteuerte uns ein reicher Liebhaber, er wolle das Tier gern für tausend Tael kaufen, wenn es ihm erlaubt würde. Er werde in Osaka, ehe ein Jahr verginge, doppelt soviel damit gewinnen.

Wir sahen unterwegs viele wilde Enten, die aber so zutraulich waren, daß sie vor keinem Menschen aufflogen. Ebenso große weiße Reiher, Schwäne und einige Störche. Das Pflügen geschah hier mit schwarzen Ochsen, die, so schlecht und mager sie uns schienen, dennoch sehr ausdauernd sein sollen.

Noch am selben Tage gelangten wir nach MIAKO (heute Kyoto genannt). Bis zur Erneuerung der alten Kaisermacht durch den Meiji-Tenno Mitsuhito im

Jahre 1868 war Kyoto der »goldene Käfig« der von den Tokugawa-Shogunen entmachteten alten Gott-Kaiser. Die Stadt ist Wohnort des geistlichen Oberhauptes des Volkes, des Dairi, und hat zahlreiche schöne Tempel, Klöster und Kapellen, die am Hange eines wilden Bergwaldes liegen.

Der großartigste Tempel war der große *Daibotstempel* (Daibutsu, Riesenbuddha). Die Eingangspforte war ein schmales, hohes Gebäude mit doppeltem Dach, zu beiden Seiten standen auf Sockeln sieben Meter hohe, schwarze, dikke, nackte, nur mit einem Tuche umgürtete löwenmäßig gebildete Heldengestalten. Der Tempel selbst, das höchste Gebäude, das ich in ganz Japan gefunden, hat ein doppeltes Dach, das von wunderlich ineinandergefügten, rot angestrichenen Balken gehalten wird. Der obere Raum unter dem Dach ist ganz finster.

Wir sahen keinerlei Schmuck, nur ein vergoldetes Götzenbild von ganz unglaublicher Größe, so daß sich drei Matten in seiner flachen Hand hätten ausbreiten lassen. Es hatte lange Kuhohren, krause Haare, vor der Stirn einen nicht vergoldeten Flecken und eine güldene Krone auf dem Haupt, die man durch ein hoch über dem ersten Dache gelegenes Fenster von außen sehen konnte.

Es ist aber Miako gleichsam ein Stapelplatz aller Künste, Handwerke und des Handels von Japan. Man sieht wenig Häuser, in denen nicht etwas verkauft oder hergestellt wird. Man verhüttet allhier Kupfer, prägt Münzen, hat Buchdruckereien, webt die kostbarsten mit Gold und Silber geblümten Stoffe, unterhält die seltensten Färbereien, macht künstliches Schnitzwerk, musikalische Instrumente, Gemälde, lackierte Kästen und andere Geschirre, die sauberste Arbeit in Gold und allerlei Metall, sonderlich den besten Stahl und aus diesem die schönsten Klingen und andre Waffen. Allerhand Schmuckwaren, künstliche, sich selbst bewegende Puppen und Spielzeuge werden hier gleichfalls verfertigt und verkauft. Was aus Miako kommt, ist durch das ganze Reich hin berühmt, selbst wenn es in Wirklichkeit einmal schlecht ist.

Am 3. März verließen wir Miako in östlicher Richtung und gelangten bei Kuwana wieder ans Meer. Von hier ließen wir uns in vier Schiffen nach der großen Stadt Mijah (Nagoja) übersetzen. Am 8. März kamen wir durch die Stadt Kakinga. Es trug sich bei unserm Durchzuge folgendes Unglück zu: Ein armer Bürger hatte einen großen Kessel auf dem Feuer, um Öl darin zu sieden. Während er, um unsern Zug zu sehen, sich mit den Seinigen in die Tür setzte, mochte die Flamme das Öl ergriffen haben. Und so geriet in einem Augenblick sein Haus und, weil eben ein starker Wind wehte, auch das Nachbarhaus in vollen Brand. Der Sturmwind trieb uns den heißen Rauch dermaßen nach, daß wir, um nicht zu ersticken, im vollen Trabe vorwärts fliehen mußten. Auf einer Anhöhe einige hundert Schritte von der Stadt sahen wir zurück und bemerkten alles in Rauch und Flammen, woraus fast nichts als nur der Schloßturm hervorstand. Auf unserm Rückwege fanden wir auch wirklich das Schloß unversehrt, dagegen die halbe Stadt, etwa zweihundert Häuser, in der Asche.

Die Reise an den Hof war nicht ohne Schwierigkeiten. Zahlreiche Höhen mußten überstiegen, zahlreiche, oft recht breite Flußmündungen mußten durchwatet oder auf Kähnen überquert werden. Am 10. März kamen wir in die Nähe des berühmten FUDSCHIJAMA. Er ist wie der Pik von Teneriffa von unglaublicher Höhe (3800 Meter), und es scheinen die um ihn liegenden Gebirge nur niedrige Hügel zu sein, so daß er uns auch auf unserer Reise viele Meilen weit als Wegweiser, mir aber noch besonders zu einem Richtpunkte bei meiner Karte diente. Er ist kegelförmig, gleichmäßig ansteigend, so daß man ihn mit Grund für den schönsten Berg der Welt ausgeben kann, obwohl er ohne Pflanzendecke und die meiste Zeit fast völlig mit einem weißen Schneemantel bedeckt ist. Die Sommerhitze nimmt zwar vieles von dem Schnee hinweg, aber die oberste Spitze bleibt beständig weiß. Nach dem Berichte derer, die ihn bestiegen, hat er auf seiner Höhe auf einem hohlen, hügeligen Platze eine mit Wasser gefüllte Vertiefung, woraus vor alters Flamme und Feuer nebst Asche herausgeflogen und wodurch schließlich die Kegelform entstanden sei. Da der Wind oben niemals still, sondern in steter Bewegung ist – weshalb man auch zur Andacht hinaufsteigt, um dem Windgott ein Opfer zu bringen –, so erscheint der beständige Schneestaub wie ein wirklicher Rauch. Man braucht drei Tage, um hinauf-, dagegen nur drei Stunden, um wieder herunterzukommen. Hierbei nimmt man einen Schilf- oder Strohkorb zu Hilfe. Den bindet man sich fest um und glitscht damit, zur Sommerzeit im Sande, zur Winterzeit im Schnee, bergab. Die Dschammabos oder Bergmönche bilden hier einen Orden des Windgottes: das Wort Fudschijama ist bei ihrem Betteln und sonstigen Reden die Losung. Die japanischen Dichter und Maler wissen die Schönheit dieses Berges nicht genug zu rühmen und darzustellen. (Heute fährt man im Bus bis 1650 m. Dann muß man vier bis fünf Stunden bis zur Spitze klettern. Das ist im Lavageröll sehr mühsam, aber einmal im Leben wenigstens will jeder Japaner oben gewesen sein.)

Mir diente der Berg bei der Anfertigung meiner Karten. Sie anzufertigen war mir bei der ständigen Überwachung durch die japanischen Begleitmannschaften nicht leicht.

Ich hatte für meine eigene Person eine einfache rindene Schachtel bei mir, in der ich einen großen Kompaß verborgen hielt, womit ich unvermerkt die Wege, Berge und Täler abmaß. Äußerlich war er wie ein Schreibzeug, und ich nahm jederzeit Kräuter, Blumen und grüne Zweige zur Hand, wenn ich den Kompaß brauchte, damit man denken sollte, ich wolle nur diese abzeichnen und beschreiben. Dies mußte mir um so eher gelingen, da alle japanischen Reisegefährten und der Befehlshaber des Geleits selbst auf der ganzen Reise sich bemühten, mir alles, was ihnen an raren Gewächsen und Pflanzen vorkam, zuzubringen, um ihren Namen und Gebrauch zu erfahren. Die Japaner als Kenner und Liebhaber der Pflanzen halten nämlich die Pflanzenkunde für eine nützliche und unschuldige Wissenschaft, in der man keinen hindern durfte. Bei meiner Rückkunft nach Nagasaki hatte ich sogar die Ehre, daß mir der Statthalter sagen ließ, er habe mit besonderem Gefallen vernommen, daß ich meine Zeit während der Reise so rühmlich auf das botanische Studium verwendet habe, wovon er selbst ein großer Freund und Förderer sei.

In einem Dörfchen passierten wir ein Mönchskloster. Unter anderen faulen Reisfressern lebte dort ein aus Nagasaki gebürtiger grauköpfiger Mönch von achtzig Jahren, der auf seiner frommen Bettelfahrt ganz Japan durchwandert hatte. Er hatte jeden, auch den kleinsten Tempel besucht und hatte sich durch seine Scheinheiligkeit bei dem gemeinen Volke ein solches Ansehen verschafft, daß man ihn schon bei seinen Lebzeiten in die Zahl der Heiligen aufnahm und als solchen verehrte. Seine Gestalt hatte er, zu einem Götzendienst nach seinem Tode, in Stein aushauen lassen. Die Japaner unseres Zuges liefen, während wir speisten, zu dem Kloster und erzeigten diesem Heiligen ihre andächtige Verehrung. Dieser Mönch hat es also weiter gebracht als der große Alexander, dem man bei seinem Leben keine göttliche Ehrung erweisen wollte.

Am 13. März trafen wir in JEDO (Tōkyo) ein. Schon zwei Meilen vorher beginnt die Vorstadt Schinagava, die sich lang am Meeresufer hinzieht. Wir kehrten in einem luftig an der See gelegenen Wirtshause ein. Vor Schinagava fiel der Gerichtsplatz den Vorbeireisenden gräßlich in die Augen: Menschenköpfe und verstümmelte Leiber lagen mit dem Aas des toten Viehes durcheinander. Ein großer, magerer Hund wühlte mit seinem hungrigen Rachen in einem faulen Menschenkörper herum, und viele andere Hunde und Krähen saßen in der Nähe, um sich an dieser jederzeit freien Tafel zu sättigen.

In dem Wirtshause erfrischten wir uns und schickten uns zum Einzuge an. Wir hatten von dort einen herrlichen Überblick über die ganze Stadt mit ihren hohen Gebäuden sowie über den großen Hafen mit seinen Hunderten von Schiffen, von denen die kleinen nahe der Stadt, die größeren, je nach der Tiefe des Wassers, immer weiter und die großen Kauffahrteischiffe bis auf zwei Meilen entfernt lagen. Nach einer halben Stunde Reitens auf einem Wege, der hart an die See stieß, erweiterten und vermehrten sich die Straßen von unabsehbarer Länge, und wir sahen nun an dem unendlichen Gewimmel von Menschen, daß wir uns in der kaiserlichen Hauptstadt befanden. Als wir der fünfzig Schritt breiten Hauptstraße folgten, begegnete uns ein unglaubliches Getümmel von Menschen, Gefolgen von großen Herren und Hofleuten, kostbar gekleidete Frauenzimmer zu Fuß und in Tragsesseln, auch eine Feuerwehrtruppe von beinah hundert Mann in europäischer Militärordnung, die Tag und Nacht die Stadt durchzieht. Die Stadt ist ungemein volkreich, und die Häuser sind klein und niedrig, aus Tannenholz mit dünnen Lehmwänden, inwendig mit papiernen Schauben und Rollwänden, der Boden mit ausgestopften feinen Binsenmatten belegt, die Dächer mit tannenen Schindeln gedeckt, und das Ganze gleichsam aus den brennbarsten Stoffen zusammengefügt. Es fängt daher leicht Feuer, und es entstehen oft ausgedehnte Feuersbrünste, die Hunderte, auch wohl Tausende von Häusern verzehren.

Die Kaiserliche Wohnung liegt auf einem oben flachen Hügel. Drinnen ragt ein viereckiger weißer Turm über alle anderen Gebäude hervor, der mit seinen vielen Stockwerken, Prunkdächern und Zieraten dem Schlosse das schönste Ansehen gibt.

Hier also residierte der Kaiser Tsinajosiko (der fünfte Tokugawa-Shogun Tsunayoshi, 1680 – 1709), vor dem wir erscheinen sollten. Er war dreiundvierzig Jahre alt und regierte seit zwölf Jahren.

Die ganze Reise von Nagasaki bis Jedo hatte zwanzig Tage gedauert.

Am 23. März, eine Stunde vor der Mittagszeit, bei hellem und stillem Wetter ereignete sich ein schreckliches Erdbeben, das unser Haus mit großem Krachen erschütterte, doch nicht länger dauerte, als man ungefähr fünfzig zählen könnte. Ich wurde bei dieser Gelegenheit überzeugt, daß es in einer natürlichen Notwendigkeit begründet ist, wenn die Reichsgesetze den niedrigen Bau der Häuser gebieten.

Erst am 29. März, also sechzehn Tage nach unserer Ankunft, wurden wir zur Vorstellung vorgelassen. Die Geschenke waren vorher in dem großen Empfangssaale ausgebreitet. Sie bestanden in kostbaren Stoffen, Sinto- und spanischen Weinen und Kampfer aus Borneo.

Dann kamen einige Bediente, wir drei Holländer (ich, ein Kaufmann und der Schreiber) zu Pferde, jeder in einem schwarzen seidenen Mantel, als europäischem Ehrenkleide, jedes Pferd von einem Diener geführt. Hinter uns kam Herr von Butenheim in einer Sänfte und der Oberdolmetsch in einem Tragkorbe. In die erste mit Wall und Graben befestigte Burg kamen wir über eine große, mit messingenen Knöpfen gezierte Brücke, unter der ein großer, mit vielen Fahrzeugen bedeckter Strom nordwärts um die Burg floß. Die hier Wache haltenden Soldaten hatten über ihren schwarzseidenen Kleidern zwei Säbel hängen und saßen niederhockend in guter Ordnung.

Durch die erste kamen wir in die zweite, gleich feste Burg, die noch weit ansehnlicher war, und dann wieder über eine lange steinerne Brücke zu der eigentlichen Residenz, wo wir an der großen Schloßwache bis auf weiteres warten mußten, während zwei Hauptleute von der Wache uns sehr freundlich empfingen und uns Tee und Tabak vorsetzten. Eine Stunde lang zogen nun die Reichsräte an uns vorüber ins Schloß. Dann wurden wir in den eigentlichen Wohnpalast geführt, und zwar in den mit vergoldeten Pfeilern, Wänden und Vorhängen prächtig ausgeputzten Wartesaal. Nach einer guten Stunde wurde unser Gesandter in den Empfangssaal gerufen. Uns ließ man zurück.

Kaum mochte er eingetreten sein, gab eine überlaute Stimme mit ›Hollanda Kapitän‹ das Zeichen, worauf dieser zu dem etwas erhöhten Sitzplatze der Kaiserlichen Majestät, die mit untergeschlagenen Beinen dasitzt, auf Händen und Füßen herankroch. Dann neigte er das Haupt bis zum Boden und zog sich ganz stillschweigend ebenso und wie ein Krebs kriechend zurück. Hierin besteht die ganze Feierlichkeit bei dem mit so viel Umständen vorbereiteten Empfang.

Ehemals war die ganze Sache damit erledigt. Seit zwanzig Jahren aber pflegt man die ganze Gesandtschaft nach diesem Empfang tiefer in den Palast hineinzuführen und sie der Kaiserin, den Prinzessinnen und den Hofdamen zur Betrachtung und Unterhaltung vorzustellen. Dabei sitzen der Kaiser und die Damen hinter seidenen Vorhängen; die Reichsräte und sonstigen hohen Beamten sind öffentlich zugegen.

Der Kaiser saß dabei nicht weit von uns neben seiner Gemahlin, deren Gesicht ich einigemal, während ich auf kaiserlichen Befehl etwas tanzte, durch eine kleine Öffnung des Vorhangs erblicken konnte. Es schien mir eine bräunliche, runde, schöne Gestalt mit europäischen, schwarzen Augen voller Feuer und Leben zu sein, mutmaßlich von großer Statur und etwa sechsunddreißig Jahre alt. (Über den Shogun urteilt Hisho Saito, »Geschichte Japans«, Berlin, 1912, S. 159 f: »Er zeigte wenig Interesse und Verständnis für die Aufgaben der Verwaltung, doch zeichnete er sich durch gelehrte Bildung aus und wurde ein Förderer der Wissenschaft und Künste.« – K. Haushofer schreibt in »Japan baut sein Reich«: »Tsunayoshi ist dadurch weltbekannt geworden, daß in seinem Namen das Urteil gefällt wurde, das eine der meistgefeierten Taten der Gefolgschaftstreue und Tapferkeit nach sich zog: den Freitod durch Harakiri [Seppuku] der 47 Ronin, der einstigen Samurai des Fürsten Asano, die den glänzendsten Beweis für das Fortleben der Mannestugenden auch während des Polizeistaates der Tokugawa abgelegt haben.)

Zuerst mußte jeder von uns nach der Seite hin, wo der Kaiser saß, seine Ehrfurcht auf japanische Weise, d. h. mit gesenktem Kopfe hinzukniend, bezeugen. Dann stattete unser Gesandter seinen untertänigsten Dank für die Gnade ab, daß uns der freie Handel in Japan bisher vergönnt gewesen sei. Diese Worte wiederholte der Dolmetscher mit auf der Erde liegendem Gesicht in japanischer Sprache. Jeder von uns wurde nun gefragt, wie alt er sei und wie sein Name sei, was jeder, da man europäisches Schreibzeug bei sich hatte, aufzeichnen und dem Dolmetscher hinreichen mußte, der den Zettel nebst den Schreibzeugen dem Kaiser unter der Decke hin einhändigte.

Unser Gesandter wurde gefragt, wie weit Holland von Batavia, Batavia von Nagasaki sei, ob der General auf Batavia oder der Prinz in Holland mächtiger sei. Ich wurde gefragt, welche innerlichen und äußerlichen Gebrechen ich für die schwersten und gefährlichsten halte, wie ich mit Krebsschäden und innerlichen Geschwüren zu Werke gehe, ob ich nicht, wie die chinesischen

Ärzte seit vielen Jahrhunderten getan, einem Mittel zum langen Leben nachgespürt oder ob nicht andere europäische Ärzte bereits ein solches aufgefunden hätten.

Ich antwortete, daß unsere Ärzte noch täglich nach dem Geheimnis forschten, wie der Mensch seine Gesundheit bis in ein hohes Alter zu erhalten vermöchte. Man fragte weiter, welches denn für das beste Mittel dazu gehalten werde. Antwort: das letzte sei allemal das beste, bis die Erfahrung etwas anderes lehre. Frage: Welches denn das letzte sei. Antwort: Ein gewisser Spiritus, der bei mäßigem Gebrauch die Feuchtigkeiten flüssig erhalte und die Lebensgeister muntere und stärke. Frage: Wie selbiger genannt werde. Antwort: sal volatile oleosum Sylvii. Da ich wußte, daß alles, was bei den Japanern Achtung finden soll, einen langen Namen und Titel haben muß, so wählte ich diese Bezeichnung mit Absicht. Ich mußte sie auch etliche Male wiederholen, und man schrieb sie hinter der Matte nach. Frage: Wo er denn zu bekommen und wer ihn erfunden. Antwort: Der Professor Sylvius in Holland. Frage: Ob ich ihn herzustellen wüßte. Hier befahl mir unser Gesandter mit einem Wink, nein zu sagen. Ich antwortete aber: ›O ja, nur nicht hier.‹ Frage: Ob er auf Batavia zu bekommen. Antwort: Ja.

Da verlangte der Kaiser, daß mit den nächsten Schiffen eine Probe übersandt werden solle. Sie kam auch unter jenem Namen im folgenden Jahre wirklich über, war aber in Wahrheit nichts anderes als ein unlieblicher Ammoniakspiritus, mit Gewürznelken abgezogen.

Der Kaiser nahm darauf seinen Platz in größerer Nähe von uns hinter der Hängematte, hieß uns unsere Mäntel ablegen und aufrecht sitzen, damit er uns besser ins Gesicht sehen könne. Dies war es aber nicht allein, was der Kaiser von uns verlangte, sondern wir mußten uns gefallen lassen, richtige Affenpossen auszuführen, die mir nicht einmal alle mehr erinnerlich sind. Bald nämlich mußten wir aufstehen und hin und her spazieren, bald uns untereinander begrüßen, dann tanzen, springen, einen betrunkenen Mann vorstellen, japanisch stammeln, malen, holländisch und deutsch lesen, singen, die Mäntel bald um- und wieder ablegen. Ich für meine Person stimmte hierbei ein deutsches Liebeslied an, das ich zu Ehren meiner mir in allen Ehren treugebliebenen Florimena gemacht hatte.

Ich gedenke meiner Pflicht
An dem Äußersten der Erden,
Schönste, die mir nicht kann werden,
Liebste, die mein Herze bricht,
Der ich einen Eid geschworen
Sonder Arg und ohne Scheu
Bei dem Licht, da ich geboren,
Zu verbleiben ewig treu.

Ja, was sag ich, Pflicht und Schuld?
Was Versprechen und Beloben?
Deine Schönheit, die von oben
Dir vergönnt der Götter Huld,
Deine Tugend, die man findet
Nirgend in der ganzen Welt,
Ist die Kette, die mich bindet,
Ist der Kerker, der mich hält.

Ach zu meiner harten Zucht
Hab ich armer mich vermessen,
Deiner, Engel! zu vergessen
Durch so weite wüste Flucht.
Taur und Caucas, Türk und Heiden
Noch der Ind- und Gangesfluth
Können mich von dir nicht scheiden,

Nicht vermindern meine Gluth.
Großer Kaiser, Himmels Sohn,
Herrscher dieser fernen Landen,
Reich von Gold und stark von Handen,
Ich betheur bei deinem Thron,
Daß ich alle diese Strahlen
Deines Reichtums, deiner Pracht,
Deiner Dames, die sich mahlen,
Nichts vor meinem Engel acht.

Weg du Hof der Eitelkeit,
Weg du Land mit so viel Schätzen.
Zeitlich kann mich nichts ergötzen,
als die keusche Lieblichkeit
Meiner edlen Florimenen,
Meiner einzigen Begier,
Die wir uns so herzlich sehnen,
Sie nach mich und ich nach ihr.«

Also – eine Jugendliebe! Wie aus so mancher andern ist auch aus dieser nichts geworden – was man im Hinblick auf Kaempfers späteres Hauskreuz mit Bedauern feststellt.

»Unser Gesandter blieb jedoch von diesen Sprüngen verschont, weil man wohl bedachte, daß das Ansehen unserer Oberherren in seiner Person ungekränkt bleiben mußte. Nachdem wir so an die zwei Stunden lang, wenn freilich auch unter sehr freundlichem Zureden, zur Schau gedient hatten, wurde jedem ein kleiner Tisch mit japanischem Imbiß vorgesetzt. Statt der Messer und Gabeln lagen ein paar Stöckchen dabei. Wir aßen ein wenig davon. Man hieß uns darauf die Mäntel anlegen und Abschied nehmen, was wir bereitwillig taten.

Am 30. März ritten wir früh aus, um den übrigen Hohen Herren unsere Geschenke zu bringen. Am nächsten Tage besuchten wir den Statthalter von Nagasaki, dessen Bruder uns besonders freundlich empfing. Er unterhielt uns in Gesellschaft anderer vornehmer Herren und Freunde mit dem höflichsten Gespräch, nötigte uns im Garten zu spazieren oder uns sonst zu unterhalten, ganz als ob wir bei einem guten Freunde wären. Dabei wurden wir mit warmem Essen und starkem Tee bewirtet. Wir wurden in das innerste und vornehmste Gemach geführt und gebeten, uns den zu beiden Seiten befindlichen Rollmatten zu nähern, hinter denen mehr Frauen waren als bisher irgendwo. Sie betrachteten unsere Kleider, unseres Führers Gewehr, Ringe, Tabakpfeifen und dergleichen, alles mit einer anständigen und achtungsvollen Neugier, und sie ließen sich alles zwischen oder unter den Matten zureichen. Aus dem Überfluß alles dessen, was an einer Tafel die Sinne zu reizen vermag, leuchtete der glänzende Wohlstand der Familie hervor. Weil uns aber die Köpfe von den vielen starken Getränken schwer zu werden anfingen, hielten wir es für geraten, uns zu beurlauben.

Am 2. April fand der Abschiedsbesuch beim Kaiser statt. Dabei bekamen wir sein Gegengeschenk, das in dreißig Röcken bestand. Auch die übrigen von uns beschenkten Herren schickten Röcke als Gegengabe.

Am 5. April traten wir unsere Rückreise nach Nagasaki an. Zwei Stunden dauerte es, bis wir auf freies Feld kamen. Die Bauern waren just bei der Bearbeitung der Reisfelder, wobei sie sich einer mit Eisen beschlagenen Hacke bedienten. Dabei standen sie bis an die Waden im Morast und Wasser.

Den 8. April ritten wir schon drei Stunden vor Tagesanbruch aus, weil wir dem Prinzen von Owari, der in dem nahen Flecken Numazu übernachtete, nicht gern begegnen wollten. Dennoch wimmelte schon jetzt der Weg von seinen Leuten, Pferden, Wagen und Sänften, die beim Licht aufgehängter Laternen die Ortschaften durchzogen. Das junge Volk der Ise-Pilger trafen wir schlafend auf freiem Felde an. (Ise ist der berühmteste Wallfahrtsort der Shintō-Religion.) Dagegen waren die Bettelmönche schon unterwegs und bimmelten mit Almosenglöckchen.

Am 10. April fiel uns diesseits Nishisaka ein junger Bettler an, der nichts als eine Strohschürze um den Leib trug und sonst völlig nackt war. In der Hand hielt er einen Spieß, und vor sich trug er eine Lade mit vielerlei Bildern von Heiligen und Helden.

Vor der kleinen Vorstadt von Mitsuke, worin es viel liederliches Weibsvolk gibt, lag ein vom Platzregen völlig durchnäßter Mönch im freien Felde auf dem Gesicht. Er rang mit dem Tode, gab aber hin und wieder noch ein Lebenszeichen von sich, damit man ihn nicht für eine Leiche halte und übel behandeln möchte – ein Anblick, darüber sich ein Stein hätte erbarmen mögen, der aber den Japanern ganz gleichgültig war.

Im Dorfe Kasje war ein Gerichtsplatz. Wir trafen daselbst fünf frisch hingerichtete Übeltäter an, vier am Kreuz und den Kopf des fünften auf einem Pfahl. Die Leute hatten ein Haus in Brand gesteckt und waren, nachdem sie aus dem Gefängnis ausgebrochen, wieder gefangen worden. Der eine hatte sich darauf sofort erhängt. Gleichwohl kam er noch ans Kreuz. Ein Wirt, der die Ausreißer versteckt gehalten hatte, wurde ebenfalls mit dem Tode bestraft. Der aufgespießte Kopf war der seinige.

Am 8. Mai langten wir glücklich wieder in unserm Deshima an.«

Über die ersten fünf Monate, die Kaempfer in Japan zubrachte, haben wir keine Tagebuchaufzeichnungen. Dagegen hat er vom Beginn der ersten Hofreise an bis zum letzten Tage seines Aufenthalts in Japan, also vom 18. Februar 1691 bis zum 31. Oktober 1692, alles, was ihm bemerkenswert erschien, aufgeschrieben. Wir bringen hier einen Auszug aus dem in Dohms Ausgabe bereits veröffentlichten Tagebuche und ziehen zugleich für unsere Darstellung seinen Briefwechsel zu Rate.

»Am 3. Juni wurden bei Nacht einige Schleichhändler ertappt, die von den Chinesen Waren gekauft hatten. Der eine machte Miene, sich zu entleiben, wurde aber von dem Häscher so schleunig überfallen, daß er sich nur eine unbedeutende Wunde beibringen konnte.

Am 20. wurden zwei junge Leute tot auf der Straße gefunden. Der eine hatte den andern mit dem Säbel verwundet und sich hinterher selbst die Kehle durchgeschnitten. Ein anderer schnitt sich den Hals ab, weil er von einem Manne seines Standes beschimpft worden war und keine Genugtuung dafür vom Bürgermeister erhalten konnte, da die Beleidigung im Hause des Statthalters geschehen war.

Nachher fand man wieder einen unter der Brücke mit noch nicht ganz abgeschnittener Kehle.

Den 30. brachte man fünf Gefangene. Sie waren in der Absicht, die Chinesen ihrer heimlich eingeführten Waren zu berauben, in das Dorf Isahaya eingefallen, hatten aber, da sie falsch unterrichtet waren, keinen Chinesen gefunden.«

Im August trafen die üblichen drei holländischen Schiffe aus Batavia ein, mit ihnen das neue »Oberhaupt«, Herr CORNELIS VAN OUTHOORN, Bruder des Willem van Outhoorn, der vor kurzem vom Generaldirektor zum Generalgouverneur aufgerückt war und nun gleich brüderlich für seinen Bruder sorgte. Unter dem neuen Gouverneur nahm überhaupt die Korruption auch in den höchsten Verwaltungskreisen so skandalöse Formen an, daß Outhoorn

Jedo (Tokio) aie Hauptstadt Japans. Vorn vornehmer Reisezug

Go Sannoma. Audienz=Saal.

1701 entlassen werden mußte. Nagasaki war eine Goldgrube. Kaempfer schätzt die Einnahmen des mit 1200 Gulden besoldeten Oberhaupts auf 30 000 Gulden! Der Privathandel brachte ungeheure Gewinne – zum Schaden der Kompanie.

Mit einem der Schiffe kam auch ein Herr Dieck, Schwiegersohn Cleyers, um »von der Constitution dieser Luft zu einer besseren Disposition zu gelangen«. Kaempfer, der ihn zu behandeln hatte, hielt, wie er an Cleyer berichtet, das japanische Klima allerdings für wenig günstig für den Kranken, der denn auch einige Monate später starb.

Begierig wird Kaempfer die Briefe geöffnet haben, die dem Weltabgeschiedenen Nachrichten über Europa und Deutschland verhießen. Es war darunter ein Schreiben aus Siam von Moses Brochebourde, ein andres von einem Dr. Smuyder aus Surate. JEAN DE TUDERT berichtet dem *»honoré amy«* von den europäischen Kriegsschauplätzen. Seine Frau läßt herzlich grüßen. JAGER hatte vor einem Jahre einen langen Brief geschickt und darin bemerkt, er werde sich besonders glücklich achten, wenn Kaempfer so viel Neues mitbrächte, daß sein Name in ganz Europa berühmt werde. Diesmal hatte er leider nichts beigelegt. Cleyer schreibt über ihn, er sei »außerhalb seinem Centro ganz närrisch, indem er sich nunmehr ganz von Gesellschaft äußere«.

In dem Antwortschreiben Kaempfers an Cleyer stehen die Worte »weil die repatriierenden Schiffe nicht zu Bereiche stehen, bin ich genötigt worden, noch ein Jahr überzubleiben«. Repatriierend heißt: ins Vaterland, nach Europa zurückkehrend. Nach Batavia konnte er natürlich zurückfahren, doch zog er es vor, in Japan seine fruchtbaren Forschungen fortzusetzen. Gewiß hat er sich schon damals Gedanken über seine Zukunft in der Heimat gemacht. Er stand in holländischen Diensten, und in Holland würde er zuerst wieder europäischen Boden betreten. Da war es am Ende nützlich – in Deutschland war ja immer noch Krieg – sich zunächst an Holland zu halten und geknüpfte Fäden nicht vorzeitig zu zerreißen. Einer der einflußreichsten Männer dort war NIKOLAS WITSEN, der gelehrte Bürgermeister von Amsterdam, zu dem Kaempfer irgendwann in Beziehung getreten war. Von dem Brief, den Kaempfer damals, im Sommer 1691, an ihn schrieb, war bereits die Rede. Er berichtet da offen und vertrauensvoll von seinem Mißgeschick in Batavia und von der stürmischen Überfahrt nach Japan und schließt mit Folgendem:

»Es sind sieben Jahr, daß die Krankheit der Wißbegier und jugendliche Reiselust mich dazu fortrissen, mich in die Laufbahn der Schiffsärzte Eurer berühmten Sozietät hineinzubegeben. Zum Manne geworden, begreife ich, daß ich auf Mittel und Wege sinnen muß, zu einer anständigen Lebensstellung in meiner Heimat zu kommen und für mein Alter zu sorgen. Ich habe mich aber auch in der Hoffnung in diesen Kerker gesteckt, ich werde, falls das Vaterland mich nicht brauchen könnte, auch in Indien selbst zu etwas Besserem wieder hervorkommen ... Dich bitte ich, an Dich wende ich mich, nimm mich unter

Deine Schützlinge auf!... Verhilf mir zu einer würdigen Lebensstellung, daß ich nur nicht unter dem Abfall unnütz verderbe! Ich sehe ja, wie andre Genossen meiner Kunst und meines Verdienstes teils als Kaufleute, teils im Dienst der Themis es zu etwas gebracht haben.«

Nur er war mit all seiner Gelehrsamkeit immer noch nichts anderes als »Oberchirurg« mit sechsunddreißig Gulden Monatsgehalt.

Das Tagebuch über die nächsten Wochen berichtet immer wieder von ertappten Schleichhändlern und gibt in seiner trockenen Berichterstattung ein grelles Bild von der *japanischen Justiz.* Kaempfer findet kein schärferes Wort der Kritik für ihre unmenschliche Härte, dagegen preist er ihr einziges Verdienst – die Kürze des Prozesses – über Gebühr.

»Am 1. und 2. Oktober brachte man acht gefangene Schmuggler, die man auf See ertappt hatte. Zwei hatten sich den Bauch aufgeschnitten, ein andrer entkam und flüchtete ins Gebirge, so sehr man auch die Pforten verschlossen und strenge Nachtwache gehalten hatte. Am 4. entwischte abermals einer. Der Haupträdelsführer der gefangenen Missetäter biß sich selbst die Zunge ab, um sich selbst dadurch außerstand zu setzen, seine Anhänger zu verraten. Hinterher brachte er es fertig, so fest er auch angeschlossen war, aus dem Rock, den er am Leibe trug, einen Strick zu drehen und sich damit zu erwürgen.

Bei einem der Gefangenen fand man ein regelrechtes Hauptbuch mit Soll und Haben nebst den Namen der beteiligten Personen. So wurden viele Schuldige entdeckt. Tag und Nacht fanden strenge Untersuchungen statt. Vor der Abfahrt der chinesischen Dschonken wurden von einer starken Wachmannschaft bei Nacht wiederholte Haussuchungen vorgenommen. Wirklich faßte man in Nagasaki drei Personen und brachte sie auf die Folter. Die Chinesen halten sich absichtlich lange mit der Abfahrt auf und kreuzen zur See unterhalb der Wälle, um den Einwohnern Zeit und Gelegenheit zu geben, zu ihnen zu stoßen und verbotene Handelsgeschäfte zu machen. Da auf diese Weise der Zoll wegfällt, den die Chinesen – so gut wie wir Holländer – an die japanische Behörde zu entrichten haben, so bekommen die Schmuggler die Ware auf jenem Wege weit billiger. Es ist kaum zu glauben, daß die Japaner auf diese Weise immer wieder ihr Leben aufs Spiel setzen, um des Geldgewinns willen. Sie wissen genau, daß jeder Schleichhändler mit dem Tode bestraft wird.

Als am 6. wieder ein Gefangener geflohen war, mußten alle Japaner von unserer Insel nach Hause. Ein Zwischenhändler, der einen Gefangenen seines Bezirks aus seinem Hause hatte entwischen lassen, wurde abgesetzt und bekam Hausarrest. Jedesmal wenn einer ausreißt, müssen über hundert Menschen aus jeder Gasse dem Flüchtlinge in die Berge nachsetzen und ihn suchen.

Weil nun einige hundert Bürger – ohne ihre Freunde und Verwandten –

in den Schmuggelprozeß verwickelt waren, war der Statthalter mit dieser Sache dermaßen beschäftigt, daß ihn vierzehn Tage lang niemand stören durfte.

Am 14. entstand des Morgens früh zu zwei Malen ein sehr heftiges Erdbeben, das jedesmal so lange anhielt, daß man dreißig zählen konnte. Selbst auf der Reede hatte man es so stark gespürt, daß der Steuermann aus dem Bette fiel und die in ihrer Ruhe gestörten Hunde und Raben ein großes Geheul und Geschrei erhoben.

Am 21. wurde im Tore unsrer Insel ein Kuli mit Kampfer abgefaßt. Er nannte als Verkäufer einen von unseren Leuten mit Namen Reinß, worauf dieser vor den Bürgermeister geführt wurde. Der Kuli aber und der Kaufmann, für den er den Kampfer eingehandelt hatte, wurden ins Gefängnis geworfen. Einige Tage darauf ließ der Gouverneur das über jene beiden gefällte Todesurteil unserm Gesandten, Herrn von Butenheim, mitteilen. Zugleich wurde unser Herr ersucht, den obengenannten Reinß, den eigentlichen Verkäufer des Kampfers, aus dem Lande zu schaffen, an Bord zu bringen und dem höchsten Gericht in Batavia zu übergeben, damit er abgestraft würde. Widrigenfalls man – da so oft schon Landesbewohner um des Schmuggels willen ihr Leben verloren hätten – sich genötigt sehen werde, in Zukunft selbst die Strafe zu verhängen, von der man für diesmal noch absehen wolle.

Am 5. November kamen wegen dieser üblen Angelegenheit einige Herren im Auftrage des Statthalters auf die Insel, vor denen wir Holländer alle ohne Ausnahme erscheinen mußten. Sie führten unserm Gesandten in einer langen, ernsthaften Rede zu Gemüte, wie notwendig es sei, daß man den Landesgesetzen sich füge. Man solle die scharfen Verbote wider den Schmuggel, für den ihre eigenen Landsleute so schwer bestraft würden, nicht so obenhin behandeln. Man möge doch – dabei wurden die beiden Sünder vorgeführt – ebensolche Strenge walten lassen und dadurch eine Wiederholung solcher Vergehen verhindern. Andernfalls man in Zukunft auch unsre Leute, wenn sie der Mittäterschaft überwiesen würden, ebenso behandeln werde.

Am 10. Dezember ließ uns der Statthalter nach seiner Rückkehr gleich seine Ungnade fühlen und früh morgens ansagen, wir hätten uns in Bereitschaft zu halten, um auf unsrer Insel die Hinrichtung der beiden Übeltäter anzusehen, die um unsertwillen ihr Leben verlieren müßten. So sehr wir uns zu wiederholten Malen dagegen sträubten, es half nichts.

Die Hinrichtung geschah auf folgende Art: Eine Stunde nach der Ankündigung kam die ganze Schar von Dolmetschern, Hauswirten, Köchen und alles Geschleppe dieser Insel zusammen, gegen zweihundert Personen. Voran wurde auf einer Stange eine Tafel getragen, auf der mit weit leserlichen Schriftzeichen die Ursache der verhängten Todesstrafe angezeigt war. Hierauf folgten die beiden Verurteilten inmitten von Schergen und Bütteln. Der erste war ein schlechtgekleideter dreiundzwanzigjähriger Mensch, bei dem man den Kampfer gefunden hatte, der andere ein wohlgekleideter Mann von vierzig Jahren, der jenem, seinem ehemaligen Bedienten, nur das Geld geliehen hatte. Die Schergen trugen ein halbmondförmiges Messer oder Schwert. Dann folgten zwei Hofbediente des Statthalters mit großem Gefolge.

In dieser Ordnung ging der Zug quer durch unsre Insel auf einen leeren Platz. Unsre Schiffe waren damals abgefahren, und wir hiergebliebenen sieben Holländer hatten uns vorgenommen, die Hinrichtung nicht mit anzusehen. Der Gesandte hielt es jedoch für besser, daß wir hingingen, weil er gehört hatte, daß man uns mit Stöcken herbeiholen wolle. So fand ich mich denn auch ein und fand die Verurteilten mitten auf dem Platze, einen vor dem andern kniend. Ihre Hände waren auf den Rücken gebunden und ihre Schultern entblößt. Neben jedem stand sein Henker, bei dem Vordersten ein Gerber – diese Leute verrichten hier gemeiniglich das Amt der Büttel –, bei dem anderen sein bester Freund, den er nach Landessitte ersucht hatte, ihm diesen letzten Liebesdienst zu erweisen. Zwanzig Schritte entfernt saßen die Gerichtsherren und Schreiber. Die Bank für unsern Gesandten blieb leer. Er kam nicht. Ich hatte mich mit meinem japanischen Bedienten dicht hinter den letzten Sünder gestellt, wo ich eine Unterhaltung der beiden Verurteilten anhörte. Der ältere betete murmelnd zur Kwannon. Der jüngere strafte ihn dafür mit den Worten: ›Ihr solltet Euch was schämen, daß Ihr Euch so furchtsam anstellt.‹ Darauf erwiderte der andre: ›Ei nun, ich bete ein wenig.‹ Der jüngere entgegnete: ›Zum Beten habt Ihr vorhin Zeit genug gehabt, jetzt dient es zu nichts, als Euch wegen Eurer Feigheit schamrot zu machen, wenn die Holländer sie bemerken.‹ Hierauf wurde der ältere auch still.

In dem Augenblick, da die übrigen Holländer, die man geholt hatte, den Platz betraten, hieb jeder Büttel seinem Mann mit einem kurzen Säbel den Kopf ab, daß beide zugleich vornüber fielen. Die Körper wurden jeder in eine grobe Schilfmatte und die Köpfe in eine dritte gewunden und von der Insel nach dem Galgenfelde vor der Stadt gebracht. Die Köpfe werden zum öffentlichen Schrecken sieben Tage lang auf Pfählen aufgestellt.

Der Zug marschierte nun wieder ab. Unser Gesandter ging den Richtern entgegen, dankte für die Mühe, die man gehabt, und lud sie freundlich zu einer Pfeife Tabak ein. Er bekam aber einen harten Verweis und die Warnung, er solle nur sorgen, daß künftig seinen Untergebenen nicht ein Gleiches begegne. Dies war das erstemal, daß auf unsrer Insel Menschenblut vergossen wurde.

Am Tage darauf behaupteten die beiden Dolmetscher Josoimon und Senbe, die Schuld an der Hinrichtung trage lediglich Sadaje, ein dritter Dolmetscher. Der habe nicht nötig gehabt, die Unglücklichen anzugeben, da die andern stillgeschwiegen hätten und es sich doch bei dem Verbrechen nur um einen ganz geringen Wert gehandelt habe. Man hatte auch am Tage vor der Hinrichtung dem Statthalter eine Schrift überreicht, in der angeführt wurde, der Kampfer sei überhaupt von der Insel gestohlen, nicht gekauft. Aber der blutdürstige Mann kannte keine Gnade.

Die Richter handeln hier überhaupt nicht nach menschlichem Gefühl und Billigkeit, sondern nach der Strenge des Buchstabens und mit äußerster Schärfe. So hatte in diesen Tagen der Statthalter einem seiner Diener bloß darum den Kopf abschlagen lassen, weil dieser betrunken gewesen war und daher ungebührliche Händel angefangen hatte. Einen andern, der ihm von dieser Strenge abriet, ließ er ins Gefängnis werfen. Und so, erzählt man uns, ereignen sich jährlich wohl fünf bis sechs derartige blutige Auftritte in seinem eigenen Hausstaate.

Am 20., nachts um zwei Uhr, reiste dieser nämliche Statthalter SJUBO SAMA nach Jedo. Obwohl es die ganze Nacht durch unaufhörlich regnete, forderte dennoch die schuldige Achtung für ihn, daß neben den andern Bedienten der Stadt auch die unsrigen ihn von der Insel begleiteten. Einer von den Kulis, die bei einem Flusse des Nachts die Wache halten mußten, blieb vor Kälte tot, der andre erkrankte auf Leben und Tod.

Den 28. wurden dreiundzwanzig Personen, die des Schmuggels schuldig gesprochen waren, vom Leben zum Tode gebracht, dreizehn davon wurden ans Kreuz geheftet, die übrigen geköpft. Unter jenen befanden sich fünf, die sich bei der Gefangennahme selbst den Bauch aufgeschlitzt hatten. Diese wurden eingesalzen und so die Strafe an ihnen vollzogen. Noch viele, die aus gleicher Ursache im Gefängnis sitzen, haben kein besseres Schicksal zu erwarten.

Man kennt in Japan grundsätzlich für alle Verfehlungen nur eine Art der Sühne – den Tod.

Nach dem gewöhnlichen Urteil findet man da, wo viele Gesetze sind, auch viele Verbrecher. Die japanische Regierung aber sucht vorsichtig und väterlich wachend allen Gelegenheiten zum Verbrechen vorzubeugen. Infolge der strengen Beobachtung der Gesetze sind aber die Gerichtsplätze mit weniger Menschenkörper gespickt, sie rauchen weniger von der Verbrecher Blute als in unsern christlichen Ländern.

So viel vermag die Furcht vor einer ganz unvermeidlichen Todesstrafe. Und nur dadurch kann dieses hartnäckige tatarische Volk, das sonst sein Leben nicht viel achtet, im Zaume gehalten werden. Von dem Gerichtsplatze zu Nagasaki kann man zwar eben nicht sagen, daß er so leer sei. Denn so, wie er bei der letzten Verfolgung als eine allgemeine Schlachtbank für die japanischen Christen diente, so ist er auch jetzt noch die Stätte der blutigen Hinrichtung derer, die wider das kaiserliche Gebot mit den Ausländern Handel treiben und verraten werden. Bei diesen Schleichhändlern scheint allerdings die Liebe zum Gewinn die Furcht vor der Todesstrafe zu übertreffen.

Sind denn nun unsre Strafgesetze nicht besser? Ich glaube, durch ihren häufigen Mißbrauch leidet die Unschuld mehr, als sie geschützt wird. (Kaempfer denkt gewiß hier an die Hexenprozesse, die er in seiner Heimatstadt erlebt hat.) In Japan, überhaupt in ganz Asien, ist der Weg der Gerechtigkeit kürzer. Man bringt hier nicht Jahre und Jahrzehnte damit hin, zu streiten und endlose Schriftstücke zu wechseln. Sondern wenn der Richter die Streitfrage knapp gefaßt, die Zeugen von beiden Seiten gehört und alle Umstände genau erwogen hat, so fällt er sein Urteil nach dem Buchstaben des Gesetzes. Es gibt keine Berufung, keinen Gnadenweg. Wenn bei dieser Kürze auch dann und wann gefehlt werden sollte, so kann solcher Irrtum doch nie so viel Schaden bringen, als wir in Europa bei dem allergesetzmäßigsten Verfahren zu leiden pflegen. Wie groß ist hier nicht die Verzögerung der Prozesse durch die vielen besonderen Klauseln, Verschleppungen und die unzähligen Advokatenkünste! Erst nach Überwindung zahlloser Schwierigkeiten kommt der Prozeß endlich an das oberste Gericht, wo denn der Prozeß ganz von vorne wieder anfängt. Und so viel Geduld und Kosten wir auch schon aufgewandt haben, wir brauchen immer noch mehr und fallen von der Szylla in die Charybdis.«

Am 1. Februar 1692 begann man die Fahrzeuge für die Hofreise in Ordnung zu bringen und die Geschenke zusammenzustellen. Ihren Wert schätzt Kaempfer auf etwa sechstausend Gulden. Er hat auch seine zweite Hofreise, die vom 2. März bis zum 21. Mai 1692 währte und nicht ganz denselben Weg nahm wie die erste, in seinem Tagebuch festgehalten und später in sein Japanbuch hinübergenommen. Wir dürfen sie hier übergehen und bringen nur noch einen Tagebuchauszug über die letzten auf Deshima verbrachten Monate.

»Die erste Veränderung, die wir – nach Beendigung der zweiten Reise an den Hof – bei unsrer Ankunft auf Deshima wahrnahmen, war, daß alle ehedem offenen Buden mit Geflügel verschlossen gehalten wurden. Es war nämlich vor zehn Tagen der kaiserliche Befehl von Jedo gekommen, daß außer Fischen kein Tier ums Leben gebracht werden solle, es sei denn für Holländer oder Chinesen. Kaufen konnte man davon nur noch vor dem Hause, nicht mehr auf öffentlicher Straße.

Einige Tage nach unsrer Ankunft bekannten drei ertappte Japaner bei der Folter, daß sie Nischiwurzeln, Kalamback und Moschus durch Dirnen und anderwärts von den Chinesen erhandelt hätten. Diese Dirnen und Hehler wurden in ihren Häusern zugenagelt. Bei den Übeltätern war zum erstenmal eine neue, von dem grausamen Statthalter Sino Cami erfundene Folterbank in Anwendung gekommen. Aus dieser Bank stehen kurze, spitze Stacheln hervor, über welche die Missetäter nackt gezogen werden. Das Mittel soll die Wirkung haben, daß alle Verbrechen sogleich bekannt werden. Diese Folterbänke gleichen denen, die man ehedem in Lemgo gebrauchte, um die Hexen zum Geständnis zu bringen. Und auch der Unschuldigste bekannte darauf Verbrechen, die er nie begangen.

Am 1. Juni fand man drei Selbstmörder: einer hatte sich wegen Schmuggels, der andere, ein Hausgeistlicher, aus unbekannter Ursache in der Nacht erhängt, der dritte aber aus Not und Armut sich den Bauch aufgeschlitzt.

In diesen Tagen wurde der Hafen mit einem Fahrzeuge umfahren, das von Menschen vollgepfropft war, die alle das Wort Namanda (= Namu Amida! – ein Gebetsruf, an ›Amida-Butsu‹ gerichtet) schrien. Ein solches Fahrzeug wird von einer Gasse ausgerüstet, in der eine Seuche ausbricht. Man glaubt, durch das Rufen den bösen Geist, den Urheber des Unglücks, wegzubannen. Dabei verwendet man den Hiakmanben, d. h. Das-Hunderttausend-herum, einen aus hundertacht großen Knöpfen bestehenden Rosenkranz. Der wird von Alten und Jungen sitzend angefaßt und im Kreise durch aller Hände gezogen, wobei man jedesmal Namanda schreit. Dasselbe geschah einige Tage später in der betreffenden Straße in Deshima. Das Toben und Lärmen des Volkes ist unbeschreiblich und nichts weniger als andächtig. Und jeder schreit, was er will.

Im August langten unsre vier Schiffe nacheinander auf einen Tag an, die beiden letzteren kamen über Siam.

Am 1. Oktober machte unsre Handelskompanie, nachdem sie ihre zweite Verkaufszeit beendet, die üblichen Geschenke an den Statthalter.

Am 25., 26. und 27. Oktober zog je eins von unsern Schiffen nach dem Papenberge ab. Den 29. Oktober folgten wir ebendahin mit dem Admiralsschiff Pampus, nachdem wir zuvor gegessen, getrunken und Abschied genommen. Wir führten an Ladung etliche tausend Kisten gediegenes Kupfer bei uns.

Am 30. Oktober näherten wir uns auf eine halbe Meile den andren drei Schiffen. Und nun nahm ich meine gedruckten sowohl als geschriebenen japanischen Sachen wieder selbst zu mir, die ich auf jene Schiffe peinlich unter die Waren versteckt und verteilt gehabt hatte.

Am 31. Oktober 1692, mit Anbruch des Tages, verließen wir bei einem kühlen Nordostwind den Hafen von Nagasaki und segelten nach Südwesten glücklich fort.

Hiermit endigt meine Geschichte von Japan.«

VIII. KAEMPFERS JAPANFORSCHUNGEN

Den Ruhm der Tatmenschen wie der großen Dichter und Denker pflegen die Jahrhunderte nicht so bald zu verdunkeln wie die Namen der Männer, die als Meister oder getreue Arbeiter am Riesenbau der Wissenschaft gewirkt haben. Mögen diese ihrer Zeit Wertvollstes gegeben haben, sie werden überholt, vergessen, »historisch gewürdigt«.

Das hat auch für Kaempfer und manche seiner Forschungen Geltung, besonders für die naturkundlichen. In seinem Japanwerk bedeuten die *geologischen, botanischen* und *zoologischen* Kapitel für uns weit weniger als die volkskundlichen. Seiner Zeit aber brachten sie wertvolle Aufschlüsse. Im ersten Buch seiner »Geschichte und Beschreibung von Japan« berichtet Kaempfer über Klima, Bodenschätze, heiße Quellen, Schwefelbäder, vulkanische Erscheinungen. Den Pflanzen hatte er in den »Amoenitates« ein ganzes Buch eingeräumt. Größere Abhandlungen schrieb er über den Papierbaum und den Tee. Sie sind wie die anderen auf Japan bezüglichen Abhandlungen der »Amoenitates« bereits von Dohm übersetzt und in seine Bearbeitung von Kaempfers Japanwerk (1777–79) aufgenommen worden.

Über den Tee glaubte er trotz der Arbeit seines Vorgängers in Nagasaki, TEN RHYNE, Wesentliches zur Richtigstellung und Vervollständigung mitteilen zu können. Als Arzt von den belebenden und heilsamen Kräften des Tees tief überzeugt, verbreitet er sich ausführlich über die verschiedenen Sorten wie über die richtige Zubereitung und Verwendung. Auch brachte er als erster eine zutreffende Abbildung der Pflanze. Von der Wirkung urteilt er so:

»Der Tee zerteilt die Verstopfungen in den Därmen, reinigt das Blut und löst besonders die gichtische und Steinmaterie auf. Dieser letztere Vorteil ist so groß, daß ich in Japan unter den Teetrinkern niemals einen mit Podagra oder Steinschmerzen Behafteten gefunden habe. Die Europäer würden wohl eben diese gute Wirkung des Tees bemerken, wenn sie nicht schon einen ursprünglichen Keim dieser Übel und eine fast unüberwindliche Disposition zu denselben in ihrem Körper hätten und dieselbe noch obendrein mit sauren Weinen, Bier und gesalzenem Fleisch unterhielten.«

Auf die Herkunft des Tees und seine Einführung in China durch Darma (Daruma), den sagenhaften Patriarchen der Zen-Sekte, deutet wahrscheinlich die seltsame *Legende vom Teestrauch* hin, die Kaempfer von Japan mitbrachte.

Von der Kostbarkeit der für den japanischen Shogun verwendeten Sorte zeugt ein Erlebnis des Forschers am Hof in Jedo. »Da mir von eben diesem Tee gereicht wurde, sagte der Bediente: ›Sauft nur recht und nach Appetit. Jedes Schälchen kostet einen Itzibo.‹ Das ist ein Geldstück im Werte eines Dukaten.«

Wie Kaempfer später in der Heimat den Tee als Getränk nicht mehr entbehren mochte, so hat er ihn auch als Arzt gern verordnet und zweifellos stark zur Verbreitung des damals im wesentlichen noch auf Holland beschränkten Getränks beigetragen – von dem noch im Jahre des Erscheinens der *»Amoenitates«*, 1712, die berühmte Liselotte von der Pfalz schrieb, er schmecke wie Heu und Mist. Kaempfer hat später auch den Detmolder Hof mit Tee versorgt. Als im Frühling 1695 der Erbgraf Friedrich Adolf zu einer Kur in Ems rüstet, wird unter den Dingen, die er benötigt, auch »1 Pf. Tee von Dr. Kaempfer« aufgeführt.

In einem Aufsatz vom *Ambra* – in den *»Amoenitates«* (S. 632–638) – widerlegt Kaempfer die bisherigen verkehrten Erklärungen dieses seltsamen tierischen Produkts und stellt das Tatsächliche – Ambra ist eine Art Blasenstein des Pottwals – im wesentlichen richtig fest.

Im zoologischen Teil seines Buchs weiß er Wunderliches über die Hunde zu berichten. Sie müssen unter dem damaligen Shogun von den Bürgern unterhalten und gespeist und, wenn sie gestorben sind, auf die Berge getragen und dort beerdigt werden. Bei Todesstrafe ist verboten, sie zu mißhandeln oder zu töten, es sei denn, sie hätten todeswürdige Verbrechen begangen. Dann werden sie hingerichtet. Das alles, weil »wie der römische Kaiser Augustus vor dem Zeichen des Steinbocks, so der japanische Kaiser vor dem Geschlecht der Hunde eine besondere Hochachtung hat, weil er im Jahre des Hundezeichens geboren worden. Ein Bürger, der einen toten Hund zum Grab den Berg hinauftrug, schalt einst auf des Kaisers Gebot. Sein Nachbar hieß ihn schweigen und dem Himmel danken, daß der Kaiser nicht im Pferdejahre geboren wäre...«

Die Füchse werden in Japan »mit Teufeln beseelt« gedacht. »Die Jäger wissen aber dennoch recht wohl diesen Teufeln das Fell über die Ohren zu ziehen«, weil die Haare für Schreib- und Malerpinsel unentbehrlich sind.

Der Kranich wird wie die Schildkröte für ein Glückstier gehalten. Daher seine häufige Darstellung an den Wänden der Gemächer. Ratten und Mäuse – ob weiße, sagt er nicht – hält man auch als gezähmte Haustiere. Auch vom Goldfischchen, dem Kingyo, »von der Länge eines Fingers, rot und am Schwanze goldfarbig und glänzend«, weiß Kaempfer als erster zu berichten, daß es in China, Japan und Indien in Wassergefäßen zur Augenweide unterhalten werde.

Eine halbfingerlange Nachtfliege, »das schönste von allen fliegenden Insekten«, mit wunderbar glänzenden Flügeln, »wird von dem Frauenzimmer unter ihren Seltenheiten aufbewahrt«. Vermutlich sind es Grillen von der Art, wie sie in Japan noch heute in kleinen Käfigen gehalten werden.

Die Lerchen singen in Japan, findet er, schöner, die Nachtigallen weniger schön als in Europa. Der Uguisu, einer der meistbesungenen Vögel in Japan, den Kaempfer offenbar meint, ist keine Nachtigall.

Von der verderblichen Wirksamkeit der Weißen Ameisen gibt er ein erstaunliches Beispiel. »Mir ist selbst in der Festung Coylang auf Malabar in dem Hause des Kommandanten begegnet, daß, da ich um Mitternacht von meinem Schreibtisch aufstand, mich schlafen zu legen, und mit dem Morgen mich wieder hinsetzte, so fand ich einen verschlossenen Laufgraben von der Dicke eines Fingers. Dieser war aus dem Estrich von unten durch die Länge des Fußes aufgebohrt, reichte quer über die unverletzte Tafelfläche, und weiter war noch die halbe Länge des gegenüberstehenden Fußes heruntergebohrt. Viele glauben, daß ihre Exkremente die Ursache einer so schnellen Durchbohrung sind: ich finde dieses nicht, wohl aber an ihrem Maule zwei hervorstehende Zähne, womit sie dies ausrichten können.«

Wie die Japaner die europäische *Heilkunde,* mit der sie durch die Ärzte der Holländischen Kompanie bekannt wurden, wohl zu schätzen wußten, so bemühte sich Kaempfer um die japanische Medizin. Von einer Überschätzung der europäischen Heilmethoden mit ihrer Vorliebe für gewaltsame Eingriffe war er ohnehin weit entfernt. Frei von Zivilisations- und Rassedünkel hatte er bei nüchterner Prüfung öfter feststellen können, daß die Methoden der eingeborenen Mediziner gelegentlich doch zu unbezweifelbaren Erfolgen geführt hatten. Schon in Batavia war er einem Wundarzt begegnet, der seine drei an bösartigen Geschwüren leidenden Söhne nach europäischer Art behandelte und in einem einzigen Monat verlor, während ein benachbarter Eingeborener ohne Medikamente seine zahlreichen, in gleicher Weise erkrankten Kinder durch kräftige Wasserbehandlung – täglich mehrmals wiederholte kalte Bäder – heilte. Kaempfer ist überzeugt von dem Werte besonnener Diät und naturgemäßer Heilmethoden. Als Chirurg hatte er eine glückliche Hand. Seine erfolgreiche ärztliche Praxis ist aus zahlreichen Stellen seiner Schriften ersichtlich. Ein georgischer Fürst wollte ihn zum Leibarzt, sein späterer Landesherr hat ihn wirklich dazu gemacht. Zu den Bahnbrechern, die der Heilkunst neue Wege wiesen, gehört er nicht, wohl aber zu den ersten Europäern, die *gründliche Untersuchungen über Tropenkrankheiten* anstellten. Auch hat er durch die Erforschung und Darstellung zweier in Japan allgemein üblichen therapeuthischen Methoden, nämlich der *Akupunktur* und *Moxibustion,* wesentlich dazu beigetragen, daß diese Methoden auch in der europäischen Medizin Aufnahme fanden.

»Man hat in Japan«, schreibt Kaempfer, »zwei chirurgische Universalmittel, sowohl für die Erhaltung der Gesundheit wie für die Wiederherstellung der verlorenen. Zu ihnen nehmen alle ihre Zuflucht, die Gesunden und die Kranken, die Ärzte und die Quacksalber, die vornehmen Leute wie der Pöbel. Die Namen dieser Mittel sind ein wenig fürchterlich, nämlich Feuer und Metall. Man darf sich aber dabei nicht einen grausam verwundenden Stahl, noch glühendes Eisen vorstellen, womit die Chirurgie unseres westlichen Erdteils die armen Sterblichen auf unmenschliche Art martert.«

Die Akupunktur, von der zuerst (1683) TEN RHYNE berichtet hatte, besteht

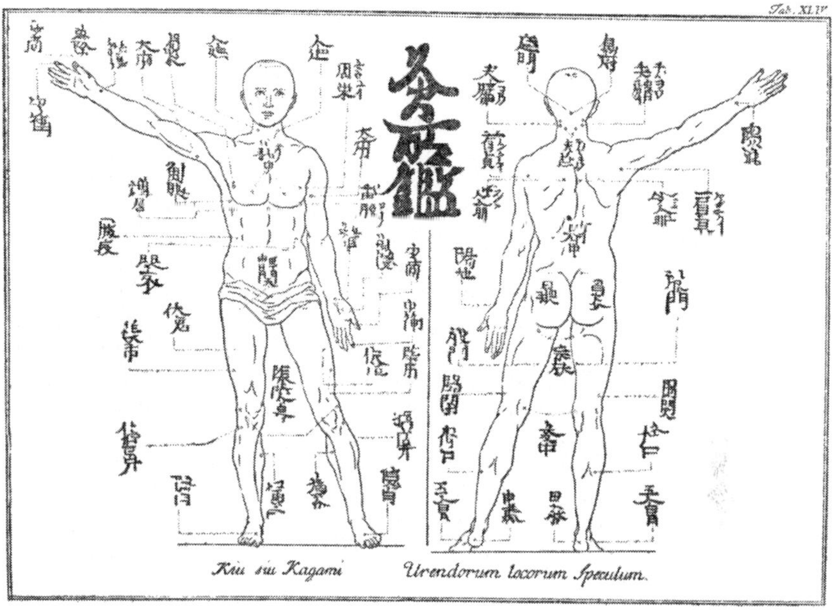

Moxibustion. Bezeichnung der zu brennenden Körperstellen.

im Einstechen von feinen Nadeln von der Hautoberfläche in die Tiefe. »Man wendet sie hauptsächlich bei Kolik (Leibkrämpfen) an. Die Kolik, glauben sie, rühre von Winden und Blähungen her. Um nun diesen Wind herauszulassen, werden verschiedene kleine Öffnungen, in der Regel neun, in den Muskeln des Magens oder Unterleibs gemacht. Der Arzt treibt die haardünnen Nadeln mit einem kleinen Hammer durch einen Schlag oder zwei durch die äußere Haut . . .«

Die aus China stammende Reiztherapie der Akupunktur ist seit einiger Zeit auch von der europäischen Heilkunde aufgenommen und mit Erfolg weiterentwickelt worden.

Allgemeiner noch verbreitet war in Japan das *Brennen mit Moxa* – das ist der feinere wollige Teil der jungen Blätter des Wermutstrauchs (Artemisia), der zu einem kleinen Kegel geformt und auf die zu brennende Stelle gesetzt und entzündet wird. Er läßt auf der Haut eine Blase oder Narbe zurück. »Man wendet das Mittel besonders vorbeugend an, und es ist den Leuten zur Gewohnheit geworden, sich alle halben Jahre einmal brennen zu lassen.« Das in Europa zuerst 1679 durch Busshof bekanntgewordene Mittel wirkte ableitend und umstimmend bei Neuralgien, Lähmungen, Ergüssen. Daß es, wie Bußhof behauptet, unfehlbar gegen Podagra helfe, bezweifelt Kaempfer.

Wie in Persien hat Kaempfer sich auch in Japan nach Kräften um *kartographische* und *geographische* Erschließung des Landes bemüht und dabei auch japanische Karten benutzt, die allerdings »alle schlecht und nachlässig gemacht« seien. Er hat den Hauptreiseweg von Nagasaki nach Jedo, den Tōkaidō (Ostmeerstraße), in seiner ganzen Länge kartographisch aufgenommen und dazu zahlreiche Stadtpläne und Landschaftsansichten gezeichnet. Die im Britischen Museum verwahrte Riesenkarte, die in ihre einzelnen Abschnitte zerlegt seinem Japanbuch beigefügt ist, bedeutet mit ihren zahllosen Ortschaften, Flußmündungen, Bergen, Buchten und Inseln eine gewaltige Leistung und zeugt von einer bewunderungswerten Ausdauer in gespannter, nie ermüdender Arbeit. Man vergesse nicht, daß diese Arbeit eine unerlaubte und gefährliche war! Aber Kaempfer bewährte sich auch hier, wie oben erzählt wurde, als ein listenreicher Odysseus.

In seinen *geschichtlichen Studien* hemmte Kaempfer die mangelhafte Beherrschung der japanischen Schriftsprache und die Unmöglichkeit, in Deshima – und später in Lemgo – zu den notwendigen Quellen zu gelangen. Von der gesprochenen Sprache, besonders von den alltäglichen Bezeichnungen, hat er zweifellos bedeutende Kenntnisse gehabt. Die Originalliteratur der Japaner aber blieb ihm verschlossen, wie sie selbst in unserer Zeit erst einem recht engen Kreise von Japanforschern zugänglich ist.

Kaempfers Japanbuch wimmelt, da es nicht mehr zu seinen Lebzeiten gedruckt worden ist, von Druckfehlern in den japanischen Namen, die auszumerzen Aufgabe einer Neuherausgabe sein wird, für die natürlich japanische Sprachkenntnisse erforderlich sind.

Immerhin verfertigte Kaempfer einen umfangreichen Auszug aus den japanischen Annalen bis auf seine Zeit. Er teilt dabei die ganze Geschichte von Japan in drei Epochen, »die fabelhafte, die zweifelhafte und die gewisse«, welch letztere er um 660 v. Chr. beginnen läßt. Daß er auch die Ursprünge des japanischen Volkes aufzuhellen versucht, ist weniger um der Ergebnisse als der Methode willen bemerkenswert. Er erkennt nämlich, gewiß als einer der allerersten – etwa gleichzeitig mit Leibniz –, in der *Sprachvergleichung* ein wichtiges methodisches Mittel zur Feststellung von Völkerverwandtschaften. »Es ist eine ganz unstreitige Wahrheit, daß die Sprachen und ihre Eigentümlichkeiten das sicherste und untrüglichste Mittel sind, dem Ursprunge und den ältesten Zusammenfügungen der verschiedenen Nationen nachzuspüren.«

Für seine Zeit erstaunlich weit unterrichtet zeigt er sich über die verschiedenen *religiösen Systeme,* über Feste und Wallfahrten, über die Bergpriester, die Jamabos, über die religiösen Orden, wie den der Feki-Blinden, über den Buddhismus und Konfuzianismus. Seine zahlreichen Einzelangaben erweisen sich beinah immer als stichhaltig. Ein bedeutsamer Satz leitet seine religionsgeschichtlichen Untersuchungen ein:

»Die Freiheit der Religion und des Glaubens ist unter allen heidnischen Völkern Asiens zu allen Zeiten völlig unbeschränkt gewesen, solange diese Freiheit nur nicht irgend nachteilige Folgen für den Staat befürchten ließ. So auch in Japan. Daher ist es den verschiedenen fremden Religionen sehr leicht geworden, neben der von den ältesten Zeiten her herrschenden und – wie die Japaner behaupten – hier entsprossenen Religion hier einzudringen und sich auszubreiten.«

Auch das *Christentum*, das von spanischen und portugiesischen Missionaren, vorzüglich Jesuiten, zuerst von Franz Xaver, so erfolgreich verbreitet wurde (1549–1625), »hätte sich bei diesen so glücklichen Anfängen bald über ganz Japan ausgebreitet, wenn nicht die ehrsüchtigen Absichten und unruhvollen Unternehmungen der Missionare, die weltliche und geistliche Belohnung zugleich verlangten, sich den gerechten Zorn der höchsten Majestät des Reiches zugezogen und dadurch eine Verfolgung der neuen Christen veranlaßt hätten, die an unmenschlicher Grausamkeit in der ganzen Geschichte nicht ihresgleichen hat. Dadurch ist dann auch der christliche Glauben bis auf die letzte Sprosse vertilgt, und es ist endlich so weit gekommen, daß die bloße Erwähnung des teuren Namens unsers Heilands mit Kreuz und Schwert bestraft wird.«

Als Kaempfer zu wissen begehrte, ob jene Ausrottung eine vollkommene gewesen sei und ob es in Japan nun wirklich keine Anhänger des Christenglaubens mehr gebe, erfuhr er, daß in der Gokuja (d. i. Hölle) von Nagasaki neben ertappten Schleichhändlern auch etwa 50 Christen gefangen gehalten und dann und wann neue eingebracht würden, zuletzt im Jahre 1688. »Diese guten Leute wissen vom christlichen Glauben weiter nichts als den Namen des Seligmachers, wollen aber bei ihrem einfältigen Bekenntnis lieber sterben als durch Verleugnung ihres Heilands ihre Freiheit zurückgewinnen ... Zur Beschäftigung in ihrem müßigen und kümmerlichen Zustande läßt man diese elenden Menschen ein schlechtes Garn aus Hanf spinnen, womit die Säume der Matten in ihren Stuben benäht werden. Ihre Kleider nähen sie mit einer Nadel aus Bambusrohr zusammen, weil ihnen alle eisernen Werkzeuge verboten sind ... Da der Christen jetzt so wenige und diese bloß Namenschristen sind, geht man gelind mit ihnen um und erlaubt ihren Freunden, ihnen Geschenke an Kleidern zu machen. Die Gouverneurs pflegen auch jedem Gefangenen jährlich eine neue einfache Matte als Schlafbett zu schenken.«

Als nach der Öffnung des Landes im Jahre 1854 wieder Missionare nach Japan kamen, fanden sie ein paar tausend heimliche Christen vor, die sich in dem gebirgigen Lande hatten verbergen können. Heute gibt es in Japan etwa 584 000 Christen, 227 000 katholische, 322 000 evangelische, 34 000 griechisch-orthodoxe.

Schon vor der Abfassung seines Hauptwerks über Japan, dessen Herausgabe er nicht erlebte, in den »Amoenitates«, fühlt Kaempfer sich gedrungen, der Welt von dem stärksten Erlebnis seiner Weltreise Kunde zu geben. Dieses Erlebnis war *Japan*, und zwar *als abgeschlossener, sich selbst genügender Inselstaat.* Kaempfer mußte sich das von der Seele schreiben, und er tat es in einer großartigen, an Leibnizsche Betrachtungsweise erinnernden Auffassung, die man mit einem modernen Ausdruck geopolitisch nennen könnte.

Zwei Jahre lang hat er unter schwierigen, manchmal widerwärtigen Umständen in Japan zugebracht. Im Grunde verachtet er die Holländer darum, daß sie sich die schimpfliche Behandlung der »stolzen Heyden« gefallen lassen, ohne zu mucken. Er selber sagt auf der Hofreise dem Oberdolmetscher, »der einen unauslöschlichen Haß gegen die Europäer besaß«, unverblümt seine Meinung darüber, daß man sie im Quartier einschließe und so behandle, »als ob sie zusammengepferchte Gefangene oder Portugiesen wären und nicht als freie und von dem Kaiser privilegierte Holländer zur Audienz nach Jedo reisten«. Auch sonst hält er mit seinem Urteile nicht zurück. Aber es zeugt von einer damals ungewöhnlichen unbefangenen Betrachtungsweise und der freien Höhe seines Blickpunkts, daß er die Behandlung, welche die Japaner den Europäern angedeihen lassen, nicht zum Maßstab für die Beurteilung ihres Charakters und ihrer politischen Weisheit nimmt. Japan kann gerecht nur vom japanischen Blickpunkt aus gewertet werden. Mag jene Abhandlung – *»Daß Japan sich sehr vernünftigerweise von aller Welt abschließt«* – schon in der Überschrift die Absicht einer Rechtfertigung, ja Lobpreisung verraten, mag sie gelegentlich wie eine akademische Redeübung wirken und herausfordernd paradox sich gebärden, sie ist dennoch nicht allein fesselnd geschrieben – weit mehr als sein mit schwerer wissenschaftlicher Rüstung gepanzertes Hauptwerk –, sondern sie verdient als eine für ihre Zeit erstaunliche geopolitische Darstellung eines fremden Volkes gewürdigt zu werden. Man braucht, um des Abstands inne zu werden, nur die völkisch und dogmatisch engen Schilderungen zeitgenössischer Reisenden zu vergleichen. Auch die scharfe Kritik, die der feingebildete Dohm seiner Übersetzung des Kapitels anhängt, ist keine ethnologische, sondern eine ethische, aus der Ideenwelt des Neu-Humanismus geborene.

Verstößt der Japaner mit seiner Absonderung von aller andern menschlichen Gemeinschaft nicht gegen eine ungeschriebene, geheiligte Satzung der Natur und ihres Schöpfers? So fragt der Verfasser und antwortet: Nein! Durchaus nicht!

»Hätte die Natur die einzelnen Gebiete so mit allen Dingen versorgt, daß kein Verlangen in den Herzen der Menschen entstände und alle Völker zufrieden in ihren Grenzen lebten, so würden nie Häuser und Städte zerstört, nie Menschen geschlachtet, nie Länder verwüstet, heilige und weltliche Wohnungen niedergerissen und unsägliche Leiden über die Menschen gebracht sein. Vielmehr würden die Völker dann ohne solche Ablenkungen ihre öffentlichen und privaten Angelegenheiten gründlicher besorgen, die wüsten und unfruchtbaren Gebiete ihres Vaterlandes urbar machen, die Wissenschaften und praktischen Beschäftigungen mit mehr Eifer und Fleiß pflegen, Lohn und Strafe gerechter abwägen, Kinderzucht und jegliche häuslichen Geschäfte gewissenhafter betreiben, kurz, nach dem Beispiel der Japaner zu der glücklichsten Verfassung des Staatswesens gelangen!« (Aber man vergleiche dazu K. Haushofer, »Japan baut sein Reich«, S. 148: »Ein furchtbares gegenseitiges Mißtrauen, gnadenlose Bespitzelung beherrschte den Polizeistaat der Tokugawa, der in der völligen Absperrung des Landes von 1636 bis 1854 zu einem vollendeten Kunstwerk ausgewogenen Gleichgewichtes ausgebaut war, von dem Kundige sagten: ›Von diesem verschlossenen Paradies zu hören, war Himmel, darin leben zu müssen, Hölle.‹«)

»Die Japaner, sage ich, die in ihre kleine Welt eingeschlossen das wolkenlose Glück des Friedens und der Genügsamkeit genießen, indem sie mit Gleichmut verzichten auf die Berührung mit aller Welt. Niemand kann bestreiten, daß der Verkehr zwischen den Ländern nur zur Beschaffung lebensnotwendiger oder der Bequemlichkeit und dem Luxus dienender Dinge hergestellt wird.

Man holt sich Gesetze zur Festigung des eigenen Staates, Religionen zur Beruhigung des Gewissens, Wissenschaften zur Ausbildung des Geistes, mechanische Künste zum Bedarf und zur Verschönerung des Lebens, Handelsware für Ernährung und Bekleidung, Arzneien zur Erhaltung der Gesundheit. Daraus ergibt sich, daß dasjenige Land, welches die gütige Natur nicht allein mit all jenen Bedürfnissen des Lebens versorgt hat, das vielmehr durch stetige, fleißige Arbeit seiner Bewohner zu höchster Vollkommenheit ausgebildet ist, daß, sage ich, dies Land nichts Besseres tun kann, als seine Bewohner und seine Grenzen vor den Lastern, der Begehrlichkeit, der Hinterlist, den bewaffneten Anschlägen jedes fremden Volkes mit allen Mitteln zu schützen, wenn irgend die Lage und Beschaffenheit des Vaterlandes solche Sicherung gestattet und die eigenen Volksgenossen tapfer genug dafür sind.«

Gegen diese klare und schlüssige Beweisführung wäre nur einzuwenden, daß eine solche Abschließung letzten Endes zu einer gewissen Kulturerstarrung führen muß – was für das Japan vor 1854 ja in der Tat zutrifft, während andererseits die Segnungen eines 250jährigen Friedens den Wissenschaften und Künsten wie dem ungestörten Landbau ungemein zugute gekommen sind. (Vgl. dazu Haushofer, »Dai Nishon«, über die Festigung und Geschlossenheit der Volks- und Staatskultur infolge der Abschließung.)

Die dann folgende Darstellung des Landes und seiner Bewohner soll den Beweis erbringen von der unvergleichlichen Vortrefflichkeit Japans und der Japaner. Dabei hebt er hie und da die Lichtseiten stärker hervor als die auch keineswegs fehlenden Schattenseiten, die in seinem später und nach reiflicherer Überlegung geschriebenen Hauptwerke besser abgewogen werden. Welch starken Eindruck das stolz und sicher auf seiner meerumgürteten Insel wohnende Herrenvolk auf den Deutschen macht, dessen kontinental beengtes, innerlich zerrissenes Vaterland von seinen westlichen Nachbarn bedrängt wurde, das ist in jeder Zeile zu merken.

Die Religion der Japaner kann sich mit dem Christentum freilich nicht vergleichen, aber »in der Ausübung der Tugend, in der Gottesfurcht und einem reinen Leben... ist der Eifer unter den Japanern weit größer als unter den Christen«. In Kaempfers späterem Werk heißt es allerdings auch einmal, sie seien »der Ehrsucht und jeder Art von Ausschweifung ergeben« (Dohm, I, S. 101).

Er rühmt am japanischen Volk seine Arbeitsamkeit und Abhärtung, seine Einfachheit und Anspruchslosigkeit im Essen und Trinken, die Reinlichkeit und Nettigkeit seiner Kleidung und Wohnung, seine Klugheit und Wißbegier, seine vorbildliche Wohlerzogenheit im Kreise der Familie wie überhaupt im Verkehr – »man kann das ganze Land eine hohe Schule der Höflichkeit und aller guten Sitten nennen«.

Die Ritterethik der Samurai, *Bushido* genannt, erläutert Kaempfer an einem Beispiel. »Ich will nur ein Beispiel der kühnen japanischen Handlungsweise anführen, das in Gegenwart unsrer Holländer vor nicht langer Zeit (1630) von 7 Jünglingen aus der Provinz Satzuma gegeben ist. Aus dieser war ein kleines Schiff zum Handel auf die Insel Formosa gekommen, dessen Mannschaft der holländische Befehlshaber, Peter Nuits hart behandelte. Die Ehrfurcht vor ihrem Herrn, dem Regenten von Satzuma, erlaubte diesen Leuten nicht, ihm die erfahrene Beleidigung, die auch für ihn eine war, zu verschweigen. Und er wurde durch diese Nachricht auf das äußerste aufgebracht. Da er indes nicht im Stande war, sich zu rächen, zumal für ein von den Nan Banj, d. i. Pack aus dem Süden (einen so geringschätzigen Namen führen wir in diesem Lande) erlittenes Unrecht, schien es, daß er sich nicht dagegen zu äußern wagte. Das brachte die Jünglinge auf, sie gingen zu ihm und redeten ihn etwa so an: ›Wir wären nicht würdig, deine Leibwache zu sein, wenn du uns nicht erlaubst, auch deine Ehre zu retten. Wir wollen den Fleck mit dem Blute des Beleidigers auslöschen und ihn entweder sofort töten oder ihn dir lebend herbringen und dir überlassen, ihn umzubringen. Unser sieben sind genug. Uns soll nicht Meer, nicht Festung, nicht bewaffnete Leibwache aufhalten. Jene sind nur Nan Banj, wir aber das göttliche Geschlecht Nifon sin, d. h. Japaner.‹

Da die aufgebrachten Jünglinge nicht aufhörten zu bitten, erhielten sie schließlich von dem Fürsten die Erlaubnis. Ihre kluge Kühnheit hatte einen glücklichen Ausgang. Sie kamen glücklich auf die Insel, wurden, um ihr Compliment abzulegen, zugelassen, zogen ihre Wurfspieße hervor und führten den holländischen Befehlshaber am hellen Tage mitten durch seine Wachen und in Gegenwart vieler Zuschauer in ihren Kahn. Kein Soldat wagte, diesen Leuten entgegenzutreten, die so ganz unerwartet und kühn ihren Herrn ent-

Graf Friedr. Adolf zu Lippe, dessen Leibarzt K. war

Pastor Haccius, der die Leichenpredigt auf Kaempfer hielt

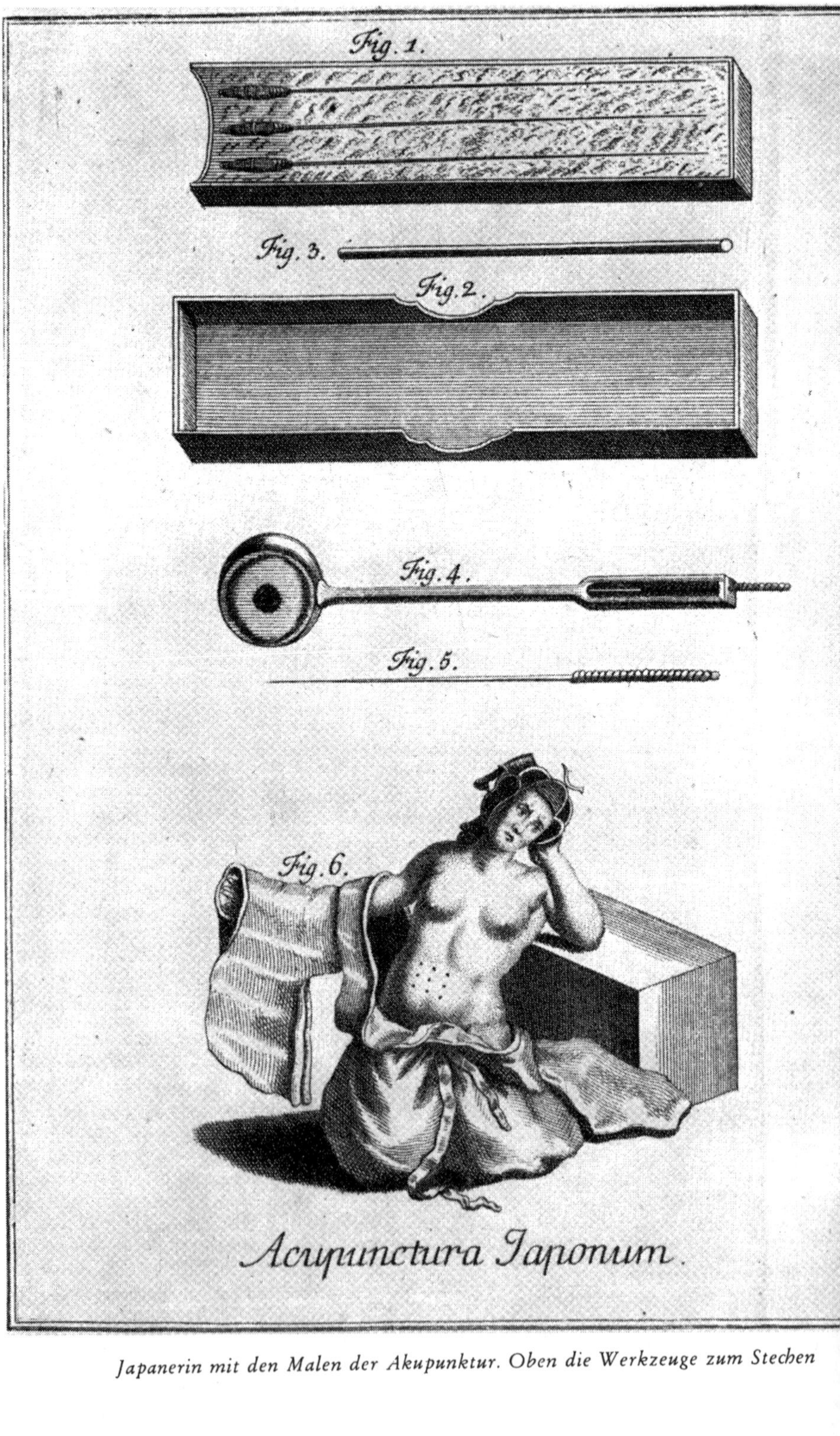

Japanerin mit den Malen der Akupunktur. Oben die Werkzeuge zum Stechen

führten, und die dem grauen Haupte desselben mit dem Schwerte drohten, wenn jemand wagen sollte, ihnen den Mann zu entreißen.«

Von der japanischen Justiz war schon die Rede. An anderer Stelle heißt es: »Man glaubt hier, daß der erhabenen Größe des höchsten Regenten auch nur kaiserliche Kürze in den Befehlen würdig sei, daß es genug sei, wenn derjenige Ursache und Absicht des Gesetzes wisse, an dessen Weisheit im Urteil man ohne Staatsverbrechen nicht zweifeln darf. Und da für alle Verbrechen immer nur eine gleich harte Strafe ist, so kann sie den Eingeborenen niemals unbekannt sein, niemals zu hart erscheinen, da das Vergehen bloß in der Übertretung des Gesetzes, nicht in dem höheren oder geringeren Grade von Bosheit gesehen wird.«

Es ist kaum anzunehmen, daß dem klugen Schreiber der krasse Despotismus entgangen sei, der sich mit jenem Gedankengang ein so harmloses Mäntelchen umhängt. Wie denn Kaempfer später selber feststellen zu müssen glaubt, daß die »Richter in Japan überhaupt nicht nach menschlichem Gefühl und Billigkeit verfahren«. Natürlich ist diese Feststellung in ihrer Verallgemeinerung auch nicht haltbar gegenüber dem, was wir heutzutage über berühmte Richterpersönlichkeiten der Tokugawa-Zeit wissen.

Die reiche Fülle und weitgehende Richtigkeit von Kaempfers japanischen Beobachtungen ist von allen späteren Forschern anerkannt worden. Als nach der Öffnung des Landes eine preußische Expedition in den Jahren 1860–62 Japan bereiste, schrieb einer ihrer Teilnehmer – Reinhold Werner, »Reisebriefe der Preußischen Expedition nach China, Japan und Siam, 1860–62«. Leipzig, Brockhaus, 1863 – zur Einleitung seiner Beobachtungen, »daß sie für denjenigen, der Kaempfer gelesen, wenig Neues, wenn auch vielleicht manches von andern Gesichtspunkten aufgefaßt, bieten mögen«. Kaempfers Japanbuch sei bis zu diesem Augenblick die beste Arbeit über Japan. »Wir, die wir so lange und unter so günstigen Umständen im Lande waren, können dies am besten beurteilen. Fast alles, was der Autor in seinem Buche sagt, haben wir genauso gefunden, und wenn dieser Umstand einerseits einen Beleg für die jahrhundertelange Stabilität der Verhältnisse Japans gibt, liefert er anderseits einen Beweis für die scharfe und unparteiische Beobachtung des Verfassers, dessen Werk mit der Gründlichkeit eines deutschen Gelehrten geschrieben ist.«

Kaempfer ist ein begabter und geübter Beobachter. Er sieht vieles und blickt auch hinter die Erscheinungen. Und er urteilt auf dem breiten Grunde einer vielfältigen Welt- und Völkerkenntnis, die nicht angelesen, sondern erlebt ist. Worauf es ihm ankommt, ist die Feststellung des Tatsächlichen und des Ursächlichen. Japan war *Terra incognita* für Europa. Da galt es vor allem, anstatt zu urteilen und geistreich darüber zu reden, zunächst einmal die Tatbestände aufzunehmen, möglichst klar, umfassend und tiefgrabend, so wie man eine Pflanze samt dem Wurzelwerk aus dem Erdreich hebt.

Darunter leidet freilich die Geschlossenheit und der gefällige Fluß der sprachlichen Darbietung. Wir vermissen in seinem japanischen Reisebericht die bildhafte Darstellung, die anschauliche Gestaltung eines Naturausschnitts etwa – wie er sie doch bei der Schilderung von Schiras oder dem idyllischen Bugun zu geben wußte, dort freilich beschwingt durch die lateinische Sprache, deren reiche Instrumentierung er mit Leichtigkeit meistert. Daneben klingt seine Muttersprache arm und mühsam. Wann und wo hätte er sie auch ausbilden sollen? Dazu kommt eine fast pedantische Gewissenhaftigkeit im Aufzeichnen jedes Wegestücks und eine unerschütterliche Sachlichkeit, die – wissenschaftlich vielleicht ein Gewinn – den Reiz der schriftstellerischen Form mindert. Wir sähen gern das persönliche Erlebnis stärker betont. Aber der zauberische Schimmer, den die Welt der Erscheinungen ausstrahlt, vermag ihn eben nicht zu berücken. Wie es denn auch verwunderlich, in diesem Zusammenhang aber einigermaßen begreiflich erscheint, daß Kaempfer über die zarteste Blüte am Baum der japanischen Kultur – die Kunst – kaum ein Wort zu sagen weiß, das über die Anerkennung der sauberen Arbeit hinausginge.

Es heißt immer wieder »ein schönes Kastell«, »ein schönes Palais«. »Der Fluß daselbst ist sehr angenehm und mit vielen Fahrzeugen meistenteils besetzt«, »die Insel sowohl als die umliegende Gebürge waren übrigens mit Buschwerk und Bäumen sehr wohl bewachsen«: das ist so seine Art zu schildern. Nirgends ein Wort über die Färbung von Erde, Himmel und Wasser, über die Linien der Berge, von Naturstimmungen ganz zu schweigen. Von einer offenbar höchst romantischen Mondscheinfahrt vermerkt er nur, daß sie, die Reisenden, »noch die vier Ströme des großen Flusses Oigava bei Mondschein glücklich durchpassierten und des Abends um sieben Uhr das Nachtquartier in Shimada betraten«.

Doch darf billigerweise nicht übersehen werden, daß den, der das schrieb, drei Menschenalter von dem Zeitalter der »Empfindsamkeit« und dem Erwachen des neuzeitlichen Naturgefühls trennten. Die Japaner waren – wie schon ihre Malerei und Graphik zeigt – in Auffassung und fein beseelter Darstellung von Naturbildern damals bereits weiter als die Europäer.

Am 31. Oktober 1692 verließ Kaempfer auf dem Schiff »Pampus« Japan, entschlossen, nunmehr so schnell als möglich in die Heimat zurückzukehren und sich in Java – unseligen Angedenkens – nicht länger als nötig aufzuhalten. Über die Fahrt bis dahin liegt ein Tagebuch nicht vor. Sie scheint glatt verlaufen zu sein. Über die wenigen Wochen, die er sich in Batavia zu gedulden hatte, half ihm gewiß die Gesellschaft seiner alten Freunde nach Kräften hinweg.

In einem Gesuch vom 23. Januar 1693 an den Generalgouverneur machte er eine letzte, verzweifelte Anstrengung, zu seinem Gelde zu kommen. Die Kompanie schuldete ihm aus seiner persischen Zeit noch immer die »Gagie«

für 20 Monate und 11 Tage. Das waren 720 Gulden, keine Kleinigkeit. Dazu kamen 300 Reichstaler für eigene Medikamente, die er ausgelegt hatte. Er habe, schreibt er, der Kompanie mehr als 8 Jahre, davon 6 an Land, treu gedient. Man möge ihm wenigstens seine Unkosten zurückerstatten. Der letzten Bitte wurde, so scheint es, entsprochen.

In der ersten Hälfte des Februar lichtete die »Pampus« die Anker. Am 9. hatte Freund Lykochthon noch ein Briefchen mit herzlichen Abschiedswünschen geschickt. Kaempfer hatte bei seiner ungeheuren Arbeit als Forscher, besonders in den letzten Jahren, keine Zeit gefunden, Reichtümer zu sammeln, etwa durch Privatpraxis. Die Schätze, die seine Kisten und Ballen füllten, waren natur- und volkskundliche Merkwürdigkeiten, vor allem aber Tausende von beschriebenen Blättern, Zeichnungen und Karten, die sein übermenschlicher Fleiß in zahllosen Stunden mühsamer Arbeit angefertigt hatte. So machte er auch die Rückfahrt nicht als Passagier, sondern noch im Dienst der Kompanie als Schiffsbuchhalter. Nach der Musterrolle der »Pampus«, die sich unter seinen Papieren findet, bekam er dafür fünfundvierzig Gulden im Monat, einen Gulden mehr als der Oberchirurg Johan van den Vinct. Die Besatzung bestand aus hundertachtzehn Personen. Dazu kamen als Passagiere Juffrou Leonora Margarita van Andes und der »gewesene Unterkaufmann« Lukas Schorer. Zur persönlichen Bedienung gab es noch einige »Schlaven und Schlavinnen«. (Nach Klerk de Reus standen im Jahre 1694 in Java 1273 Eingeborene als Sklaven im Dienst der Kompanie.) Wir lesen da »Knoopje van Bengale, Schlave van den Schipper, Lutje van Bengale, Schlavin van den Schipper, Leander van Nagapatanam, Schlave van den Bookhouder« – also von Kaempfer! Nach der Abfahrt kam ein blinder Passagier ans Licht, Frederik Pieterz, ein geborener Hamburger, der vor achtzehn Jahren sich, wie so viele Deutsche, als Soldat für Indien hatte anwerben lassen.

Das Schiff fuhr quer über den Indischen Ozean auf die Südspitze Afrikas zu, wo die Holländer seit 1652 eine Faktorei besaßen. Für ein schwerfälliges, ganz von der Gunst des Windgottes abhängiges Segelschiff jener Zeit war das eine gewaltige Strecke. Kaempfers Tagebuch über seine Rückfahrt ist leider unter den Handschriften des Britischen Museums nicht mehr aufzufinden – im Jahre 1777 war es, nach Dohm, noch vorhanden unter dem Titel »Engelb. Kaempferi Batavia Amstelodanum reditus«. Immerhin wissen wir aus einigen Briefen, die er vom Kap an seine Freunde in Batavia schrieb, daß die Reise sehr lange dauerte und das Schiff vor der Küste Afrikas zwei schwere Stürme zu bestehen hatte, so daß man das Ziel erst am 14. Mai, also nach dreimonatiger Fahrt, erreichte.

»Ich kehre«, heißt es im Vorwort zu den *»Amoenitates«*, »über den Ozean nach Holland zurück, nachdem ich ein Jahr auf dem Meere zugebracht habe mit Ausnahme weniger Wochen, in denen ich die Einöden des Afrikanischen Vorgebirges durchwandert habe.« Die Zeit seines Aufenthalts am Kap der

Guten Hoffnung, von Mitte Mai bis Anfang Juli, scheint er in angenehmer Gesellschaft verlebt zu haben. Der dortige Gouverneur VAN DER STELLE, dessen Kaempfer später einmal als eines höchst wißbegierigen und um jenes Land hoch verdienten Mannes gedenkt, nahm ihn auf die Empfehlung des militärischen Kommandeurs in Indien, JEAN DE SAINT MARTIN, überaus freundlich auf. Ja, in Kaempfers Bericht an Saint Martin, für den er übrigens unterwegs eine hydrographische Karte angefertigt hatte, steht der erstaunliche Satz: »Ich denke ernstlich daran und habe mich schon beinah dazu überreden lassen, unter seinem (des Herrn van der Stelle) Schutz den Rest meines Lebens auf diesen stillen Erdenwinkel zu verwenden, falls nicht etwas Menschliches meine Wiederkehr hindert.« Also hatte Kaempfer einmal ernstlich, wenn auch nur vorübergehend, den kühnen Plan, nach der Erforschung eines bedeutenden Teils von Asien auch Südafrika in Angriff zu nehmen!

Von den Eroberungen, die der kluge und liebenswürdige »Buchhalter« im Kreise der dortigen Holländer gemacht hat, zeugen mehrere herzliche Eintragungen in seinem Stammbuch.

Das oben kurz erwähnte vielsprachige *Stammbuch* Kaempfers ist mit seinen 132 Sentenzen und Widmungen ein kulturgeschichtliches Unikum. Beliebt war damals das moralisierende wie satirische Epigramm, wie es Gryphius, Logau und Johannes Scheffler geprägt hatten. Die Auswahl der Sprüche für Kaempfers Buch wurde naturgemäß stark durch den Umstand bestimmt, daß sie einem Gelehrten gewidmet waren, der sich auf großer, von Gefahren bedrohter Fahrt befand. Diese Gefahren betreffen seine äußere wie innere Unversehrtheit. So wird er dem göttlichen Schutze empfohlen, das Bibelwort wird zitiert, die Kirchenväter und Thomas a Kempis. Neben dem bekannten »Si deus pro nobis, quis contra nos« begegnen uns lapidare Fassungen: »Jesus mihi omnia«, »Non est mortale quod opto«, »Brevis via ad caelum et unica«. Auf das Tugendideal der Aufklärung weist die immer wiederkehrende Virtus, die unerschütterlich bleibt in allen Wechselfällen der Fortuna. Eine lange Reihe antiker Autoren wird zitiert, von Homer bis Seneca. Man prahlte mit Gelehrsamkeit und Belesenheit.

Dem Studierenden wie dem fertigen Medikus werden Eifer und Leistung bescheinigt. Dem unersättlich Wißbegierigen wird aber auch die Weisheit empfohlen, die wertvoller ist als alles Wissen.

Die Form der Widmungen ist ungleich. Neben knappen Fassungen stehen weitschweifige Ergüsse, altmodische Komplimente, hinter denen gleichwohl echtes Gefühl spürbar ist. Die asiatischen Eintragungen bestehen oft nur im Namen des Verfassers, dem der Textschreiber überschwengliche Titulaturen beifügt, »Zufluchtsort der Erhabenheit«, »Excellenz von erhabenem Rang«. Reizvoll sind die Beispiele zärtlicher und schalkhafter Liebeslyrik. So schreibt der Perser Mohammed Resa »Bei Gott! Dein Auge hat man für den Augen-

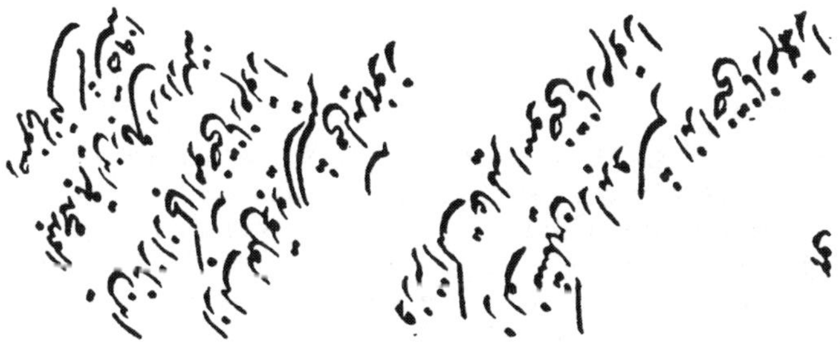

Die persische Eintragung des Mohammed Baqer (vgl. Text)

stift der Koketterie geschaffen. Deine Locken hat man zu langem Leben geschaffen.« Der »Sklave Mohammad Baqer« schreibt er. »Deine moschusduftende Locke wirfst du auf die Schulter, du mein Liebchen! Und mit deiner Eleganz versengtest du den Erdbewohner, du mein Liebchen! Von deiner Rubinlippe strömt Milchduft immerzu. Woher hast du bloß all diese Koketterie gelernt, du mein Liebchen?«

Ein Blatt trägt in chinesischer Schrift die fünf Konfuzianischen Kardinaltugenden: Menschlichkeit, Gerechtigkeit, Sitte, Weisheit, Zuverlässigkeit. Die Blumenliebe der Japaner kennzeichnet die Eintragung des Namura Gonbatschi in Nagasaki: »Im Frühlingswind brechen die Blüten der Pfirsiche auf, im Herbsttau fallen die Blätter des platanenblättrigen Malvenbaums ab.«

Anfang Juli, als gutes Wetter eingetreten war, fuhr die aus elf Schiffen bestehende Flotte ab. Im Oktober lief die »Pampus« in Amsterdam ein.

IX. IN DER HEIMAT

Zehn Jahre und etliche Monate waren vergangen, seitdem der Legationssekretär in Stockholm zu Pferde gestiegen war. Gewiß zog es ihn jetzt nach Hause. Aber Holland hielt ihn noch neun Monate lang zurück, Holland, das er als Siebzehnjähriger bereist hatte und wo in Leiden sein Bruder Joachim jahrelang Dozent gewesen war. Er habe, vermerkt Haccius, »die vornehmsten Orte der Niederlande besehen und dabei auf der Universität Leyden auf Zuraten fürtrefflicher Leute und fürnehmer Professoren den *Gradum Doctoralem in Medicina* würcklich angenommen«. Richtig! Der Mann, der im Koffer und Kopf etliche epochemachende Werke fast fertig zum Niederschreiben bei sich trug, war ja noch immer kein »würcklicher« Doktor.

Bedeutsam wurde für ihn das Haus des Joan Parve, in dem er die gleiche Gastfreundschaft genoß wie in Batavia bei dem Bruder Anton Parve. Es waren da außer dem Familienvater die Mutter, ihre Schwester und zwei Söhne, Cornelius und Daniel. Dieser, der jüngere, ein wissensdurstiger, hochstrebender junger Mensch, scheint dem weitgereisten und vielseitig gebildeten Weltfahrer sein ganzes Herz entgegengebracht zu haben. Ein inniger Freundschaftsbund ward geschlossen. Wir verdanken ihm die wertvollsten Aufschlüsse über Kaempfers Leben und Leiden in der Heimat: seine mehr als ein Jahrzehnt umspannenden Briefe an Daniel Parve sind hemmungslose Herzensergießungen, wenn auch in ciceronianischem Latein und vielleicht mit dem Gedanken an spätere Veröffentlichung entworfen. Denn er behielt die Entwürfe zurück. Sie liegen im Britischen Museum. Des Freundes Briefe sind uns leider nicht erhalten.

Wie im Hause Parve zur kaufmännischen die wissenschaftliche Betriebsamkeit sich gesellte, so ist dies Nebeneinander materiellen und geistigen Strebens kennzeichnend für das damalige Holland überhaupt. Mijnheer, das war für den binnenländischen Deutschen der Inbegriff allmächtigen Reichtums. Auf der andern Seite hatte damals kein Land auf so engem Raume eine so stattliche Anzahl bedeutender Pflegestätten der Wissenschaft. Während im Deutschland des siebzehnten Jahrhunderts der Sturmwind des Geistes, der das sechzehnte Jahrhundert durchbraust hatte, trostlos zerflatterte und hoffnungsvolle geistige Keime zertreten wurden, wurde auf den fünf Universitäten Hollands der Denk- und Gewissensfreiheit, wenigstens bis zu einem gewissen Grade, eine Zuflucht- und Pflegestätte gewährt. Hier hatte Hugo Grotius das Völkerrecht gegründet und Descartes Zuflucht gefunden. Auch Bayle, der Skeptiker, hatte jahrelang in Rotterdam gelehrt, bis, eben damals, seine Gegner seine Absetzung bewirkten. Unter diesen war Petrus Jurieu der erbittertste. Kaempfer, der bei aller geistigen Freiheit ein bibelgläubiger Christ geblieben war, suchte ihn auf. Das Stammbuch berichtet davon. »Klug ist nicht der Wanderer, der viele Länder durchreist, sondern der viele Dinge zusammenträgt. Das schrieb dem Besitzer, einem viel versprechenden jungen Manne, zu Gefallen Petrus Jurieu. Rotterdam, 19. Nov. 1693.«

Die Altertumswissenschaft fand auf Hollands Universitäten eifrige Pflege, die Latinisten fabrizierten mit Geschick selber lateinische Dichtungen. Freilich war die Zeit der großen klassischen Philologen vorbei (Vossius † 1649, Heinsius † 1655). Mit GRAEVIUS (1632–1703) begann schon der Verfall. Kaempfer hat den gelehrten Polyhistor in UTRECHT aufgesucht und von dem behaglichen Allerweltsfreund ein schmeichelhaftes Zeugnis bekommen. »Viele haben ihre und die allgemeine Sache wacker gefördert fern von ihrer Heimat, viele, die ihr Leben zu Hause verbrachten, haben sich eben deshalb nicht bewährt. Dem einzigen Manne (›*viro singulari*‹), der vieler Völker Städte und Sitten kennenlernte, hat dies zum Zeichen seiner Zuneigung eingetragen Joannes Georgius Graevius, Utrecht, 26. Juni 1694.«

Der *Praeceptor examinis*, der die Ehre und das Vergnügen hatte, den Forschungsreisenden zu prüfen, war ein gewisser Willem Hovius. Gewiß hat es damals nicht viele Doktorarbeiten gegeben, welche die Wissenschaft so bereichert haben, wie die Kaempfersche. Sie umfaßte zehn Abhandlungen, die später allesamt in die *»Amoenitates«* aufgenommen wurden. Die Arbeit erschien in Leiden bei Elzevier 1694. Der Rektor war D. Carl Drelincurt. Die in keiner deutschen Bibliothek vorhandene Dissertation fand M. Edmond Schmitz im Jahre 1939 in der Straßburger »Bibliothèque nationale et universitaire«. Neben Hovius war Petrus Mesdach an Kaempfers Promotion beteiligt. Beide schrieben sich in das Stammbuch ein als »Freund dem Freunde«. Den Examensleiter hatte der Doktorand vorher ganz kollegial gebeten, in seinem lateinischen Text »die Fehler, von denen jene auf dem Meere zur Welt gekommene Frühgeburt wimmelt«, auszumerzen – bei Kaempfers glänzendem Latein eine vermutlich überflüssige Bitte. Im April 1694 stellte er seine *Disputationes* seinem hohen Gönner, dem gelehrten Bürgermeister Witsen, zu. Kurz vor K.s Heimreise schrieb ein gewisser J. Scott, Baron de Mornay in das Stammbuch, wobei er sich dreier Sprachen bediente. Er kennzeichnet seinen Beruf als Gesandter mit entwaffnender Offenheit: »Ein Gesandter ist ein Biedermann, der in die Fremde geschickt wird, um für sein Land zu lügen.«

Anfang August nahm er Abschied von dem gastlichen Hause Parve und fuhr in die Heimat.

Während Engelbert Kaempfers Abwesenheit hatte sich in seiner Heimat manches verändert. Der Vater war längst tot, der Bruder Andreas, mit dem er vor vierzehn Jahren hinausgezogen war, wirkte als Hebraist in Gießen, ein andrer Bruder, Johann, lebte als Rat beim Markgrafen von Bayreuth, der älteste, Joachim, Doktor beider Rechte, als Syndikus in dem drei Stunden entfernten Herford, wo Engelbert ihn vermutlich im Vorbeireisen begrüßte. Auf dem Steinhofe in Lieme lebte, damals achtundfünfzigjährig, Frau Adelheid, seine Stiefmutter, mit mehreren ihrer nun längst erwachsenen Kinder. Die jüngste Tochter, Anna Katharina, wurde des heimgekehrten Stiefbruders tägliche Genossin und Herzensvertraute. Sie hatte als seine Wirtschafterin – denn Engelbert wurde Besitzer des Steinhofes – gewiß ein gerüttelt Maß von Arbeit zu leisten. Es hat den Anschein, als ob auch die Mutter mit den andern Kindern auf dem Landgute verblieben sei.

Hier also, in ländlicher Abgeschiedenheit und doch in angenehmer Nähe einer nicht unbedeutenden Stadt, würde der nun dreiundvierzigjährige Forscher willkommene Muße zum Schaffen finden, er würde die Kraft seiner besten Mannesjahre an die Verarbeitung seiner Handschriften setzen und in absehbarer Zeit die Welt der Wissenschaft mit einer Reihe von Werken durchaus nicht alltäglichen Gehalts überraschen.

So hatte sich's Kaempfer gewiß gedacht. Allein es kam anders.

»Ich hatte die Absicht«, schreibt er achtzehn Jahre später im Vorwort seiner *»Amoenitates«*, »meine ausländischen Beobachtungen ungesäumt der Öffentlichkeit in einer Reihe von Büchern vorzulegen, zu deren Vollendung, außer der in wenig Monaten zu erledigenden Gliederung und Verknüpfung des Stoffs, nichts mehr mangelte als die Abbildungen, die zuvor in Kupfer gestochen werden mußten... Aber tausend Obliegenheiten und Hemmnisse empfingen mich und zogen mich von meinem glühenden Vorsatz ab: Kaum war ich angekommen, da hielten mich Haushaltungssorgen – die unter diesem Himmelsstrich so lästig sind – und eine überaus anstrengende ärztliche Praxis gefesselt, die ich doch gar nicht aufzunehmen gedachte. Dazu kam, daß der Graf und Edle Herr zu Lippe, mein gnädiger Herr, meine Wenigkeit zum Leibarzt seines Hohen Hauses huldvollst bestimmte, was, wenn ich es mir auch zur hohen Ehre anrechne, dennoch, wie billig, den größeren und wichtigsten Teil meiner Zeit und meines Lebens beanspruchte...«

Graf Simon Henrich residierte in Detmold (1666–1697). Das bedeutete für den Leibmedikus – mochte er auch nicht alle Tage sich einzufinden haben – jedesmal einen mehrstündigen Ritt. Schon im ersten uns erhaltenen Briefentwurf Kaempfers an Daniel Parve klingt das Leitmotiv an, das hinfort nicht wieder aus seinen Briefen verschwindet: die Klage über die ihm aufgenötigte Lebensform, die ihn an der Erfüllung seiner eigentlichen Lebensaufgabe hindert.

»Ich lebe hier auf dem Lande, ehelos, allein und doch niemals allein noch müßig. Freunde kommen, Gäste, Kranke. Diese Windbeutel werden mir lästig, wenn sie meine Schätze anstaunen und mir meine Zeit stehlen. Nirgendwo lebt man so. Ruhe hat der Mensch doch erst, wenn er zu leben aufgehört hat... Hätte ich nur etwas zur Hand, liebster Daniel, was ich Dir als Zeichen meiner Liebe schicken könnte. Nichts bringt meine Heimat hervor als Schinken und Würste. Aber das alles habt Ihr ja bei Euch viel besser. Dieser

Bezirk ist der äußerste Westfalens, und er ist ebenso berühmt durch die Vortrefflichkeit seiner Schweine wie durch seiner Einwohner athletische Gestalt und Kraft. Wenn diese hier käuflich wäre, würde ich sie Dir schicken um jeden Preis, damit Deiner und Deiner Mutter Krankheit abgeholfen würde. Freilich bin ich auch selbst nicht sehr herkulisch, daß ich diese körperlichen Vorzüge an Euch verschenken könnte, anstatt sie mir zu wünschen.«

Wenn nun auch Kaempfer auf dem Lande wohnte, während sein Amt ihn häufig nach der Residenz Detmold rief, blieb er doch aufs engste verbunden mit dem nahegelegenen LEMGO, dessen stattliche Türme er von seiner Wohnung aus hinter den Weideflächen der Grevenmarsch aufragen sah. In der Stadt besaß seine Familie zwei Häuser. Nach hier verzog aus Herford, gewiß zu Engelberts großer Freude, sein ältester Bruder Joachim, den die Lemgoer 1696 zum Bürgermeister gewählt hatten.

In Lemgo zu leben muß damals keine reine Freude gewesen sein, auch nachdem man der Hexenbrennerei müde geworden war. Selbst der Hohe Rat der Stadt war nicht auf Rosen gebettet. In einer Eingabe an die Regierung vom 22. Juni 1696 – die also wahrscheinlich von Joachim Kaempfer verfaßt ist – heißt es: »Wenn ein Ort in der Welt ist, da in täglichen Branntwein- und Biergelagen, auch an heylichen Sonn- und Feiertagen, ehrliche und rechtschaffene Leute, ja selbst Prediger und Obrigkeiten verfolgt, verachtet, verlästert und verleumdet werden, so ist es leider! unsre Stadt Lemgo.«

Immerhin werden auch in dieser schlimmen Stadt einige geistig lebendige Menschen gelebt haben, mit denen der Weltreisende ein vernünftiges Wort sprechen konnte, mochte ihm auch ihr Gesichtskreis eng, ihre Gelehrsamkeit schrullig erscheinen. Da waren vorab die Prediger, an der Marienkirche der würdige Magister Weland und an der Nikolaikirche Julius Friedrich Lüder, der später Senior und Scholarch an der Lateinschule wurde, und JOHANN BARTHOLD HAGGIUS, der als kurbrandenburgischer Feldprediger durch Holland und Flandern gezogen war und um dieselbe Zeit wie Engelbert Kaempfer nach Lemgo kam. »Er hatte eine tiefe Einsicht in die schönen Wissenschaften, und die ihn gekannt haben und noch leben, wissen nicht genug zu rühmen, wie beliebt er nicht nur bei seiner Gemeinde, sondern auch bei allen übrigen Einwohnern dieser Stadt, ja bei vielen Auswärtigen gewesen sei. Seine gründliche, ordentliche und blühende Beredsamkeit kann man aus noch vorhandenen Gedächtnisreden erkennen« – zu denen auch die auf Engelbert Kaempfer gehört.

Zu diesen Männern kamen etliche Lehrer an der Lateinschule unter der Leitung eines Rektors und Konrektors, die sich mit öffentlichen Rede- und Disputierübungen gewaltig hervortaten. Zu ihnen gehörte Georg Christoph Meier, seit 1709 Rektor und Ehemann einer Schwester Kaempfers.

Damit mag etwa der Kreis von Leuten umschrieben sein, mit denen der vielbeschäftigte Leibmedikus in seltenen Freistunden Umgang pflegen konnte.

Jahr um Jahr verrann. Keines erweckte Kaempfers Handschriften zum Leben. Die gleiche Kette, an welcher der Chirurgus der Ostindischen Kompanie ohnmächtig gezerrt hatte, hielt nun auch den gräflichen Leibmedikus gefesselt. Frei und froh sich zu regen war ihm eigentlich nur als schwedischem Legationssekretär vergönnt gewesen. Mit welchen Empfindungen mag er im Jahre 1697 den Brief gelesen haben, den ihm aus Stockholm sein alter Freund und Fahrtgenoß KLINGENSTJERNA schrieb! Der Schwede bedauert, bisher nichts von seinem Freunde gehört zu haben. »Wollte, der Herr wäre nicht mehr als zwanzig schwedische Meilen entfernt, alsdann sollte es mir eine Lust sein, ungegessen und ungetrunken den Herrn zu besuchen, sintemalen ich zwanzig Meilen in sechzehn Stunden öfters mit dem Könige abgelegt habe, weil ich das Glück und die Gnade habe, den König (es war der tolle Karl XII.) auf allen Reisen durch Schweden zu begleiten. Herr Fabricius reist wieder nach Persien, und wiewohl ich gern mitgereist wäre, so hat solches dieses Mal mit meinem *Profit* nicht geschehen können, sonst hätte ich alle meine *Archillea argumenta* hervorgesucht, um meinen liebwerten Freund zu solcher Reise auch zu *persvadieren,* weil wir alsdann mit größerer Ehre und Bequemlichkeit solche hätten *entreprenieren* können, als vorhin, da wir *absque nervo rerum gerendarum* (ohne die nötigen Geldmittel) mitgingen. Herr Fabricius hat sich vermerken lassen, daß er geneigt wäre, Dero Hochwohlgeboren mit zu nehmen, wenn es ihm sollte anstehen.« Dann folgt die Bitte um Antwort und Zusendung seiner Reisebeschreibung, »als welche *per consequence* überall *Approbation* finden wird«. Endlich heißt es: »Ich schließe itzo bittend Ihren Hrn Bruder den Herrn Syndicum meinetwegen dienstlich zu grüßen, ich warte Antwort von meinem verehrten Damon sein treuer Pithias.«

Wie weit lag jene hoffnungsvolle Zeit zurück, da sie ausgezogen waren, die Welt zu erobern!

Wie bitter Kaempfer seine abhängige und unfreie Lage empfand und wie er sich schließlich aus ihr zu befreien trachtete, zeigt ein langer, aufschlußreicher Brief an Daniel Parve vom 10. November 1700. Er hebt an mit der oben bereits mitgeteilten Klage über den Tod Lykochthons, den der Freund ihm gemeldet hatte. Dann fährt er fort:

»Ich komme zu anderem, um Dir Rechenschaft zu geben, bester Freund, sowohl wegen meiner späten Antwort wie wegen der Nichterfüllung meines Versprechens, zu kommen. Ich war in der Tat im Begriff, mit dem erlauchten Grafen zur Lippe (seit 1697 Friedrich Adolf), meinem gnädigsten Herrn, auf seinen Wunsch nach Vianen und von da zu Euch zu reisen. Dieser wohl erwogene Plan stand fest. Aber wie bei anderen menschlichen Dingen, so gibt es auch in Fürstenseelen keine Dauer und Beständigkeit. Denn am Tage vor der Abreise änderte der Graf seine Meinung und hielt es für besser, seine Söhne mitsamt Arzt und Aufseher zu Hause zurückzulassen. Also wird unser Gepäck wieder abgeladen. Hör weiter, was wir Zurückbleibenden in Abwesenheit des Herrn getrieben haben! Die gräflichen Söhne besuchten zum Zeitvertreib mit geringer Dienerschaft die Nachbarhöfe. Ich verlasse, von andern eingeladen, die lippischen Landesgrenzen, um meine Blutsverwandten zu besuchen, die ich jahrelang nicht gesehen habe. Bei diesem Ausflug nun – denn ich werde Dir nichts verheimlichen – lasse ich mich, geködert durch die Kuppelei guter Freunde beim Mahle und durch gegenwärtige Gelegenheit, dazu überreden zu heiraten und dulde es, daß eines reichen Kaufmanns einzige, mit sehr anständiger Mitgift ausgestattete Tochter mir verlobt wird *(filiam ... desponderi mihi patior)*. Durch solchen ganz neuen Lebensplan also aus meiner Heimat fortgezogen, habe ich bis jetzt meine Briefpflichten gegen meine Freunde versäumt. Jetzt aber nach Hause zurückgekehrt, erfülle ich sie zuerst bei Dir, dem ersten meiner Freunde. Da hast Du meine Entschuldigung.

Du fragst mich verwundert, warum ich am Abend meines Lebens, über vierzig Jahre alt, noch eine Frau nehme? Ich könnte Dir mit dem Komiker antworten: einmal im Leben muß man eine Tollheit begehen *(semel in vita insaniendum esse* – er ahnte nicht, wie furchtbar recht er hatte!), wenn nicht doch zahlreiche sehr schwerwiegende Gründe mich dazu veranlaßt hätten, die ich Dir einmal mündlich auseinandersetzen werde. Jetzt will ich darüber nichts weiter sagen, als daß ich Deine Herrlichkeit nebst Deiner verehrten Familie, d. h. nebst jenem verehrungswürdigen, mit allen Tugenden geschmückten Witwentrio – Deiner Mutter, Tante und Muhme – zu meiner Hochzeit feierlichst einlade: allerdings nur so, daß Ihr, da ich wegen der Entfernung auf die Ehre Eurer hocherwünschten persönlichen Anwesenheit verzichten muß, wenigstens in freundlichem Gedanken zugegen sein und unser Hochzeitsfest mit guten Wünschen segnen möchtet ... Die Hochzeit wird stattfinden am 18. Dezember im Hause meines Schwiegervaters Wolrad Wilstach, Hannoverschen Kommerzienrats in der Stadt Stolzenau an der Weser.

Den Tee habe ich in dem Doppelballen empfangen. Er ist gewiß von trefflicher Qualität und – was ich Eurer Freigebigkeit zurechne – von geringem Preise. Lange schon stecke ich in Eurer Schuld, doch werde ich alles getreulich sogleich nach Beendigung der Hochzeit abtragen. Zu dieser habe ich viel Aufwendungen zu machen: Geschenke für die Verwandten, Kleider für die Schwester und die Braut, Siegelringe und sonstiger Schmuck muß besorgt, die Verwandten kostspielig verpflegt werden. Mich tröstet der Komiker, der da sagt, Geld am rechten Platze gering achten bringe doppelten Gewinn. Seid mir bitte nicht böse, daß ich die Bezahlung so lange aufschiebe ... Zu Deinem Briefe. Ich bewundere die Reinheit und Eleganz Deines Stils ... Auf Dir ruht jetzt alles. Du mußt Dich bewähren ... Wenn die Trauer in meinem Herzen nachgelassen hat – aufhören wird sie niemals –, werde ich mich bemühen zu Euch zu kommen. Denn wenn die vom Schwiegervater verheißene Mitgift zu meinen Einkünften hinzukommt, so daß ich von meinen Einnahmen leben kann, werde ich mich sofort von der Sklaverei meines Amtes befreien. Dann kann ich kommen, wann ich will ...«

Dieser Brief enthüllt mit verblüffender Unbefangenheit die Keime des Unheils, das der Welt- und Lebenskundige ahnungslos auf sich herabbeschwor. Er will dem Freunde nichts verheimlichen, und doch gibt er sein Alter wie eine alte Jungfer auf »über vierzig« an, während er hätte sagen sollen »im fünfzigsten Lebensjahre«. Er verschweigt auch, daß seine Braut ein fünfzehn- oder sechzehnjähriges Kind ist! Und mit diesem Kinde läßt er sich – er schreibt »ich dulde es« – in vergnügter Gesellschaft »verkuppeln«. Er nahm das Mädchen, Maria Sophia Wilstach, nicht um ihrer selbst willen – von Zuneigung, ja nur von irgendwelcher seelischen Beziehung zu ihr ist mit keinem Worte die Rede –, sondern um der erhofften Mitgift willen, die ihm ermöglichen sollte, den Dienst bei Hofe abzuschütteln und endlich seine Bücher zu schreiben. Mögen noch andre »schwerwiegende Gründe« hinzugekommen sein, nicht fortzuwischen ist der peinliche Eindruck, daß dieser kluge und sittliche Mann seine Eheschließung in der Hauptsache als eine Geldangelegenheit auffaßte und daß er mit fünfzig Jahren ein sechzehnjähriges Kind zum Weibe nahm.

Er hat das mit lebenslänglichem Unfrieden büßen müssen. Die Ehe wurde tief unglücklich. Dabei wurde der Hauptzweck nicht einmal erreicht. Kaempfer blieb Fürstendiener bis an sein Ende. Seine Briefe singen immer dasselbe Lied.

»Die ärztliche Praxis nimmt mich völlig in Anspruch. Hätte ich die Arbeit, die ich hier tue, in Holland geleistet, so hätte ich in Kürze Schätze gesammelt. Hier dient man Tag und Nacht anderen und zehrt dabei sich selber samt seinen Schätzen auf. Mein lieber Bruder« – es war Joachim, der Bürgermeister, der bei der Bürgerschaft in Ungnade gefallen und nicht wiedergewählt war – »ist aus der Heimat nach der Kaiserstadt Goslar berufen, ich bin sehr traurig, daß er fortgeht. Ich möchte so gern zu Euch kommen, aber meine Verhältnisse lassen es nicht zu. Ich entbehre schmerzlich Deine Gegenwart und deinen Umgang ... Ich war so vertraut mit Euch geworden ...«

Trotz dauernder dienstlicher Behinderung trug sich Kaempfer seit 1700 immerfort mit dem Plane, wenigstens einen Teil seiner Forschungen herauszugeben. In einem Briefe vom 1. November 1701 ersucht er den Freund, ihm Thomas Hydes eben erschienenes Buch »über Religion und Sitten der Perser« zu besorgen. »Ich gehe mit einer Abhandlung schwanger *(tractatum parturio)*, deren Titel ist ›*Curiositates Exoticae*‹« – der spätere Titel lautete *»Amoenitates Exoticae«* –. »Schon zwei Jahre zögere ich mit der Drucklegung, bis ich bei Euch persönlich das Stechen der Abbildungen überwachen könnte. Ich würde zu diesem Zweck die Reise machen, wenn ich mich auf anständige Weise vom Hofdienst freimachen könnte ... Wie soll ich Dir für all Deine Dienste danken ...«

Der nächste Brief, vom 20. April 1702, wiederholt die alten Klagen.

»Bald kommen die Freunde als Räuber meiner Zeit –, bald die Schar der Kranken, dann wieder halten mich Boten oder Briefe auf. Bald muß ich einen lästigen Ritt in die Felder machen oder an den Hof, ganz zu schweigen von den Sorgen, welche die Verwaltung des Hauses macht und die Überwachung der Landwirtschaft, die Arbeit im Laboratorium, die Herstellung der Medikamente. Aber wer könnte alles aufzählen!...«

Wir haben fünfzehn Briefe Kaempfers an Daniel Parve. In keinem wird seine Frau auch nur mit einem Worte erwähnt. Wohl aber findet sich einmal – als Antwort auf die Nachricht von der bevorstehenden zweiten Vermählung der Muhme Parves – die vielsagende Bemerkung »Heiraten ist ein Glücksspiel« *(»Plenum aleae negotium est nubere«)*, und eine Frau, die einen schlechten Mann bekommt, ist wohl noch unglücklicher als ein Mann, der ein böses Weib bekommt.

Aus den Jahren 1703 – 1704 haben wir nur einen einzigen Brief an Parve, in dem er eine Sendung Kohl ankündigt und von seinem erschütterten Gesundheitszustand spricht, dem der Freund wieder durch ein Pfund Tee aufhelfen möge.

Von Kaempfers ärztlicher Praxis in Lemgo zeugen einige Kopien von Briefen an auswärtige, in Detmold und Bückeburg wohnende Patienten. Neben dem Rezept teilt er allemal ausführlich die Wirkungen der Arzneimittel mit, und weshalb sie in diesem Falle anzuwenden seien. Einmal bittet ihn die Äbtessin von Herzebrock M. F. von Alten, »EHL mögten ihr doch etwa Snubtoback schicken ... sie wils EHL zu dancke bezahlen«.

Gewiß verging seit Kaempfers Heimkehr kein Tag, an dem er nicht darüber grübelte, wie seinem Lebenswerke zum Leben zu verhelfen sei. Er fand keinen Ausweg. Die Heirat hatte ihm statt der Freiheit nur neue Last und Pein gebracht.

Er klagt dem fernen Freunde – in einem Briefe vom 21. Juni 1705 – von seinem glücklosen Dasein und von harten Schicksalsschlägen, die ihn getroffen haben.

»Nichts Angenehmeres, nicht Erwünschteres brachte mir das ganze Jahr als Deinen Brief. Deine arme Mutter wird ja ihr Leiden nicht ganz los werden, aber wir hoffen, daß sie Erleichterung bekommt und uns noch viele Jahre erhalten bleibt. Von Deiner, Deiner Tante und Muhme Gesundheit höre ich mit Freuden. Was denkst Du von meinem langen Schweigen? Bist Du böse? Wenn Du den Grund hörst, wirst Du mir nicht zürnen, vielmehr mein Schicksal beklagen. Ich gehöre ganz und gar anderen Menschen, ganz und gar meinem Fürsten, dem ich diene. Ich schwöre bei den Himmlischen, seitdem ich Dir den letzten Brief aus Detmold schrieb, ist dies die erste freie Stunde ohne Lärm, und doch schreibe ich auch jetzt mit der Angst, daß draußen schon wieder Leute sind, die hier einbrechen, mich abrufen und fragen. Dazu kommt meine gar zu schwache Gesundheit, die der Grund ist, daß ich nur langsam und mit Mühe meine Geschäfte versehen kann. Und damit keine Art von Kummer fehle, hat der Tod meines einzigen Töchterchens, meiner schönsten und besten Hoffnung, und dann auch der Tod meines Bruders, des fürstlich Bayreuthschen Rats, meine Seele mit Trauer erfüllt – von anderem zu schweigen. Da hast Du eine Entschuldigung, die Du gewiß in Deinem Freundesherzen annehmen wirst, wobei Du überzeugt sein darfst, daß mir kein Tag vergangen ist, an dem ich nicht Dir und den Deinigen tausendfältiges Glück gewünscht habe.

Aber was schreibst Du in Deinem früheren Briefe? Ihr dächtet daran, nach Westfalen zu kommen, zu Wagen, mich besuchen? Als ich das las, war ich vor Freude außer mir, und die dabei standen, wunderten sich über meine Erregung. Wenn es beschlossen ist, so möge es dabei bleiben. Aber was spiele ich mit eitler Hoffnung? So glücklich werden wir nicht sein dürfen, daß wir Euch unter diesem Himmel umarmen dürfen. Eher will ich mich bemühen, selber zu Euch zu kommen. Einzig mein Dienst bei Hofe steht dem entgegen. Wir Deutsche sind ja jetzt bekanntlich Leibeigene unsrer Fürsten (*›sumus scilicet Germani principum nunc mancipia‹*). Und wer ihre Lasten auf sich nimmt, kann sie nicht ohne Ungnade und Schaden wieder abschütteln! Und doch werde ich sie abschütteln, was für Widrigkeit mir immer daraus entstehen mag, nach Ablauf dieses Jahres! Gott gebe es! Und wenn ich dann frei bin, werde ich, solange ich des Lebens mich erfreue, so Gott will, alle Jahre einmal nach Holland kommen ...« Er rühmt dann des Freundes wissenschaftliche Fortschritte, legt ihm die Besorgung von allerlei Waren ans Herz und fährt dann fort: »Aber noch einen andern und gewichtigeren Wunsch lege ich Dir ans Herz. Ich unterhalte bei mir einen Kupferstecher. Er radiert mir der Reihe nach die von mir nach dem Leben gezeichneten persischen Kron-Insignien, Cidaris (Kopfschmuck der persischen Könige), Säbel, Dolch und Thronsessel. Nun finde ich meine Zeichnung nicht bei den Handschriften ... Ich möchte den Verlust daher mit Deiner Hilfe ersetzen. Die Abbildung hat nämlich auch Chardin – Deiner Tante wohl bekannt aus der Zeit, da sie in Surate war – in einer Abhandlung aus Paris von 1671 in Oktav, deren Titel ist *›Le couronnement de Soleiman troisième roi de Perse‹*. Zeichne mir also die Figur genau ab und schicke sie mir. Auf Schönheit kommt es dabei nicht an. Die allgemeinen Umrisse genügten . . .« Es ist zum Erbarmen. Er bäumt sich auf, aber er kann nicht loskommen – Pegasus im Joche! Und doch kann er die Hoffnung nicht begraben, ohne die er das Leben einfach nicht ertrüge. Könnte er frei und froh schaffen an seinem Werke, wäre alles zu überwinden. Auch der Tod des einzigen Kindes, auch der häusliche Jammer, auf den jenes »von anderem zu schweigen« hinzudeuten scheint. Der Freund soll sein Elend nicht sehen. Daher die kaum verhüllte Absage des Besuchs.

Seit seiner Ankunft in der Heimat, mit gesteigertem Eifer seit 1705 wälzte Kaempfer den Gedanken der Drucklegung seiner Forschungen. Er goß seine Tagebuchaufzeichnungen in die klare, geschliffene Form der lateinischen Sprache, er erweiterte und rundete ab, verglich frühere und neue Veröffentlichungen über persische und fernöstliche Gegenstände. Er ließ die Verbindung mit den fernen Freunden nicht abreißen. In seinem Japanbuche (Dohm, I, S. 120) heißt es: »Noch im Jahre 1704 schrieb mir aus Batavia ein Freund, der von Japan zurückgekommen war, daß im vorigen Jahre daselbst ein so schreckliches Erdbeben gewesen sei, daß die große Stadt Jedo, welche am meisten gelitten, nebst der kaiserlichen Residenz in Trümmern liege, wobei mehr als zweihunderttausend Menschen durch die Trümmer und die zugleich entstandenen Feuersbrünste das Leben eingebüßt hätten.«

Kaempfers Bibliothek enthielt zahlreiche Reisewerke. Wir kennen sie aus dem im Lemgoer Stadtarchiv aufbewahrten Katalog, der im Jahre 1773 bei der Versteigerung der viele Tausende von Bänden umfassenden Familienbibliothek gedruckt wurde. Wir finden da: van Linschooten, Pietro della Valle, De Vries, Wouter Schouten, Chardin, Tavernier und andre.

Was von seinen eigenen Forschungen auf Persien und Indien Bezug hatte – Historisch-Politisches wie Naturkundlich-Medizinisches –, schrieb er lateinisch nieder, sein Hauptwerk über Japan deutsch, und zwar zweimal. Eine weitere Abschrift fertigte sein Neffe Dr. J. H. Kaempfer an.

Begünstigt wurden Kaempfers Bücherpläne durch den Umstand, daß in der Stadt Lemgo seit einigen Jahrzehnten eine recht leistungsfähige Buchdruckerei und Buchhandlung bestand, die Meyersche. Sie hatte bisher freilich nicht viel anderes herausgebracht als schwülstige »Leichpredigten«, geschwätzige »Dissertationes« und »*curieuse* Raritätenkalender«, wagte aber 1711 mit Hamelmanns westfälich-niedersächsischem Geschichtswerk den ersten großen Wurf, dem im folgenden Jahre mit Kaempfers »*Amoenitates exoticae*« gleich der zweite folgte. Die Buchhandlung entwickelte sich dann im Laufe des Jahrhunderts zu einer der ersten Westfalens. Sie existiert noch heute in der »Meyerschen Hofbuchhandlung, Detmold«. Damals wurde sie von den Brüdern Heinrich Wilhelm, seit 1710 »Hofbuchdrucker«, und Albert geleitet. Dieser war eine Zeitlang Bürgermeister der Stadt und seit 1696 mit Kaempfers Stiefschwester Maria Magdalena verheiratet, die schon 1711 starb.

Den in dem Briefe erwähnten Kupferstecher – er hieß F. W. Brandshagen – hatte ihm der am Detmolder Hofe beschäftigte Hamburger Maler Hans Hinrich Rundt vermittelt. Leider war der Mann ein Pfuscher. Im Zeichnerischen reichte er allenfalls aus, aber von der Ätzkunst verstand er gar zu wenig. Die von Kaempfer gewissenhaft und oft reizvoll entworfenen, gegenständlich sehr wertvollen Blätter sind durch Verätzung der Platten fast durchweg um ihre volle Wirkung gebracht. Zum großen Ärger Kaempfers, der im Vorwort ausdrücklich die Schuld an den schlechten Abbildungen den

»ungeschickten und eigensinnigen Kupferstechern« zuschiebt. Er würde, schreibt er, die Bilder als eine Verschandelung des Buches am liebsten fortlassen, wenn sie nicht zur Veranschaulichung der Dinge notwendig wären.

»Dies ist auch der Grund, warum ich das sechste Buch, meinen Briefwechsel mit den in Indien lebenden Gelehrten, ganz fortlasse... Daher habe ich auch den zum ersten Buch gehörigen Plan von Isfahan zurückbehalten, den ich in dreimonatiger Arbeit mühevoll zusammengestellt habe. Ebenso die Zeichnung der Straße Tschahar baag und der anliegenden Gärten ... und die Bilder der merkwürdigen Tiere in der Stadt und in den königlichen Tierhäusern, ebenso die zum zweiten Buch gehörigen zahlreichen Inschriften und Einzelbilder aus dem alten Persepolis, ferner eine neue und genaue geographische Karte Japans und mehrere andre zum dritten und vierten Buch gehörige Abbildungen, die ich jetzt in der Hoffnung auf eine bessere Gelegenheit aufspare.«

Kaempfer spricht von mehreren Kupferstechern. Der zweite Pfuscher hat seine Blätter gar nicht signiert. Das allegorische Titelblatt hat J. Gole gestochen. (Holländischer Zeichner und Kupferstecher, etwa 1660–1737 [Thieme-Becker]. Entworfen hat das Blatt D. Marot, ein Baumeister und Zeichner jener Zeit [Nagler, »Künstlerlexikon«].) Außerdem findet sich der Name Donop, dessen Blätter einwandfrei sind. Unzufrieden war Kaempfer auch mit dem Holzschneider, der ihm die zahllosen persischen, türkischen und japanischen Schriftzeichen nicht sorgfältig genug schnitt.

Schließlich gewährte Friedrich Adolf (1697–1718) seinem Leibarzt denn doch gewisse Diensterleichterungen. Kaempfer spricht im Vorwort von seinen vielfachen Geschäften, die ihn bisher genötigt hätten, seine Schätze in Kisten verpackt beiseitezustellen. »Und darin haben sie bis jetzt zu meinem großen Schmerz begraben gelegen, bis ich vor einiger Zeit infolge einer dienstlichen Entlastung einige freie Stunden gewann und mit ihnen den Mut und Vorsatz, meine Handschriften, die schon von Würmern und Schaben angefressen, stokkig geworden und durch das bei Schiffbrüchen eingedrungene Seewasser zum großen Teil unleserlich geworden sind, vor dem Untergang zu retten.«

Die Drucklegung des mehr als neunhundert Seiten umfassenden Bandes hat der Verfasser gewiß nach Möglichkeit überwacht. Bis zuletzt blieb er bemüht, sich aus Holland alles Neuerschienene zu verschaffen, um es zu vergleichen. Die beiden letzten uns erhaltenen Briefe an den Freund vom Jahre 1710 erzählen davon.

»... Wenn Du etwas Neues von Indien weißt, so teile mir's mit. Den Alpinus ›*de Plantis aegyptiacis*‹ kaufe bitte für mich. Rabius gab monatlich Verzeichnisse heraus... Ich besitze das von 1694... Über Etymologie des Araxes und Kaukasus schrieb Franciscus Foris... schicke mir's oder schreib mir's ab. Ebenso den erwähnten Thevenot. Ich möchte die Bilder zu Persepolis und zum Perserhofe mit den meinigen vergleichen. (Prosper Alpinus war italienischer Arzt und Botaniker, 1523–1607. Petrus Rabus, Holländer, gab seit

1692 ›de Boekzael van Europe‹ heraus. Melchisedech Thevenot, 1612–1692, war ein französischer Reisender.)

Was soll ich Dir von meinem Leben berichten? Ich führe ein ruheloses und überaus beschwerliches Leben zwischen Feldern und Höflingen, zwischen häuslichen und tausend andern Arbeiten, und doch habe ich von den unermeßlichen Mühen gar zu wenig Nutzen ... Lebe wohl, mein Freund, und behalte mich lieb!«

Und dann der letzte, wehmutsvolle, von Todesahnungen überschattete Brief an den Freund.

»Deine und der Deinigen Liebe, Gastfreundschaft und Gefälligkeiten haften tief in meinem Herzen, und Ihr dürft meine Freundschaft nicht nach meinem Schweigen beurteilen. Eines nach dem andern nahm mich in Anspruch, so daß ich nicht dazukam, Euch zu schreiben. Die Menge der Kranken, die Dienste bei Hofe, Reisen und häusliche Widerwärtigkeiten... Dazu der Tod meines einzigen und geliebten Bruders, der, während er mich besuchte, am Schlagfluß starb. (Es war Joachim, der Syndikus von Goslar.) Seine würdige Beerdigung in der Heimatstadt hatte ich zu besorgen. Ich bin Dir Antwort auf drei Briefe schuldig, den ersten von Leyden vom 16. März, den zweiten von ebendort vom 19. Juni, den dritten von Amsterdam vom 26. September, der die traurige Nachricht vom Tode Deiner Tante enthält. Ich traure mit Dir um sie, aber bald werden wir sie dort wiedersehen, wohin uns die Notwendigkeit des Schicksals zu ihrer und der Seligen Gemeinschaft abrufen wird. Denn man hat seinen Lebensplan so einzurichten, daß er früher oder später mit dem Tode abschließen muß. Das ist der unentrinnbare letzte Strich unter dem Ganzen. Der gütige Gott möge Dir Deine verehrungswürdige Mutter und Deine liebenswürdige Tante Lykochthon noch lange am Leben erhalten und dies Blutsband erst in späten Jahren zerreißen...

Was Du schreibst von dem furchtbaren Erdbeben, von dem auch der kaiserliche japanische Palast betroffen ist, von der Fortsetzung der Rabianischen Bibliothek, von der Landung von fünfzehn Kaufleuten aus Ost-Indien und alles andre habe ich mit Begier gelesen... Ich bitte Dich aber, liebster Parve, Dich nicht damit zu beschweren, mir neue Bekanntschaften zu vermitteln. Für den Thevenot und Prosper Alpinus besten Dank.

Ach! Wäre mir doch das Glück vergönnt gewesen, daß ich in Holland, das mit gelehrten Büchern und Menschen so reich ausgestattet ist, meinen Wohnsitz hätte aufschlagen dürfen! Aber zu spät quäle ich mich mit diesem Gedanken. Keine Stunde des Tages vergeht, da ich nicht von Euch spreche, an Euch denke. Mein Leben schulde ich Euch für so viele Liebesdienste, und doch habe ich keine Gelegenheit und kein Mittel, meine Schuld abzutragen. Frisch aber lebt in mir die Erinnerung an alles, was Ihr an mir getan habt, und das heißeste Verlangen, Euch meine Dankbarkeit zu beweisen.«

Im Jahre 1712 erschien Engelbert Kaempfers erstes größeres Werk. Er war ein alter Mann darüber geworden. Als er zum erstenmal sein Buch, den stattlichen Quartband, in den Händen wog, mag ein bittres Lächeln um seine Lippen gezuckt sein. In achtzehn Jahren – dies eine Buch! Immer wieder werden die mangelhaften Illustrationen ihn gewurmt haben, die das Buch entstellen, das seinen Namen zum ersten Male sollte aufleuchten lassen in der Gelehrtenwelt Europas.

Er leitet sein Werk ein mit einer feierlichen Widmung an seinen erlauchten Brotherrn. Die Beutestücke, die er aus dem Orient mitgebracht habe, seien nicht Kriegstrophäen, sondern »papierene Blätter mit Merkwürdigkeiten«, die er in ganz Asien gesammelt habe »mit Drangabe der besten Jugendjahre«. Er hoffe, sich weiterhin an den Strahlen der gräflichen Gnadensonne wärmen und sein »schon zur Neige gehendes, von zahlreichen Schicksalsschlägen zermürbtes Leben« unter dem Schild der gräflichen Huld bergen zu können.

Die Widmung zeigt den huldigenden Fürstendiener, das Vorwort den stolzen, seines Wertes voll bewußten Forscher. Er nennt hier sein »Werkchen« – neunhundertzwölf Seiten! – eine »Kostprobe«, aus welcher der freundliche Leser die Mannigfaltigkeit seiner Beobachtungen entnehmen möge. Dann bietet er den Buchhändlern seine Hauptwerke an – die demnach fertig vorlagen:

1. *»Das Japan unsrer Zeit«*, in Quart, deutsch geschrieben, mit etwa vierzig Abbildungen,

2. *»Musterkarte der Pflanzenwelt jenseits des Ganges«*, lateinisch, mit ungefähr fünfhundert Bildern. Doch wolle er zuvor das Erscheinen von Rumphius' *»Hortus Ambonensis«* abwarten, auf daß er nicht »Holz in den Wald zu tragen« scheine,

3. *Reisebeschreibung in drei Teilen,* in Folio, mit so vielen Abbildungen wie der Verleger Kosten dafür aufwenden werde. Als Sprache dafür stelle er zur Auswahl das Lateinische, Deutsche oder Holländische. Dies letztere Werk liege zwar vollständig vor, stecke aber noch ungegliedert und in verschiedenen Sprachen in seinen Tagebüchern. Der erste Teil werde Rußland und die Tatarei behandeln, der zweite Asien diesseits, der dritte Asien jenseits des Ganges, dem Verlauf seiner Reise entsprechend.

»Diesen Vorläufer«, heißt es weiter, »betitle ich wegen des mannigfaltig unterhaltenden, auf Angehörige jeder Fakultät berechneten Stoffes mit Amoenitates. Ich habe nichts aus meiner Phantasie Geschöpftes hineingebracht, nichts, was nach der Schreibstube schmeckt und nach der Studierlampe riecht. Auch koche ich keinen von andern gekochten Kohl wieder auf – es sei denn, der Zusammenhang zwinge dazu –, sondern... ich begnüge mich damit, allein das zu beschreiben, was entweder neu oder von andern nicht gründlich und vollständig überliefert ist. Als Forschungsreisender hatte ich kein anderes Ziel, als Beobachtungen von Dingen zu sammeln, die uns nirgends oder nicht genug bekannt geworden sind. Darum habe ich mich's nie verdrießen lassen, mehrtägige Umwege zu machen, selbst mit Gefahr des Lebens, wenn die Erkenntnis eines begehrten, merkwürdigen, unter Gelehrten umstrittenen Gegenstandes lockte. Wie gering daher auch diese meine asiatische Ausbeute sein oder scheinen mag, mir hat sie wahrlich viele Mühe und Kosten verursacht.«

Der größte Teil der »*Amoenitates*« ist PERSIEN gewidmet, das erste und vierte Buch ganz, das zweite zum größten Teil, das dritte zu einem Viertel. Das fünfte Buch enthält die *Flora Japans*. Außerdem befassen sich von den insgesamt einundsechzig Abhandlungen fünf mit JAPAN, sechs mit INDIEN. Die Vielseitigkeit der Stoffe ist erstaunlich. Da gibt es historische, staats- und volkskundliche, archäologische Abhandlungen neben naturkundlichen, besonders botanischen und medizinischen, endlich technisch-praktische, z. B. über die Weinkelterei in Schiras und die Papierfabrikation in Japan.

Wir haben die einzelnen Abhandlungen oben zu würdigen versucht.

Es ist immer schwierig, eine Ehe zu durchschauen und, wenn sie unglücklich ist, über Schuld und Unschuld gerecht zu richten. Gilt das schon für die Lebenden, deren Verhalten wir beobachten können, wie vielmehr für die Toten, für Menschen verschollener Zeiten, von denen nur noch der kalte Buchstabe zeugt! Für Kaempfers Eheelend haben wir solcher Buchstabenzeugnisse einen ganzen Stoß in seinem Testament und den Akten seines Ehescheidungsprozesses. Es sind die einzigen traurigen Urkunden aus seinen letzten Lebensjahren. Sie zeigen uns den einst von Tatkraft, Geist und Liebenswürdigkeit Sprühenden als verbitterten, in Jammer und Schande erstickenden alten Mann.

Die Akten des Scheidungsprozesses, darunter ein ergreifender Brief der jungen Frau an ihren Mann, machen deutlich, daß Maria Sophia nicht von Anfang an ein Hausdrache war, sondern ein wenig geachtetes, um Liebe bettelndes junges Weib eines gelehrten und viel beschäftigten Mannes, der dreimal so alt war wie sie und seine spärlichen Freistunden nicht ihr, sondern seinen Büchern schenkte und, wenn es Angelegenheiten der Hauswirtschaft zu besprechen gab, nicht an sie, sondern an seine Stiefschwester sich wandte, die nicht bereit war, das bisher geführte Hausregiment und ihren Platz im Herzen des Bruders an die Fremde abzutreten.

Zu denken gibt auch die Tatsache, daß Kaempfers Witwe alsbald nach seinem Tode von dem Lemgoer Stadtphysikus Dr. Capellen zum Weibe genommen wurde.

Kaempfer wurde in seinen letzten Jahren von einem Darmleiden gepeinigt, das ihn im November 1715 auf ein mehrwöchiges Krankenlager warf. Zur Weihnachtszeit erholte er sich so weit, daß er am Gottesdienst teilnehmen konnte. Aber zu Beginn des neuen Jahres bekam er einen Rückfall, der verursacht war durch eine »übermäßige Alteration, davon man jetzo billig schweiget« – wie Haccius auf eine furchtbare eheliche Szene anspielend bemerkt. Da es Kaempfer zu Hause durchaus an der nötigen Pflege gebrach, ließ er sich zu seinen Verwandten nach Lemgo bringen. Hier verfaßte er am 3. Februar 1716 sein Testament.

Er hinterließ keine leiblichen Erben. Nach dem Verlust seines Töchterchens wurden ihm auch seine anderen Kinder, ein Sohn und eine Tochter, innerhalb von 10 Tagen durch den Tod entrissen. Zu seinem Haupterben setzte er seinen Neffen Johann Hermann ein. Seine Ehefrau sollte von seinem Nachlaß »gänzlich enterbet und entsetzt sein«, weil sie »meines Hauswesens Ruin gesucht habe und anstatt schuldiger ehelicher Liebe und Hülfe einen unversöhnlichen Haß gegen mich hegt«.

Den Armen der drei Kirchengemeinden vermachte er insgesamt 60 Taler.

Nach dem dreimonatigen Krankenlager, auf das jene »Alteration« ihn gezwungen hatte, »hat er das Leben dasmahl noch als Beute davongebracht«. Er konnte zu Ostern nach Detmold fahren und wurde dort auf Anordnung seines gnädigen Herrn so verpflegt, daß er »die hohe Landesherrschaft bei der Brunnenkur zu Pyrmont als Leibmedicus bedienen können«.

Damals weilte in Pyrmont auch Zar Peter. Er soll dem glänzend auftretenden Grafen zur Lippe das bedenkliche Kompliment gemacht haben: »Ew. Liebden sind zu groß für Ihr Land.« Man darf annehmen, daß auch Kaempfer damals den Zaren, dem er vor dreiunddreißig Jahren als elfjährigem Knaben in Moskau die Hand geküßt hatte, wieder gesehen, vielleicht auch gesprochen hat.

Am 17. Juli war Kaempfer wieder auf dem Steinhofe. Bald kehrte sein Leiden mit verdoppelter Kraft wieder. Ohnmacht und Blutspeien traten ein und wiederholten sich nach vorübergehender Besserung am 24. Oktober. »Gleichwohl erwies er dabei eine ungemeine Geduld, tröstete seine Angehörigen und wünschte ihnen alle Hülfe, sich aber ein seliges Ende von Gott, welches Gebet auch Gott in seiner Gnade erhört, indem er den 2. November abends um neun Uhr in Christo Jesu sanft entschlafen, seines Alters fünfundsechzig Jahr und sechs Wochen.«

Am 15. November wurde er in der Nikolaikirche neben seinem Vater und Bruder beigesetzt.

Pastor Haccius hielt ihm die Leichenpredigt, die später bei Meyer, Lemgo, gedruckt wurde unter dem Titel »Die beste Reise eines christlichen Kämpfers nach dem himmlischen Orient«. Er rühmt des Verstorbenen christlichen Lebenswandel. Jener habe seine von Gott ihm verliehenen Talente nicht begraben »noch das Licht seiner hocherfahrenen Geschicklichkeit unter einem Scheffel lassen verborgen seyn ..., daß auch der Neid selber, welcher sonst die führnehmsten Menschenlichter zu verdunkeln pflegt, seiner schonen müssen«. Sein Haus habe allen Notleidenden und Armen offengestanden. In seiner Unterhaltung sei er gegen Höhere ehrerbietig, gegen alle dienstfertig und leutselig, gegen Arme und Dürftige mitleidig und hilfreich gewesen, »daß noch bey vielen ein sehnliches Verlangen nach dem sel. Herr Doctor hinterbleiben« werde. Zu Hause habe er, wenn er nicht bettlägerig gewesen, mit seinem Hausgesinde tägliche Betstunden gehalten. »Er wußte auch, daß denen, die Gott lieben, alle Dinge zum besten dienen müßten: daher, ob er gleich klagte, er würde mit unverschuldeten Widerwärtigkeiten bis in den Tod chagriniret, so hat doch alles Widerwärtige ihn nicht aus der gewohnten Geduld gesetzt!«

Der Druckschrift beigefügt ist »Der unsterbliche und unvergängliche Tugendgeruch als der weyland ... Herr E. K. zu seiner Ruhekammer gebracht worden ...« von dem Subkonrektor Lüder, des weiteren ein lateinisches Poem des Pastors Weland und ein lateinisches und ein deutsches Preisgedicht »mit bestürzter Feder vorgestellet von Christoff Meiern des Lemgoischen Gymnasii Rectore«.

Die Grabstätte ist, da die unterirdischen Räume der Nikolaikirche vor etwa hundert Jahren zugeschüttet wurden, nicht mehr vorhanden.

Schauen wir auf das Leben Engelbert Kaempfers zurück und auf den Ertrag, den es ihm und den Menschen gebracht hat!

Früh zum Bewußtsein seiner Sendung erwacht, bereitet sich Engelbert Kaempfer unermüdlich und methodisch darauf vor. Bis zum dreißigsten Lebensjahre immerfort lernend, macht er sich in den Gebieten heimisch, die dem Forschungsreisenden eine allseitige, geistes- wie naturwissenschaftliche Erschließung fremder Länder erst ermöglichen. Was heute unter einen Stab von Gelehrten aufgeteilt zu werden pflegt, muß er allein bewältigen.

Geachtet und geliebt von Männern, die auf den Höhen des Lebens und der Wissenschaft wohnen, zieht er hinaus wie ein siegesgewisser Eroberer. Nach einer wenig ergiebigen Fahrt durch das Moskowiterreich wird BAKU-APSCHERON seine erste ganz eigene Eroberung, ISFAHAN sein erster großer Sieg. Nach eineinhalb Jahren fruchtbarster Forscherarbeit muß er die Aussicht auf Indien mit zweieinhalbjähriger Fron in der Hölle von BENDER ABBAS erkaufen. In körperlicher und seelischer Qual hält allein die geistige Spannung ihn aufrecht – er schreibt sein Hoheslied auf die Palme, vollendet die Flora Persiens und studiert die Krankheiten jener schlimmen Küste.

INDIEN soll ihn für alles belohnen. Aber Indien wird eine bittere Enttäuschung. Gewiß studiert und notiert er Tag um Tag Gewächse, Tiere, Bräuche, Krankheiten, aber in den elenden holländischen Ankerplätzen an der Malabar- und Koromandelküste, fern von den Zentren indischer Größe und Pracht – wie soll er da Indien erforschen? Seine Spannkraft erlahmt. Er sehnt sich heimwärts. In JAVA vollends, auf das er alle Hoffnungen gesetzt hat, wird gerade seine geistige Überlegenheit Anlaß für einen engstirnigen und engherzigen Fachkollegen, ihn nicht hochkommen zu lassen. Wohl hat er Freunde, aber sie können ihm nicht helfen, so wenig wie er sich selber helfen und seiner Brotherrin, der Holländisch-Ostindischen Kompanie, entraten kann.

Da lockt JAPAN, das äußerste Thule Asiens, und entfesselt in zwei Jahren alle Energien seines Wesens zu schärfster Anspannung und erstaunlicher Leistung. Er darf das stolze Bewußtsein nach Europa mitnehmen, ein seltsames und überaus reizvolles Land und ein einzigartiges, starkes und stolzes Volk Asiens so umfassend und – trotz aller Hemmnisse – so gründlich erforscht und dargestellt zu haben, wie noch kein Mensch vor ihm.

Vier große Werke trägt er fast fertig bei sich, er drängt darauf, sie und sich der Welt bekannt zu machen. Dreiundzwanzig Lebensjahre sind ihm noch beschieden – dreiundzwanzig Jahre vergeblichen Hoffens, Jahre treuen Dienstes für seinen Fürsten und für seine kranken Mitmenschen, Jahre, von denen man wie von seinem ganzen Leben mit dem Psalmisten wohl sagen darf: sie sind Mühe und Arbeit gewesen, aber bei Gott! nicht köstlich! Was ihm Erlösung bringen sollte, die Ehe, bringt neue, endlose Pein. Die schuldhafte Unbesonnenheit, mit der er ein anderes Leben seinen Zwecken dienstbar machen will, hat er mit einem liebeleeren Dasein in Jammer und Schmach zu büßen.

Von vier Werken kann er nur eines zum Druck befördern. Auch an diesem hat er kaum noch Freude gehabt.

Engelbert Kaempfer, dessen Gesichtszüge uns leider kein Bildnis überliefert, gehört einem Zeitalter an, in welchem das geistige Leben Westeuropas stärkste Antriebe und Wandlungen erfuhr, vornehmlich aus den Erkenntnissen geistesmächtiger Naturforscher und Philosophen, wie Descartes, Galilei, Kepler, Bayle, Newton, Leibniz. In ungeheurem Durchbruch befreite sich der Geist von der aristotelisch-scholastischen Überlieferung wie der theologischen Bevormundung. Von den Niederlanden her wehte der Atem dieses neuen Geistes auch nach Deutschland hinüber. Aber es war kein sieghaftes Brausen, das auch nur die geistigen Oberschichten mitgerissen hätte, und die Universitäten, von Jesuiten oder von protestantischen Kirchenordnungen überwacht, verschlossen sich lange und spannen in bequemer Emsigkeit ihr altes Garn vom Webstuhle des Aristoteles, des Thomas von Aquino oder Melanchthon. Und wie lange noch dauerte es, bis es in den Köpfen des Volkes, der großen Menge tagte! Wie viele Unschuldige mordete noch der finstre Dämonenglauben, auch nachdem ihn der mutige Amsterdamer Prediger Balthasar Bekker in seiner »Bezauberten Welt« (1691 – 1693) innerlich überwunden und ad absurdum geführt hatte.

Dem an kausales Denken gewöhnten Kaempfer, dessen Vater noch die Hexen zur Richtstätte begleitet hatte, war schon in jungen Jahren der grausige Unsinn des Prozeßverfahrens bewußt geworden. Mit ingrimmiger Erbitterung verdammt er das in Lemgo so beliebte »Hexenbad« und die teuflische Schinderei der Tortur. In den *»Amoenitates«* im Kapitel über »Gottesurteile durch Krokodile und Feuer« verbreitet er sich auch über die Gottesurteile im christlichen Abendland. Den Unfug der in seiner Heimatstadt Lemgo besonders beliebten Wasserprobe kritisiert er mit bissigem Spott.

Nach seiner Heimkehr von der Weltreise ist freilich in Lemgo nicht mehr gefoltert und gebrannt worden. Aber erst ein Jahr vor seinem Tode sagte man sich auch amtlich von dem Irrwahn los; und es wurde »für dienlich gehalten, das bishero beibehaltene also genannte Hexen- oder Schwarze Buch, zur Verhütung aller daraus etwa zu entstehenden Verdrießlichkeiten, zu abolieren, weilen die darin angeführten Passagen« – gemeint sind die von den gefolterten Hexen erpreßten Aussagen – »guten Theils nunmehr für Thorheiten gehalten werden, zu verbrennen; ist dasselbe *ex archivo* gekrigt, in *Senatus* Gegenwart zerschnitten und öffentlich verbrannt worden ...«

Wie die stärksten Geister seiner Zeit ist Kaempfer durchdrungen von dem Bewußtsein der Urkraft der Vernunft. Die Schärfe und Helle des Verstandes duldet nichts Trübe-Verschwommenes, nichts Übernatürlich-Magisches. Wie Kaempfer die der Musik folgenden Tanzbewegungen der Kobra als Furchtreaktionen erklärt, leugnet er rundweg die Möglichkeit magischer Einwirkung eines Menschen auf den andern. Er widerspricht ausdrücklich den Behauptungen Bacons und Helmonts, der – ein so hervorragender Arzt er war – auf »Arcana« nicht verzichten konnte. Dabei hat er durchaus Verständnis für geistreiche und witzige Geschichten und Legenden, wie die von den persischen Ärzten Lochman und Dschumast, oder die köstlichen Scherze Kalenajets, des Hofnarren vom Schah Abbas.

Vergegenwärtigen wir uns rückschauend die Gesamtleistung Kaempfers, so werden wir immer wieder staunend inne, nach wie vielen Richtungen sein Erkenntnisdrang vorstieß. Solche Vielseitigkeit wird man nur dann als Vorzug gelten lassen, wenn sie mit Gründlichkeit gepaart ist. Bei Kaempfer war sie es. Wir dürfen ihn nicht jenen Polyhistoren beigesellen, deren prahlerische Vielwisserei nur kritiklose Aufspeicherung ungeklärter Wissensstoffe war. Er bezeichnet sich selber als »befallen von der Krankheit der Wißbegier« – *morbo curiositatis imbutus* –, aber von den *»curieusen«* Reiseschilderern seines Zeitalters unterscheidet ihn sein stets der Erkenntnis, nicht der Kuriosität zugewandter Sinn.

Zahlreiche im Britischen Museum aufbewahrte Zettel mit Kaempferschen Notizen bekunden, wie er zunächst Nachrichten sammelte, wie und wo immer Gelegenheit war. »Aus dem Munde eines gewissen Muhammed Tjadik Beek aus Gilan, der von Heraat über Babek in Hindostan gereiset«, »aus dem Munde eines Kosaken, so uns in der Tartarey anno 1683 beykahme«, »aus dem Munde eines Hochdeutschen Bergwerkers, so vom Zaaren in Sybirien nebst andern Commissaren gesandt umb ertz zu entdecken« – diese Leute hat er ausgefragt nach ihren Reisewegen und nach allem, was sie von Ländern und Völkern des inneren Asien wußten. Er notierte ihre Aussagen sorgfältig, ohne sie deshalb als Tatsachen auszugeben. »Wer könnte aus dem Munde eines Asiaten die lautere Wahrheit erwarten?« So kennt und nutzt er auch die Reiseliteratur seiner Zeit. Handschriftliche Aufzeichnungen, Tagebücher von Gelehrten und Händlern hat er in Menge gelesen, ausgezogen und mit eigenen Beobachtungen verglichen. Wo diese ihm fehlen, läßt er die Dinge, wenn er sie überhaupt mitteilt, unter Anführung des Gewährsmanns auf sich beruhen. An Ehrlichkeit und wissenschaftlicher Strenge ist Kaempfer schlechthin nicht zu übertreffen. Ja, in der Bedächtigkeit, mit er er alles »beäugt« und schildert, erscheint er uns oft gar zu gründlich und breit, nie aber sucht er über Unklares durch glatte Worte hinwegzutäuschen.

Wie schwer er es dabei hatte, welche Hemmnisse ihm aus seiner abhängigen Stellung, seiner dienstlichen Gebundenheit, seinen Krankheiten und den tausend Widrigkeiten des Reisens erwuchsen, haben wir immer wieder beobachtet. Um so bewunderungswürdiger seine nie versagende Findigkeit, Zähigkeit und Kühnheit – von Natur hatte er nichts von einem Abenteurer.

In seiner inneren Stellung zum Christentum und zur Kirche fühlte sich Kaempfer durch die naturwissenschaftliche Forschung nicht behelligt. Wie damals viele Männer des neuen Glaubens war auch er überzeugt, beides könne nebeneinander bestehen. Daß es wahre Frömmigkeit auch außerhalb des Christentums gebe, hatte sein weltweiter Blick klar erkannt, und Toleranz in Glaubensdingen war ihm selbstverständlich.

Kaempfer hat die Geisteswissenschaften mit demselben Eifer und mit gleicher Gründlichkeit betrieben wie die Naturwissenschaft. Dilettantische Schnellfertigkeit und Oberflächlichkeit ist nirgends seine Sache. Die Geschichte liegt ihm besonders, wie schon Dohm hervorhebt, der selber ein gründlicher Historiker war. Er bringt dazu neben der Unbefangenheit des Urteils auch ein gründliches Wissen mit. Er beherrscht die gelehrte Forschung seiner Zeit. Die antike Literatur, die dichterische wie die geschichtliche, ist ihm vertraut wie einem Altphilologen von Fach, und er wirft mit Zitaten aus den Alten nur so um sich. Echt philologisch ist auch seine Vorliebe für Sprachliches. Er verwendet auf ein einzelnes Wort oft seitenlange, sprachvergleichende Betrachtungen und umspannt dabei die asiatischen Sprachen so gut wie die europäischen, bleibt sich aber der Gefahren der Etymologie wohl bewußt. »Solche Ableitungen«, heißt es einmal, »sind oft nur Erfindungen ausschweifender Geister, aus denen man keine sicheren Schlüsse ziehen kann.« Es ist beachtenswert, daß er in seinen Büchern alle persischen, türkischen, arabischen und japanischen Namen in den fremdländischen Schriftzügen beifügt. Sein späterer Holzschneider war ihm in der Wiedergabe längst nicht exakt genug.

Kaempfer hat einen starken Trieb zur abrundenden Formung seines Gegenstands. Er gibt leicht die bequemere, oft auch gefälligere Form des Berichts auf, um den Stoff in organische Gestalt zu zwingen. Er will nicht bloß persische und japanische Beobachtungen mitteilen, sondern Persien und Japan darstellen.

In der »Allgemeinen Deutschen Biographie« bezeichnet der tüchtige lippische Historiker FALKMANN seinen großen Landsmann als den A. v. Humboldt des siebzehnten Jahrhunderts. Wenn damit nur der Rang, nicht die Art bezeichnet werden soll, wird man zustimmen. Denn wer könnte von deutschen, ja von europäischen Forschungsreisenden jener Zeit – außer Chardin etwa – neben ihm genannt werden? Von einem Humboldt aber, ja selbst von Leuten wie Pallas und Forster, trennt ihn die grundsätzlich neue Fragestellung dieser Männer, die die vergleichende Länder- und Völkerkunde schufen und einem tellurischen und kosmischen Gesamtbilde zustrebten. Solche Zusammenschau des terrestrischen und kosmischen Geschehens mit den Methoden der physikalischen Astronomie, der Mechanik, der Geologie ist noch nicht Kaempfers Sache. Spekulatives, philosophisches Denken ist seine Stärke nicht. Er ist exakter Forscher, ohne doch dabei im einzelnen stecken zu bleiben.

In vielen Bezirken der Forschung heimisch, bleibt er jeweils in den Grenzen dieser Bezirke, hier allerdings in jeglichem ein Meister. Er hat die europäische Wissenschaft bereichert als Historiker. Ethnologe, Geograph, Botaniker, Zoologe, Tropenarzt. Seine Erforschung und Darstellung Japans war eine gewaltige und unvergängliche Leistung.

In einer Zeit, da das geistige Deutschland, wenn man etwa Leibniz, Pufendorf und wenige andre ausnimmt, hinter dem Westen und Norden Europas zurückblieb und an der Erforschung fremder Länder keinen Anteil hatte, gehörte Engelbert Kaempfer zu den wenigen Deutschen, die nicht Nehmende, sondern Gebende waren. Seine *»Amoenitates exoticae«*, mehr noch sein Japanwerk gaben seinem Namen europäischen Klang. Der schönste Lohn eines Forschers aber, die Wirkung seines Werks auf die Mitwelt zu erleben, blieb ihm versagt.

Die Geschichte seines Werks und Ruhmes ist so seltsam wie die seines Lebens. Aus der Vorrede zu den *»Amoenitates«* erfuhr der englische Naturforscher und Sammler Sir HANS SLOANE (1660–1753) von den Handschriften, die Kaempfer vergeblich dem europäischen Buchhandel angeboten hatte. Er beauftragte den Königl. Großbritannischen Leibmedikus Dr. Steigerthal, von Hannover aus, in dem nicht allzu weit entfernten Lemgo nach jenen Handschriften zu fahnden. Steigertahl fand den Neffen Kaempfers, Johann Hermann Kaempfer, zum Verkauf des gesamten handschriftlichen Nachlasses seines Oheims bereit und erwarb ihn im Jahre 1725 für 102 1/2 Pfund Sterling. Der Briefwechsel darüber liegt im Britischen Museum.

Daß es so kam, war wahrscheinlich ein Glück. Denn in dem wirtschaftlich schwachen Deutschland wäre Kaempfers Werk gewiß nicht oder doch nicht so früh zum Leben erweckt worden wie in England.

Nur ein einziges Werk Kaempfers, freilich sein bedeutendstes, wurde von Sloane zum Druck befördert. Seine botanischen Arbeiten über Persien, Indien und Japan, seine Reisebeschreibung und seine Briefe blieben unveröffentlicht bis in unsre Tage.

Ein junger Deutsch-Schweizer, der Arzt J. C. Scheuchzer, Sohn eines namhaften Naturforschers, übertrug in Sloanes Auftrag Kaempfers Japanwerk ins Englische und gab es in vortrefflicher Ausstattung mit guten Kupferstichen im Jahre 1727 in London heraus. Schon 1729 und 1732 folgten holländische Übersetzungen der »History of Japan« in Amsterdam und 1729 eine französische im Haag. Einen Auszug aus dieser fügte Du Halde seiner »Description détail / de l'Empire chinois« (Paris, 1735) bei. Und aus der 1747–1749 in Rostock erschienenen deutschen Übersetzung dieser französischen Übersetzung der englischen Übersetzung der deutschen Urschrift lernten die Deutschen zuerst ihres inzwischen berühmt gewordenen Landsmannes Japanwerk kennen! ›*Habent sua fata Libelli.*‹

Da fanden sich 1773 im Nachlaß der Nichte und letzten Erbin Kaempfers, der »Mademoiselle Kaempfer« in Lemgo, zwei Handschriften des Japanwerkes, eine von Kaempfer selbst, die andere von seinem Neffen geschrieben, und nach diesen gab der damals noch jugendliche Christian Wilhelm Dohm, der geistvolle spätere preußische Staatsrat unter Friedrich II., im Jahre 1777–1779 die »Geschichte und Beschreibung Japans« bei Meyer, Lemgo, heraus*. Kaempfers Wirkung und Ruhm begann schon mit den »*Amoenitates*«, denen einer der ersten Naturforscher des achtzehnten Jahrhunderts, Albrecht von Haller, in seiner »*Bibliotheca botanica*« (Teil 2, S. 23) von 1773 höchstes Lob spendet. Stärker noch wirkte – schon durch die Neuheit des Gegenstandes – das Japanbuch. Montesquieu zitiert es wiederholt in seinem »*Esprit des Lois*«. Alle Bücher über Japan bis über die Mitte des neunzehnten Jahrhunderts hinaus speisen sich, mit oder ohne Namennennung, in stärkstem Maße aus Kaempfer. Zu ihm gesellt sich der Schwede C. P. Thunberg, der 1776 ebenfalls Arzt der Holländisch-Ostindischen Kompanie in Nagasaki war, aber in seiner Selbstgefälligkeit kein Wort der Anerkennung findet für all das, was er Kaempfer verdankt. Anders als der verdienstvolle deutsche Forscher Philipp Franz v. Siebold, der 1823–1830 in Japan war und dessen großartiges Nipponwerk (1832–1852) vom Japan-Institut in Berlin mit einigen Ergänzungen neu herausgebracht wurde.

In der Botanik lebt Kaempfers Name in den Bezeichnungen mehrerer Pflanzen fort, unter denen die herrliche *Iris Kaempferi* die bekannteste ist. Eine ganze Pflanzengattung hat von ihm den Namen »*Kaempferia*« bekommen.

Auch die Japaner haben ihn nicht vergessen. In dem von Siebold im Jahre

* Sämtliche Ausgaben, Übersetzungen und Bearbeitungen der Kaempferschen Werke sind zusammengestellt von Pierre Bons d'Anty »*Les Grands Voyageurs*« in der *Revue de l'Extrême-Orient*, B. 2, Paris 1883, die wichtigsten von F. M. Trautz: »Japanbücher und japanische Bücher« in »Aus Wissenschaft und Antiquariat«, Festschrift zum fünfzigjährigen Bestehen der Buchhandlung Gustav Fock, Leipzig 1929.

1823/24 angelegten botanischen Garten von Nagasaki trägt ein Steinblock seinen Namen und den von Thunberg. Der beste Beweis für die hohe Einschätzung unseres Forschers durch die Japaner ist die 1937 herausgegebene japanische Übersetzung von Kaempfers Japanwerk! (Ein von Prof. Shigetomo Koda geschenktes Exemplar liegt im Kaempfer-Zimmer des Lemgoer Heimatmuseums.) Auf dem Denkmal, das ihm 1867 auf die Anregung deutscher Naturforscher und Ärzte in seiner Vaterstadt Lemgo errichtet wurde, sind die Worte eingegraben, mit denen Albrecht von Haller über ihn urteilte:

Nulli peregrinatorum
secundus ad omnen laborem
impiger neque sibi parcens quoties
veri detegendi spes erat.
(Keinem Forschungsreisenden nachstehend
zu jeglicher Mühe unverdrossen, ohne
sich zu schonen, sooft eine Aussicht
bestand, die Wahrheit zu ergründen.)

LITERATURNACHWEIS

Die wichtigsten Quellen zu dieser Darstellung sind die bisher nicht veröffentlichten Handschriften Kaempfers im Britischen Museum, vornehmlich die folgenden:

Aus der Sammlung Sloane Nr. 2923: Tagebuch über die Reise durch Rußland, 1683 bis 1684.
- Nr. 2912: Die Reisen durch Persien, 1684–1688.
- Nr. 2910: Die Reise von Persien nach Indien, 1688.
- Nr. 3063 und 3064: Briefe an und von Kämpfer – von diesen die Kopien – aus den Jahren 1683–1705.

Außerdem:

Exercitatio politica »De Maiestatis Divisione«, Danzig, 1673. Kaempfers erste Druckschrift.

Amoenitatum Exoticarum ... Fasciculi V ... ab ... Engelberto Kaempfero D. Lemgoviae ... 1712.

The History of Japan ... by Engelbertus Kaempfer ... translated by J. G. Scheuchzer, London, 1727. Enthält auch eine kurze Biographie von der Hand des Übersetzers.

Engelbert Kaempfers ... Geschichte und Beschreibung von Japan. Aus den Originalhandschriften des Verfassers herausgegeben von Christian Wilhelm Dohm, Lemgo, im Verlage der Meyerschen Buchhandlung, 1777–1779.

F. B. Haccius, »Die beste Reise eines christlichen Kämpffers nach dem himmlischen Orient.« Lemgo, 1716. (Die Leichenrede auf E. Kämpfer.)

Dr. H. Clemen, »Engelbert Kämpfer«, zur Erinnerung seinen Mitbürgern und Landsleuten dargestellt, Lemgo, 1865.

Falkmann: in der »Allgemeinen Deutschen Biographie« unter dem Namen »Kaempfer«.

Pierre Bons d'Anty »Les Grands Voyageurs au Japon«, in der »Revue de l'Extrême-Orient«, B. 2, 1883.

Albrecht von Haller, »Bibliotheca botanica«, V. § 862, Zürich, 1772.

Jos. Banks, »Icones selectae plantarum, quas in Japonia collegit et delineavit Engelbertus Kaempfer«, Landon, 1791.

Kurt Sprengel, »Geschichte der Botanik«, Leipzig, 1817. Über Kämpfer, B. II, S. 190 bis 192.

Chardin, »Voyages en Perse et aux Indes Orientales«, London, 1686, Ausgabe von Langlès (10 Bde., 1811).

Carl Ritters Asienwerk (8. Teil, 3. B., 1838).

P. J. Blok, »Geschichte der Niederlande«, Gotha, 1912.

G. C. Klerk de Reus, »Geschichtlicher Überblick der administrativen, rechtlichen und finanziellen Entwicklung der Holländisch-Ostindischen Kompanie«, Batavia und Haag, 1894.

O. Nachod, »Die Beziehungen der Niederländischen Ostindischen Kompanie zu Japan im 17. Jahrhundert«, Leipzig, 1897.

H. Schwanold, »Engelbert Kämpfers Testament«, in den »Mitteilungen aus der lippischen Geschichte und Landeskunde«, B. V, 1907, Detmold.

George N. Curzon, »Persia and the Persian Question«, London, 1892.

E. G. Browne, »Persian Literature in modern times«, Cambridge, 1924.

Reinhold Werner, »Reisebriefe der Preuß. Expedition nach China und Japan«, Brockhaus, Leipzig, 1863.

Sven Hedin, »Verwehte Spuren«, Brockhaus, Leipzig, 1923.

Hisho Saito, »Geschichte Japans«, Berlin, 1912.

Haushofer, »Japan und die Japaner«, Leipzig und Berlin, 1923.

Karl Meier-Lemgo, »Engelbert Kämpfer«. In: »Westfälische Lebensbilder«, Hauptreihe II, 2. Aschendorffsche Verlagsbuchhandlnug, Münster i. W., 1931 (8°, 22 Seiten).

Walther Hinz, »Engelbert Kaempfer am Hofe des persischen Großkönigs«, das erste Buch der »Amoenitates exoticae« K. F. Koehler Verlag, Leipzig, 1940.

Karl Meier-Lemgo, »Das Stammbuch Engelbert Kämpfers«, in den »Mitteilungen aus der Lippischen Geschichte und Landeskunde, 20. B. 1952.

Theodor Heuß, »Schattenbeschwörung. Randgestalten der Geschichte«. Rainer Wunderlich Verlag, Tübingen, 1947.

BILDNACHWEIS

Textabbildungen

Folgende Abbildungen wurden vom Verfasser gezeichnet:
Stadtansicht von Lemgo, S. 9, Kaempfers Geburtshaus, S. 11,
Narwa, Deutschordensschloß und Iwangorod, S. 18, Jesdichast,
S. 59, Iris Kaempferi, S. 187.

Kaempfers »Stammbuch« wurden die Eintragungen von König Artschil (S. 25) und Mohammed Baquer (S. 165) entnommen.

Aus den »Amoenitates exoticae«, Lemgo, 1712, stammen die Orchideen aus der Flora von Java, S. 102.

Nach Kupferstichen aus »Engelbert Kämpfers Geschichte und Beschreibung von Japan«, herausgegeben von Christian Wilhelm Dohm, Lemgo, 1777–1779, wurden die weiteren Textabbildungen reproduziert:
Deshima, S. 123, Die Hofreise nach Tokyo, S. 133, Moxibustion, S. 155.

Tafeln

Die Abbildungen der Tafeln 1–9 sind Kaempfers »Amoenitates exoticae«, Lemgo, 1712, entnommen. Tafel 10, Kaempfers Reisetagebuch von Persien nach Indien, entstammt Kaempfers Handschriften im Britischen Museum, Sammlung Sloane, Nr. 2910. Das Bild von Batavia (Tafel 11) ist eine alte Darstellung nach Nieuhoff, 17. Jahrhundert; die Abbildung von Nagasaki wurde nach einem Stich unbekannter Herkunft aus dem frühen 19. Jahrhundert wiedergegeben. Die Stadtansichten von Osakka und Jedo (Tafel 12 und 13) sind Reproduktionen nach Stichen aus Arnoldus Montanus, »Gedenkwaerdige Gesantschappen aan de Kaisaren van Japan«, Amsterdam, 1669. Tafel 14 und 15, Audienz vor dem Shogun und Acupunktur, stammen aus »Engelbert Kämpfers Geschichte und Beschreibung von Japan«, herausgegeben von Christian Wilhelm Dohm, Lemgo, 1777–1779. Die Vorlage zu dem Bild des Grafen Friedrich Adolf zur Lippe ist ein Ölbild aus dem Besitz der Stadt Lemgo, zu dem Bild von Pastor Haccius ein Ölbild aus der Sakristei der Nikolai-Kirche in Lemgo (Tafel 16). Die Karte »Kaempfers Reiseweg« zeichnete der Kartograph Horst W. Auricht, Reinbek, nach Angaben des Verfassers.

REGISTER

DEUTSCH-JAPANISCHE STUDIEN

Herausgegeben von der
Deutsch-Japanischen Gesellschaft Nordwestdeutschland e. V., Kiel

Heft 1

ROSENKRANZ, Götterglaube und Gottesglaube in Japan – QUANTE, Die japanische Sozialversicherung – IWABUCHI, Probleme des modernen japanischen Theaters
8°, X, 52 Seiten, 1959, kartoniert DM 6.–

Die Vorträge und Veranstaltungen der Deutsch-Japanischen Gesellschaft Nordwestdeutschland e. V. in Kiel stehen unter dem Motto »Wie ist Japan?« Dem Ziel zu helfen, diese Frage zu klären und zum Verständnis der beiden Völker beizutragen, sollen auch die »Studien« dienen.
Prof. D. Rosenkranz berichtet von der Staatsreligion des Shintô und ihren Bräuchen und schildert die schwierige Situation der japanischen Christen, mit oder gegen die Forderungen der Staatsreligion nach ihrem Glauben zu leben. – Dr. Quante, Dozent an der Universität Kiel, gibt einen Überblick über die Gliederung und Leistungen der Sozialversicherung in Japan, der im Vergleich mit den hiesigen Verhältnissen zu aufschlußreichen Ergebnissen führt. – Prof. Dr. Iwabuchi behandelt die Entwicklung des japanischen Theaters seit 1887. Er nennt zahlreiche japanische Autoren und charakterisiert ihre Bühnenwerke, die in Japan Beachtung fanden.

Heft 2

SCHULZ, Der Spielgedanke in den Religionen des Fernen Ostens und im Christentum – MASUI, Die gegenwärtige Lage der japanischen Wirtschaft – KERST, Die politische Bedeutung des Shintô in der Neuzeit
8°, 8 Tabellen, etwa 60 Seiten, 1960, kartoniert etwa DM 7.–

Der Beitrag von Prof. D. Dr. Werner Schultz ist ein Versuch, durch den Gedanken des Spiels, wie Huizinga ihn in seinem Werk »Homo ludens, Vom Ursprung der Kultur im Spiel« entwickelt hat, Teile der Religionsgeschichte zu durchleuchten. Es zeigt sich, daß man im Osten den Spielgedanken anders auffaßt als im Westen und wie beide doch eben dieses Spiel verbindet. – Prof. Kenichi Masui analysiert wichtige Züge der gegenwärtigen Lage in der japanischen Wirtschaft und macht uns im Vergleich mit den deutschen Verhältnissen ihre Situation deutlich. – Dr. Georg Kerst gibt uns mit seiner Arbeit ein Bild von der Erscheinungsform des heutigen Shintô und macht gleichzeitig im Rückblick auf frühere Epochen seinen heutigen Bedeutungswandel sichtbar.

CRAM, DE GRUYTER & CO., HAMBURG 1

HERMANN TRIMBORN

Pascual de Andagoya — Ein Mensch erlebt die Conquista

4°, X, 315 Seiten, 4 Karten, 30 Abb. auf 17 Tafeln, 1954, kartoniert DM 40.–
Abhandlungen aus dem Gebiet der Auslandskunde, Band 59
Das Buch bringt einen Ausschnitt aus der spanischen Landnahme von Mittel- und Südamerika, die Lebensbeschreibung eines am Geschehen aktiv und passiv beteiligten Mannes. Pascual de Andagoya (1495?–1548) ist in den neuentdeckten Ländern, dem heutigen Panama, Kolumbien und Peru, aus kleinen Anfängen zu hoher Stellung aufgestiegen, hat aber auch durch gegenwirkende Kräfte schwere persönliche Rückschläge erfahren – ein Menschenschicksal in großer Zeit, die uns hier ebenfalls nahegebracht wird.

CRAM, DE GRUYTER & CO., HAMBURG 1

OTTO FRANKE

Erinnerungen aus zwei Welten

Randglossen zur eigenen Lebensgeschichte
8°, 185 Seiten, 1955, Ganzleinen DM 12.80
Es sind die Erinnerungen eines außerordentlichen Mannes, der sich in Europa als Sinologe einen Namen gemacht hat. Gespannt liest man die Schilderung von Land und Leuten in China und folgt mit nachempfundener Unternehmungslust seinen beschwerlichen Reisen in das Innere des Landes oder gar auf seiner Heimreise durch Sibirien zu einer Zeit, als es dort noch keine Eisenbahn gab.

WALTER BEHRMANN

Der weiten Welt Wunder

Erlebnisse eines Geographen in Fern und Nah
Mit Kartenskizzen. 8°, 245 Seiten, 1956, Ganzleinen DM 16.80
Dies ist ein Buch der Rückerinnerung an zahlreiche Reisen, die Walter Behrmann als Geographen durch die ganze Welt führten. Die eigenen Erlebnisse stehen im Vordergrund, doch kann der Professor seine Wissenschaft nicht ganz zum Schweigen bringen. Wo er wissenschaftliche Erkenntnisse vorträgt, ist er bemüht, sie in anmutiger Form zu bringen.

MAX WEGNER

Land der Griechen

Reiseschilderungen aus sieben Jahrhunderten
3. Auflage. Mit 1 farbigen und 16 einfarbigen Tafeln, vielen Zeichnungen im Text und 1 Karte. 8°, 336 Seiten, 1955, Ganzleinen DM 12.–
In diesem Buch sind die Zeugnisse der Griechenlandfahrer aus den letzten sechs Jahrhunderten vereint. Aus allen diesen Berichten spricht das unmittelbare Erleben, das sich dem Leser mitteilt.

WALTER DE GRUYTER & CO., BERLIN W 35

FSC
www.fsc.org
MIX
Papier | Fördert
gute Waldnutzung
FSC® C083411

Zeitfracht Medien GmbH
Ferdinand-Jühlke-Straße 7
99095 Erfurt, Deutschland
produktsicherheit@kolibri360.de